高等职业教育系列教材

Office 2010 办公软件高级应用实例教程

主　编　於文刚　刘万辉
副主编　侯丽梅　潘正鑫

机械工业出版社

本书以“提升学生就业能力”为导向，通过实例的形式，对 Office 2010 系列软件中的 Word、Excel、PowerPoint 的使用进行了重点的讲解，将知识点融入实例之中，让学生在循序渐进中掌握相关技能。

本书分为 3 篇：Word 篇讲解了制作联合公文、商品订购单、面试流程图、产品说明书、邀请函以及毕业论文的编辑与排版等典型案例；Excel篇讲解了制作员工档案，统计与分析学生成绩，制作销售图表、面试成绩数据分析等典型案例；PowerPoint 篇讲解了制作培训类演示文稿、产品介绍类演示文稿、教学课件类演示文稿、制作演示文稿片头动画等典型案例。

本书配套资源含书中实例、习题涉及的素材与效果文件、PPT 电子课件、各章节、讲解的微视频和多媒体教学系统，具体下载方式见封底。

本书可作为高职高专院校各个专业的“Office 高级应用”课程的教材，也可作为学校的选修和培训类用书。

图书在版编目（CIP）数据

Office 2010 办公软件高级应用实例教程/於文刚，刘万辉主编 .—北京：机械工业出版社，2015. 1（2025. 1 重印）
高等职业教育系列教材
ISBN 978-7-111-49595-6

Ⅰ.①O…　Ⅱ.①於…　②刘…　Ⅲ.①办公自动化-应用软件-高等职业教育-教材　Ⅳ.①TP317. 1

中国版本图书馆 CIP 数据核字（2015）第 047439 号

机械工业出版社（北京市百万庄大街 22 号　邮政编码 100037）
策划编辑：鹿　征　　责任编辑：鹿　征
责任校对：张艳霞　　责任印制：单爱军
北京虎彩文化传播有限公司印刷

2025 年 1 月第 1 版 · 第 17 次印刷
184mm×260mm · 13. 25 印张 · 326 千字
标准书号：ISBN 978-7-111-49595-6
定价：45. 00 元

电话服务
客服电话：010-88361066
010-88379833
010-68326294

网络服务
机　工　官　网：www. cmpbook. com
机　工　官　博：weibo. com/cmp1952
金　书　网：www. golden-book. com
机工教育服务网：www. cmpedu. com

全国高等职业教育系列教材计算机专业编委会成员名单

出 版 说 明

《国务院关于加快发展现代职业教育的决定》指出：到 2020 年，形成适应发展需求、产教深度融合、中职高职衔接、职业教育与普通教育相互沟通，体现终身教育理念，具有中国特色、世界水平的现代职业教育体系，推进人才培养模式创新，坚持校企合作、工学结合，强化教学、学习、实训相融合的教育教学活动，推行项目教学、案例教学、工作过程导向教学等教学模式，引导社会力量参与教学过程，共同开发课程和教材等教育资源。机械工业出版社组织国内80余所职业院校(其中大部分是示范性院校和骨干院校)的骨干教师共同规划、编写并出版的“高等职业教育规划教材”系列，已历经十余年的积淀和发展，今后将更加紧密结合国家职业教育文件精神，致力于建设符合现代职业教育教学需求的教材体系，打造充分适应现代职业教育教学模式的、体现工学结合特点的新型精品化教材。

在本系列教材策划和编写的过程中，主编院校通过编委会平台充分调研相关院校的专业课程体系，认真讨论课程教学大纲，积极听取相关专家意见，并融合教学中的实践经验，吸收职业教育改革成果，寻求企业合作，针对不同的课程性质采取差异化的编写策略。其中，核心基础课程的教材在保持扎实的理论基础的同时，增加实训和习题以及相关的多媒体配套资源；实践性课程的教材则强调理论与实训紧密结合，采用理实一体的编写模式；实用技术型课程的教材则在其中引入了最新的知识、技术、工艺和方法，同时重视企业参与，吸纳来自企业的真实案例。此外，根据实际教学的需要对部分内容进行了整合和优化。

归纳起来，本系列教材具有以下特点：

1）围绕培养学生的职业技能这条主线来设计教材的结构、内容和形式。

2）合理安排基础知识和实践知识的比例。基础知识以“必需、够用”为度，强调专业技术应用能力的训练，适当增加实训环节。

3)符合高职学生的学习特点和认知规律。对基本理论和方法的论述容易理解、清晰简洁，多用图表来表达信息；增加相关技术在生产中的应用实例，引导学生主动学习。

4）教材内容紧随技术和经济的发展而更新，及时将新知识、新技术、新工艺和新案例等引入教材。同时注重吸收最新的教学理念，并积极支持新专业的教材建设。

5）注重立体化教材建设。通过主教材、电子教案、配套素材光盘、实训指导和习题及解答等教学资源的有机结合，提高教学服务水平，为高素质技能型人才的培养创造良好的条件。

由于我国高等职业教育改革和发展的速度很快，加之我们的水平和经验有限，因此在教材的编写和出版过程中难免出现疏漏。我们恳请使用这套教材的师生及时向我们反馈质量信息，以利于我们今后不断提高教材的出版质量，为广大师生提供更多、更适用的教材。

机械工业出版社

前　言

近年来，随着职业教育改革的不断发展，特别是信息技术和网络技术的迅速发展和广泛应用，许多企事业单位对工作人员的办公处理能力提出越来越高的要求。Office 2010 是微软公司推出的新一代办公处理软件，其功能强大，操作更加方便，使用更加安全和稳定。它是目前使用最广泛、最流行的办公软件之一。

本着以"提升学生就业能力"为导向的原则，本书通过实例的形式，对 Office 2010 系列软件中的 Word、Excel、PowerPoint 的使用进行了重点的讲解，将知识点融入实例之中，帮助学生循序渐进地掌握相关技能。

1. 本书内容

本书共分为 3 篇，包括 Word 篇、Excel 篇和 PotoerPoint 篇。每一篇由知识点涉及的相关实例引入，让学生在制作过程中掌握相关操作。实例均是与日常工作密切相关的常用案例，都是经过作者反复推敲和研究后制作的，注重技能的渐进性和学生的综合应用能力的培养，进一步提高学生的办公软件操作技能。

2. 体系结构

本书的每个实例都采用"实例简介"→"实例实现"→"实例小结"→"经验技巧"→"拓展练习"的结构。

1）实例简介：简要介绍实例的背景、制作要求、涉及的知识点以及技能目标。

2）实例实现：详细介绍实例的解决方法和操作步骤。

3）实例小结：对实例中的知识进行归纳和总结，并对实例中需要注意的知识点进行强调补充。

4）经验技巧：对实例中涉及知识的使用技巧进行提炼。

5）拓展练习：结合实例中的内容给出难度适中的上机操作题，通过练习，达到强化、巩固所学知识的目的。

3. 本书特色

本书内容简明扼要，结构清晰；实例丰富，强调实践；图文并茂，直观明了，帮助学生在完成实例的过程中学习相关的知识和技能，提升自身的综合职业素养和能力。

4. 教学资源

本书配套资源包含书中实例、习题涉及的素材与效果文件、PPT 电子课件、各章节讲解的微视频和多媒体教学系统。

本书由於文刚、刘万辉主编，陶书中主审。编写分工为：於文刚编写实例 1～7，侯丽梅编写实例 8，闫虎编写实例 9，鲁晓辉编写实例 10 和 11，潘正鑫编写实例 12，刘万辉编写实例 13，于春玲编写实例 14。

由于编者水平有限，错误与不足之处在所难免，敬请广大读者朋友批评指正。

编　者

目　　录

第2篇 Excel篇

第3篇 PowerPoint篇

第 1 篇　Word 篇

实例 1　联合公文制作

1.1　实例简介

1.1.1　实例需求与展示

优拓网络有限公司将于 1 月 10 日开展节能宣传周活动。公司秘书部负责本次宣传周活动的宣传工作，小李作为秘书部的一员，负责本次活动发文的制作，“联合发文”效果如图 1–1所示。

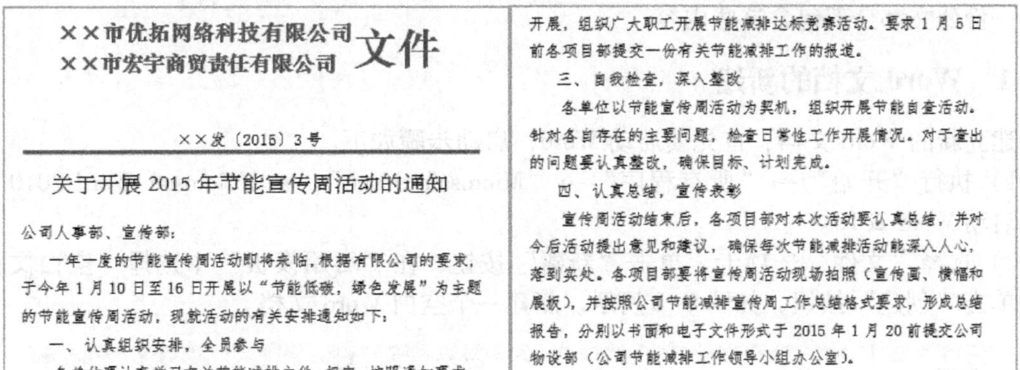

××市优拓网络科技有限公司
××市宏宇商贸责任有限公司
文件

××发〔2015〕3 号

关于开展 2015 年节能宣传周活动的通知

公司人事部、宣传部：

一年一度的节能宣传周活动即将来临，根据有限公司的要求，于今年 1 月 10 日至 16 日开展以“节能低碳，绿色发展”为主题的节能宣传周活动，现就活动的有关安排通知如下：

一、认真组织安排，全员参与

各单位要认真学习有关节能减排文件、规定，按照通知要求，结合各自实际，精心组织，开展以“节能低碳，绿色发展”为主题的各项活动，包括节能宣传活动，知识竞赛，横幅宣传，项目照片演示，知识讲座等，形成人人重视的良好氛围。具体要求项目部要张贴宣传画、悬挂宣传横幅和制作宣传展板。

工会要进一步推动“我为节能减排做贡献”活动深入开展，要利用各种媒体宣传主题活动和节能减排的重要意义，不断提高职工的节能减排意识。

二、开辟专版，交流经验、加强宣传

公司将在《公司快讯》上开辟专版，进行节能减排宣传报道。深入挖掘节能减排亮点。对项目部的技术改造，成功管理经验，先进人物，典型事例进行宣传。要进一步推动节能减排活动深入

1

开展，组织广大职工开展节能减排达标竞赛活动。要求 1 月 5 日前各项目部提交一份有关节能减排工作的报道。

三、自我检查，深入整改

各单位以节能宣传周活动为契机，组织开展节能自查活动。针对各自存在的主要问题，检查日常性工作开展情况。对于查出的问题要认真整改，确保目标、计划完成。

四、认真总结，宣传表彰

宣传周活动结束后，各项目部对本次活动要认真总结，并对今后活动提出意见和建议，确保每次节能减排活动能深入人心，落到实处。各项目部要将宣传周活动现场拍照（宣传画、横幅和展板），并按照公司节能减排宣传周工作总结格式要求，形成总结报告，分别以书面和电子文件形式于 2015 年 1 月 20 前提交公司物设部（公司节能减排工作领导小组办公室）。

××市优拓网络科技有限公司
××市宏宇商贸责任有限公司
二〇一五年一月二日

主题词：节能　宣传　通知

抄送：设计部、生产部　　共印 18 份

××市优拓网络科技有限公司　　2015 年 1 月 2 日印发

2

图 1–1　“联合发文”效果图

1.1.2　知识技能目标

涉及的知识点主要有：文档的页面设置、文本的录入与格式化、段落格式设置、项目符

号和编号、绘制水平直线、设置页码以及保存文档。

技能目标：

- 掌握文档的创建、保存等基本操作。
- 掌握 Word 文档的页面设置。
- 掌握文本和段落的基本编辑。
- 掌握项目符号和编号的使用。
- 掌握水平直线的绘制。
- 掌握页码设置。
- 掌握文档的保存。

1.2 实例实现

联合公文就是同级机关、部门或单位联合发文的形式。联合公文要注意的内容：①行文的各机关部门必须是同级的；②联合公文对于共同贯彻执行有关方针、政策或兴办某些事业，是非常有利的；③几个平行机关或部门联合行文，应将相对应的各机关都列为主送机关；④联合公文应当确有必要，且单位不宜过多。

公文一般由发文机关、秘密等级、紧急程度、发文字号、签发人、标题、主送机关、正文、附件、印章、成文时间、附注、主题词、抄送机关、印发机关和时间等部分组成。但不是每一份公文都全部包含这些内容。

1.2.1 Word 文档的新建

建立新的 Word 文档，首先要启动 Word，启动步骤如下。

1）执行“开始”→“所有程序”→“Microsoft Office”→“Microsoft Word 2010”命令，启动 Word 2010。

2）选择“文件”选项卡，单击“新建”按钮，在“可用模板”中选择“空白文档”，之后单击“创建”按钮，如图 1-2 所示。新建一个空白 Word 文档。

图 1-2 创建空白文档

1.2.2 页面设置

由于公文格式的特殊性，对纸型、页边距等均有明确的规定，因此对公文的页面设置也有一定的要求。页面设置要求：纸张采用 A4 纸，纵向，上、下页边距为 2.54 厘米，左、右页边距为 2.5 厘米。具体操作步骤如下所述。

1）切换到“页面布局”选项卡，单击“页面设置”功能组右下角的按钮，打开“页面设置”对话框。

2）单击“纸张”选项卡，从“纸张大小”的下拉列表中选择“A4”。

3）单击“页边距”选项卡，将“纸张方向”设置为“纵向”，将“页边距”按要求设置，上、下页边距为 2.54 厘米，左、右页边距为 2.5 厘米，“页面设置”对话框如图 1-3 所示。

4）单击“确定”按钮，完成页面设置。

1.2.3 文字录入

页面设置完成以后，就可以进行文字录入了，具体操作步骤如下。

1）将光标插入点位于文档左上角。

2）启动中文输入法。

3）输入“××市优拓网络科技有限公司××市宏宇商贸责任有限公司文件”字样，按〈Enter〉键结束当前段落。

4）用相同的方法输入公文正文内容，如图 1-4 所示。

5）将光标定位于正文尾部“××市宏宇商贸责任有限公司”后，选择“插入”选项卡，在“文本”功能组中单击“日期和时间”按钮，打开“日期和时间”对话框，如图 1-5所示。在“可用格式”列表中选择所需的日期格式，单击“确定”按钮。

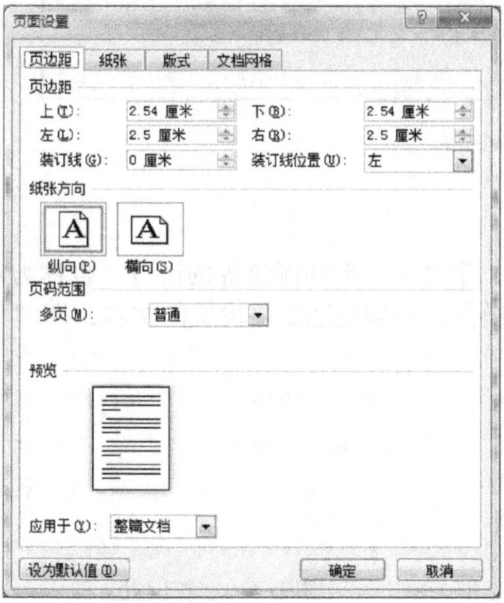

图 1-3 “页面设置”对话框

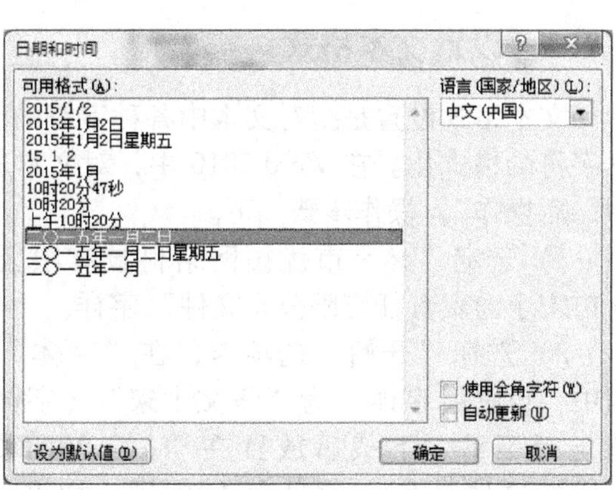

图 1-5 “日期和时间”对话框

6）继续录入，完成公文其余内容的输入。

××市优拓网络科技有限公司××市宏宇商贸责任有限公司文件

××发〔2015〕3 号

关于开展 2015 年节能宣传周活动的通知

公司人事部、宣传部：

一年一度的节能宣传周活动即将来临，根据有限公司的要求，于今年 1 月 10 日至 16 日开展以“节能低碳，绿色发展”为主题的节能宣传周活动，现就活动的有关安排通知如下：

认真组织安排，全员参与

各单位要认真学习有关节能减排文件、规定，按照通知要求，结合各自实际，精心组织，开展以“节能低碳，绿色发展”为主题的各项活动，包括节能宣传活动，知识竞赛，横幅宣传，项目照片演示，知识讲座等，形成人人重视的良好氛围。具体要求项目部要张贴宣传画、悬挂宣传横幅和制作宣传展板。

工会要进一步推动“我为节能减排做贡献”活动深入开展，要利用各种媒体宣传主题活动和节能减排的重要意义，不断提高职工的节能减排意识。

开辟专版，交流经验、加强宣传

公司将在《公司快讯》上开辟专版，进行节能减排宣传报道。深入挖掘节能减排亮点。对项目部的技术改造，成功管理经验，先进人物，典型事例进行宣传。要进一步推动节能减排活动深入开展，组织广大职工开展节能减排达标竞赛活动。要求 1 月 5 日前各项目部提交一份有关节能减排工作的报道。

自我检查，深入整改

各单位以节能宣传周活动为契机，组织开展节能自查活动。针对各自存在的主要问题，检查日常性工作开展情况。对于查出的问题要认真整改，确保目标、计划完成。

认真总结，宣传表彰

宣传周活动结束后，各项目部对本次活动要认真总结，并对今后活动提出意见和建议，确保每次节能减排活动能深入人心，落到实处。各项目部要将宣传周活动现场拍照（宣传画、横幅和展板），并按照公司节能减排宣传周工作总结格式要求，形成总结报告，分别以书面和电子文件形式于 2015 年 1 月 20 前提交公司物设部（公司节能减排工作领导小组办公室）。

××市优拓网络科技有限公司

图 1–4　公文内容

1.2.4　设置文本格式

文本格式设置是指对文本中各种字符的字体、字号、字形和颜色等的设置，也称为对文本字符的格式化。在 Word 2010 中，对文本进行操作，必须先选定要设置的文本，即“先选中，后操作”。操作步骤如下。

1）选定“××市优拓网络科技有限公司××市宏宇商贸责任有限公司文件”字样。

2）选择“开始”选项卡，在“字体”功能组中，设置“字体”为“华文中宋”（字体文件请自行下载，下载后放置在“c:\WINDOWS\Fonts”文件夹下），字号为“初号”，加粗，字体颜色为“红色”，字符设置如图 1–6 所示。

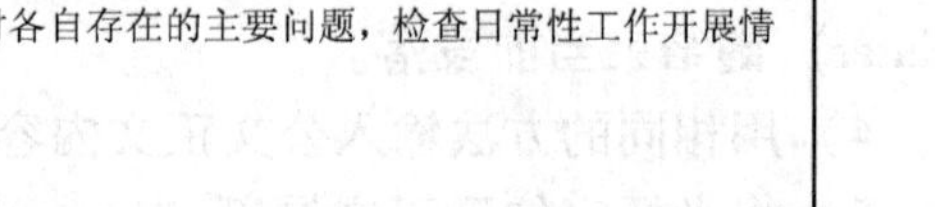

图 1–6　字符设置

3）选择“关于开展2015年节能宣传周活动的通知”字样，在“字体”功能组中，将其字体设置为“华文中宋”，字号为“二号”，加粗。

4）选择从“公司人事部、宣传部：”到正文文档结尾“二〇一五年一月二日”内容。在“字体”功能组中，将其字体设置为“仿宋”，字号为“三号”。

5）用同样的方法将“主题词”设置为“华文中宋、小二、加粗”，将抄送机关、发文单位、发文日期设置为“宋体、四号”。

6）利用格式刷，将“××发〔2015〕3号”的格式刷成和公文正文一样的格式。

实现方法：将光标插入点置于公文正文中，选择“开始”选项卡，单击“剪贴板”功能组中的“格式刷”按钮 格式刷，之后用变成小刷子的鼠标去选中“××发〔2015〕3号”字样，松开鼠标，即完成格式的刷定。

1.2.5 设置段落格式

段落指的是以按〈Enter〉键作为结束的一段文本内容。在Word中以段落为排版的基本单位，每个段落都可以有自己的格式设置。

在文档录入过程中，如果按〈Enter〉键，那么表示换行并且开始一个新的段落，这时新段落的格式会自动设置为上一段落中的字符和段落格式。如果按〈Shift+Enter〉快捷键，则表示文字将换行但不换段；如果按〈Ctrl+Enter〉快捷键，则表示文字将换行、换段，并开始新的一页。

如果删除了段落标记，则标记后面的一段将与前一段合并，并采用该段的间距。

格式化段落主要使用“段落”功能组和“段落”对话框。在对段落进行格式化之前，必须先选定该段落。

根据图1-1效果图所示，操作步骤如下。

1）选定“××市优拓网络科技有限公司××市宏宇商贸责任有限公司文件”段落，选择“开始”选项卡，单击“段落”功能组右下角的按钮，弹出“段落”对话框，在“间距”组中，将“段后”设置为“6磅”，段落设置如图1-7所示。

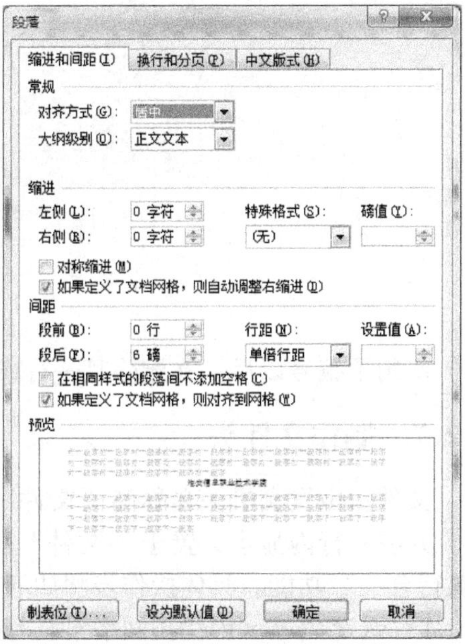

图1-7　段落设置

2）将光标置于发文号“××发〔2015〕3号”之前，按一次〈Enter〉键，之后选定此段落，设置“对齐方式”为“居中”，“行距”为“单倍行距”。

3）将光标置于“关于开展2015年节能宣传周活动的通知”前，按一次〈Enter〉键，之后选定此段落，设置“对齐方式”为“居中”，“段前”“段后”间距均设置为“0.5行”，“行距”为“1.5倍行距”。

4）选中“一年一度的节能宣传周活动即将来临”至“分别以书面和电子文件形式于2015年1月20前提交公司物设部（公司节能减排工作领导小组办公室）。”的内容，打开“段落”对话框，在“常规”中设置“对齐方式”为“两端对齐”，“特殊格式”为“首行缩进”，“磅值”为“2字符”，“行距”为“固定值”“28磅”。

5）选中“公司人事部、宣传部：”，将其段落的“行距”设置为“单倍行距”。

6）用同样的方法，将落款单位、日期设置为右对齐，“行距”为“固定值”、“28 磅”。

7）最后将主题词、抄送机关、发文单位设置“行距”为“最小值”，“磅值”为“12 磅”。

1.2.6 使用项目符号和编号

项目符号和编号可以使要点和分类更加突出，使文档内容显得层次更加分明。项目符号和编号可以通过“开始”选项卡中，“段落”功能组中的“项目符号”“编号”按钮实现。操作步骤如下。

1）选取要添加编号的文本，“认真组织安排，全员参与”“开辟专版，交流经验、加强宣传”“自我检查，深入整改”“认真总结，宣传表彰”。提示：可以按住〈Ctrl〉键配合鼠标进行选择。

2）单击“段落”功能组中的“编号”按钮，在下拉菜单中选择“编号库”中的第二行第一个编号，如图 1-8 所示。完成对公文中需要编号的文本内容的编号。

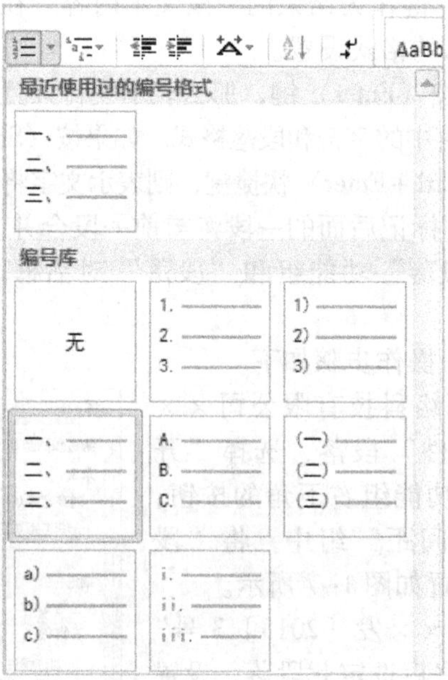

图 1-8 编号设置

使用了编号以后，在删除某一行或插入一行后，数字或字母编号会自动调整。

1.2.7 制作文件头

文件头由发文机关名称和“文件”二字组成。对于联合发文，一般应该将两个机关名称合并在一行内显示，置于“文件”二字前面。要实现这样的效果，需要使用 Word 中的“双行合一”功能。具体操作步骤如下：

1）选定“××市优拓网络科技有限公司××市宏宇商贸责任有限公司文件”字样。

2）选择“开始”选项卡，在“段落”功能组中单击“字符缩放”按钮，在下拉列表中选择“双行合一”，如图 1-9 所示。

3）在弹出的“双行合一”对话框中可以看到“文字”列表框中要进行双行合一的文字和预览效果，“双行合一”效果如图 1-10 所示。注意：在操作过程中，如果预览效果不满意，可通过空格对要处理的文字进行调整，直至达到满意效果。

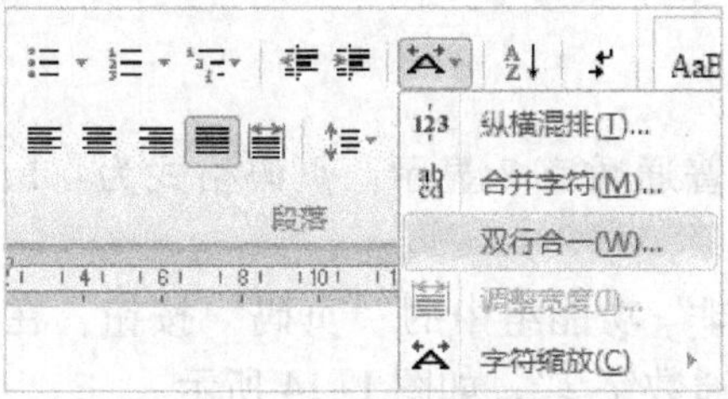

图 1-9　选择“双行合一”

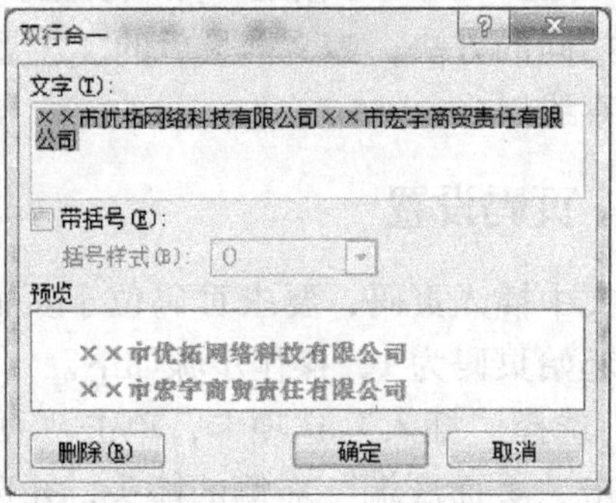

图 1-10　“双行合一”效果

4）单击“确定”按钮，完成“双行合一”的设置。

如果发文机关超过两个，则可以用插入表格的方法来实现机关名称的合并显示。

1.2.8　绘制水平直线

在发文号和发文标题之间有一条水平直线，要求线条颜色为红色，粗细为 3 磅。操作步骤如下。

1）选择“插入”选项卡，单击“插图”功能组中的“形状”按钮，在下拉列表的“线条”组中选择“直线”，如图 1-11 所示。

图 1-11　选择直线

2）光标变成十字指针，在发文号与标题之间的合适位置，按住鼠标左键的同时按住〈Shift〉键，水平拖动鼠标即可绘制出一条水平直线。

3）选中刚刚绘制的直线，选择“绘图工具”→“格式”选项卡，单击“形状样式”功能组右下角的按钮，弹出“设置形状格式”对话框。设置“线条颜色”为“红色”，如图 1-12 所示。设置“线型”→“宽度”为“3 磅”，如图 1-13 所示。

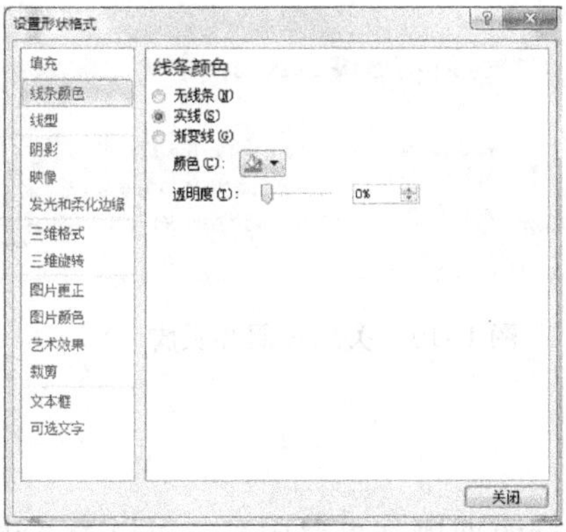

图 1-12　设置“线条颜色”

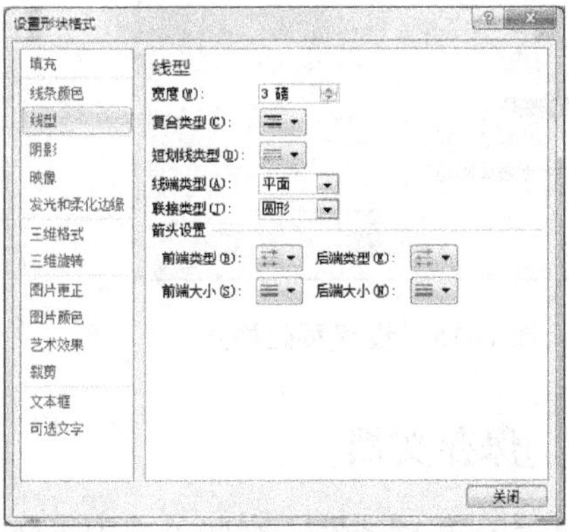

图 1-13　设置线型

4）单击“关闭”按钮，完成设置。

用相同的方法，为文档最后的“主题词”“抄送”“发文单位”下面加上“黑色、0.75磅水平直线”。

1.2.9 页码设置

公文中插入页码，要求页码位于页面底端，普通数字2显示。页码格式为：1、2、3、……，起始页码为1，操作步骤如下。

1）选择“插入”选项卡，单击“页眉和页脚”功能组中的“页码”按钮，在下拉列表中单击“页面底端”右侧的箭头，并选择“普通数字2”，如图1–14所示。

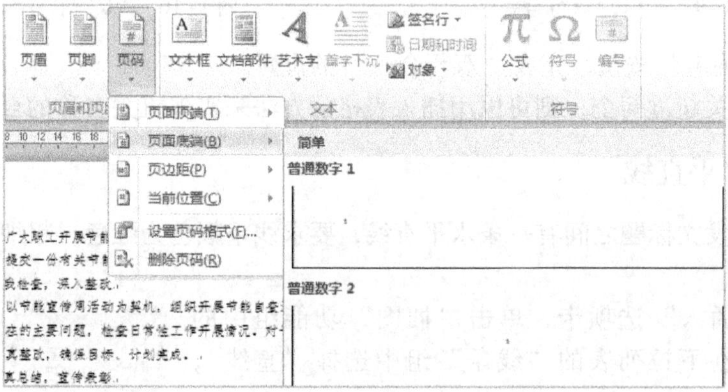

图1–14　设置页码

2）在“页眉和页脚工具”→“设计”选项卡中再次单击“页码”按钮，在下拉列表中选择“设置页码格式…”，在弹出的对话框中进行图1–15所示的设置，单击“确定”按钮。

3）单击“页眉和页脚工具”上的“关闭”按钮，如图1–16所示，完成操作。

图1–15　设置页码格式

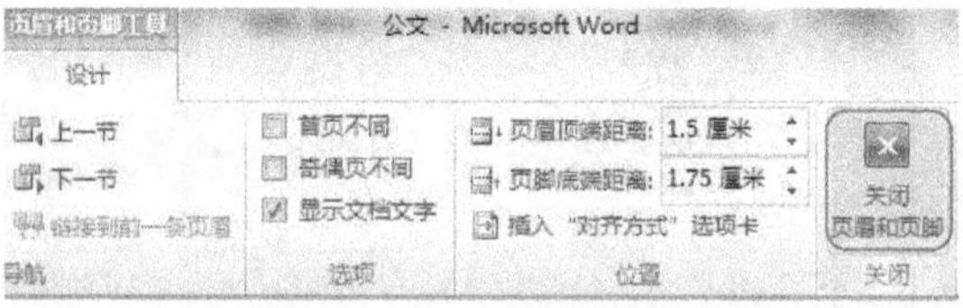

图1–16　关闭页眉和页脚

1.2.10 保存文档

公文具有其特殊性，有些公文为了防止其他人修改或删除重要内容，可以为其进行加密保护，操作步骤如下。

选择“文件”选项卡，在“信息”列表中单击“保护文档”，选择“用密码进行加密”，如图1-17所示。弹出“加密文档”对话框，如图1-18所示。输入密码，对文档加密。

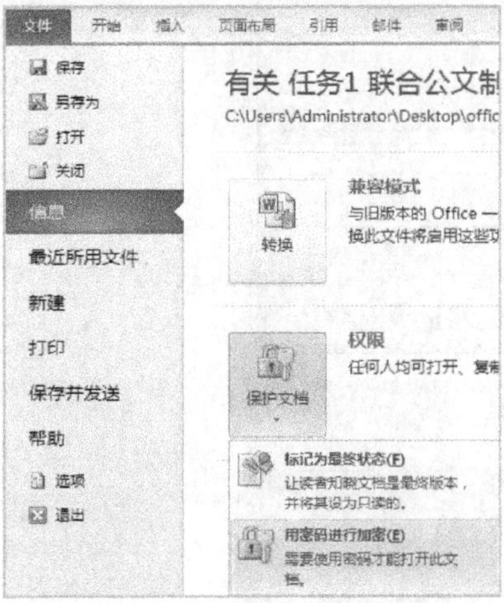

图1-17　选择加密保护

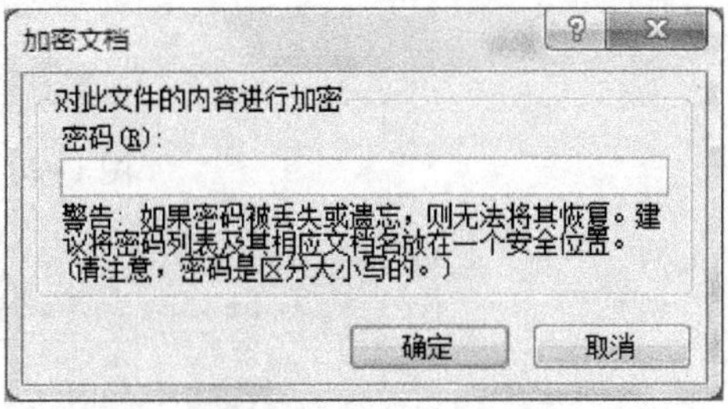

图1-18　设置密码

在日常工作中，为了避免死机或突然断电造成文档数据的丢失，可以设置自动保存功能。操作步骤如下。

选择“文件”选项卡，在列表中单击“选项”，弹出“Word选项”对话框，选择列表中的“保存”，单击选中“保存自动恢复信息时间间隔”复选框，并在后面的数值框中输入自动保存的间隔时间，如图1-19所示。

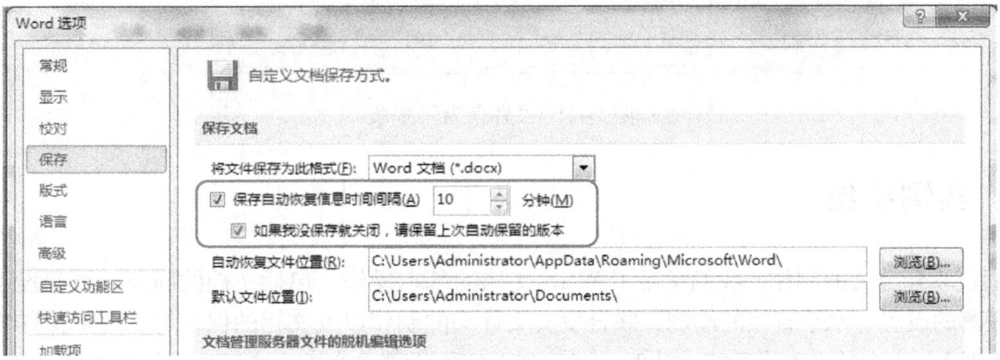

图1-19　设置自动保存的间隔时间

文档首次保存，只需要单击保存按钮，在弹出的“另存为”对话框中，设置保存路径、保存文件名称即可，如图1-20所示。

公文具有特定的格式，为了保持公文格式的统一，可以将公文保存成公文模板，供以后使用。此时，只需在“另存为”对话框中将“保存类型”设置为“Word模板”，如图1-21所示。输入文件名后单击“保存”按钮即可。

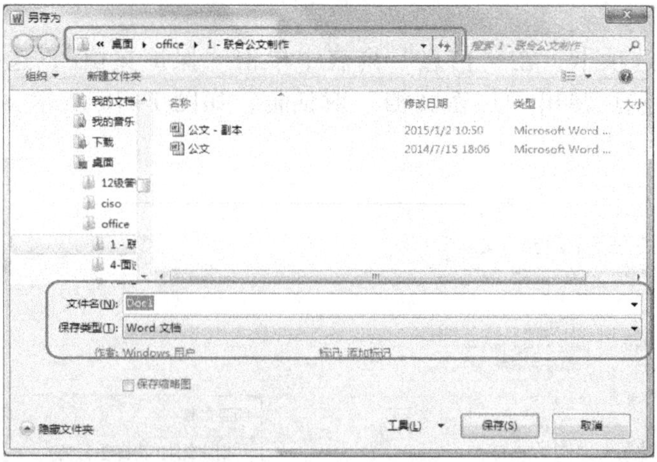

图 1-20 “另存为”对话框

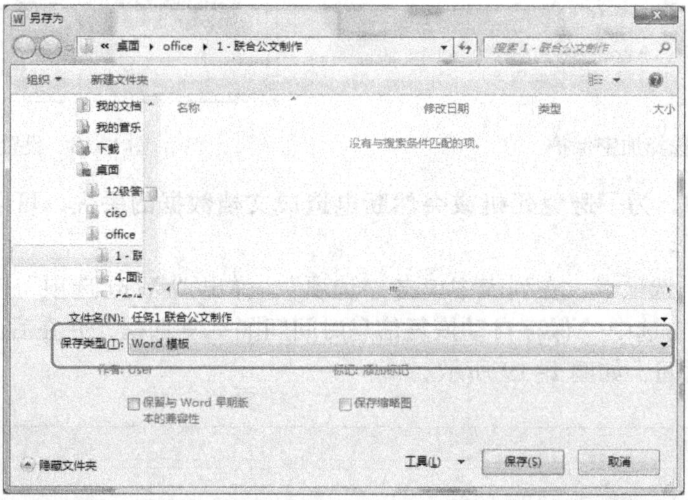

图 1-21 “另存为”模板

1.3 实例小结

通过联合公文的制作，我们学习了 Word 文档的基本操作，包括文档的新建、页面设置、字符和段落的设置、水平直线的绘制、联合发文文件头的制作以及文档的保存等。实际操作中需要注意：对 Word 中的文本进行格式化时，必须先选定要设置的文本，之后再进行相关操作。

1.4 经验技巧

1.4.1 录入技巧

1. 快速输入省略号

在 Word 中输入省略号时经常采用选择“插入”→“符号”的方法。其实，只要按下

〈Ctrl + Alt + .〉组合键便可快速输入省略号，并且在不同的输入法下都可以采用这个方法快速输入。

2. 快速输入当前日期

在 Word 中进行录入时，经常遇到输入当前日期的情况，在输入当前日期时，只需单击“插入”→“文本”→“日期和时间”按钮，从“日期和时间”对话框中选择需要的日期格式，单击“确定”按钮就可以了。

3. 频繁词的巧妙输入

在 Word 中可以利用两种功能来完成频繁词的输入。

（1）利用 Word 的“自动图文集”功能

利用 Word 的“自动图文集”功能的操作如下。

步骤一：建立高频率使用词。

如“××市宏宇商贸有限公司”为这篇文件中一个高频率出现词，则先选中该词，然后单击自定义快速访问工具栏中的“自动图文集”按钮，从下拉列表中执行“将所选内容保存到自动图文集库”命令，打开“新建构建基块”对话框，然后输入该“自动图文集”词条的名称（可采用实际的词语名称简写，如“hy”），完成后单击“确定”按钮（注：一般情况下，“自动图文集”按钮未显示在窗口工具栏中，需要通过自定义方式将其添加到自定义快速访问工具栏中）。

步骤二：在文件中使用建立的高频率词。每次在要输入该类词语的时候，只要单击自定义快速访问工具栏中的“自动图文集”按钮，然后从列表中选择要输入的词汇即可。

（2）采用 Word 的替换功能

首先对于这个频繁出现的词在输入时可以以一个特殊的符号代替，如采用“hy”（双引号不用输入），完成后再单击“编辑”→“替换”按钮（或直接利用组合键〈Ctrl + H〉），在打开的替换窗口中输入查找内容“hy”及替换内容“××宏宇商贸有限公司”，最后单击“全部替换”按钮即可快速完成这个词组的替换输入。

4. 英文大小写快速切换

在对文件录入时，文件中出现的大、小写英文字母时常需要进行切换。而若对已输入的英文词组进行全部大写或小写变换时，可以先选中需更改大小写设置的文字，然后重复按下〈Shift + F3〉组合键即可在“全部大写”“全部小写”和“首字母大写、其他字母小写”3种方式下进行切换。

5. 快速输入大写数字

由于工作需要，经常要输入一些大写的金额数字（特别是财务人员），但由于大写数字笔画大都比较复杂，无论是用五笔字型还是拼音输入法输入都比较麻烦。利用 Word 2010 可以巧妙地完成。

首先输入小写数字如“123456”，选中该数字后，单击“插入”→“符号”→“编号”按钮，出现“编号”对话框，选择“壹，贰，叁…”项，单击“确定”按钮即可。

1.4.2 编辑技巧

1. 同时保存所有打开的 Word 文档

有时在同时编辑多个 Word 文档时，每个文件要逐一保存，既费时又费力，有没有简单的方法呢？

用以下方法可以快速保存所有打开的 Word 文档。具体操作如下：

用鼠标右键单击“文件”上方的快速访问工具栏，在弹出的快捷菜单中单击“自定义快速访问工具栏”，打开“Word 选项”对话框。在“从下列位置选择命令”框中，选择“不在功能区中的命令”选项，通过自定义添加“全部保存”项，并单击“添加”按钮将其添加到快速访问工具栏中，再单击“确定”按钮返回，“全部保存”按钮便出现在快速访问工具栏中了。有了这个“全部保存”按钮，就可以一次保存所有文件了。

2. 关闭拼写错误标记

在编辑 Word 文档时，经常会遇到许多绿色的波浪线，怎么取消？Word 2010 中有个拼写和语法检查功能，通过它用户可以对键入的文字进行实时检查。系统是采用标准语法检查的，因而在编辑文档时，对一些常用语或网络语言会产生红色或绿色的波浪线，有时候这会影响用户的工作。这时可以将它隐藏，待编辑完成后再进行检查。方法如下：

1）用鼠标右键单击状态栏上的“拼写和语法状态”图标，从弹出的快捷菜单中取消“拼写和语法检查”项后，错误标记便会立即消失。

2）如果要进行更详细的设定，可以单击“文件”→“选项”命令，打开“Word 选项”对话框，从列表中选择“校对”后，对“拼写和语法”进行详细的设置，如拼写和语法检查的方式、自定义词典等项。

1.5 拓展练习

1）根据“习题1 素材 . docx”提供的内容制作公文，“表彰公文”效果如图 1-22 所示。

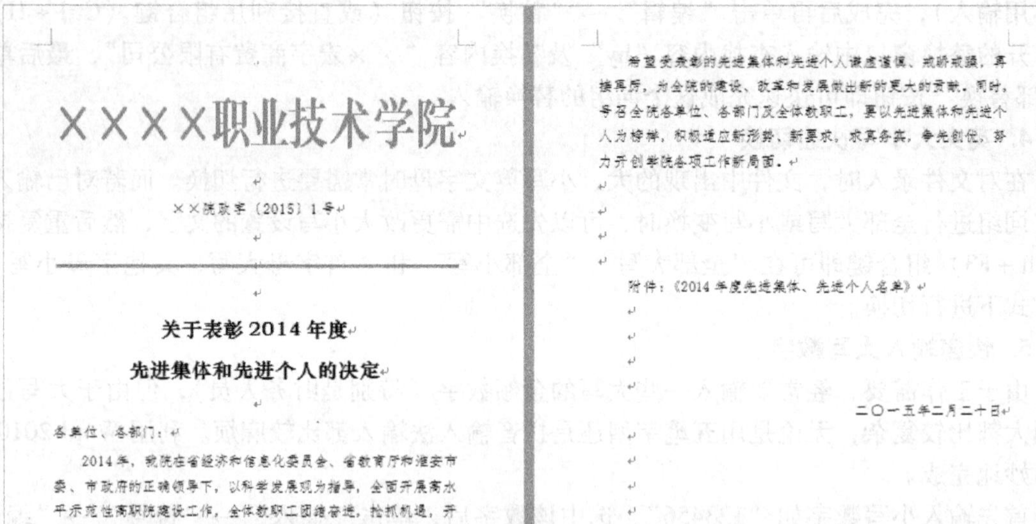

××××职业技术学院

××院政字〔2015〕1号

关于表彰2014年度

先进集体和先进个人的决定

各单位、各部门：

2014年，我院在省经济和信息化委员会、省教育厅和淮安市委、市政府的正确领导下，以科学发展观为指导，全面开展高水平示范性高职院建设工作，全体教职工团结奋进，抢抓机遇，开拓进取，学院的建设、改革和发展取得重大突破，同时涌现出了一大批先进集体和先进个人。经严格程序评比、审核批准，决定对机电工程系等21个先进集体、王小阳等47名先进工作者、徐小华等121名优秀教师、刘小光等17名优秀班主任（辅导员）、杨明等6名服务标兵予以表彰。

希望受表彰的先进集体和先进个人谦虚谨慎、戒骄戒躁，再接再厉，为全院的建设、改革和发展做出新的更大的贡献。同时，号召全院各单位、各部门及全体教职工，要以先进集体和先进个人为榜样，积极适应新形势、新要求，求真务实，争先创优，努力开创学院各项工作新局面。

附件：《2014年度先进集体、先进个人名单》

二〇一五年二月二十日

主题词：年度考核 先进集体 先进个人 表彰 决定

××××职业技术学院院长办公室 2015年2月20日印发

图 1-22 “表彰公文”效果

要求如下所述。

① 页面要求：纸张大小为 A4，左右边距分别为 2.5 厘米，上下边距分别为 2.54 厘米。

② 文件头文字为“华文中宋，小初”，标题文字为“华文中宋，二号”，主题词内容文字为“黑体，小二号”，其他部分文字为“仿宋，三号”。

③ 适当调整段落间距，添加水平直线，实现图 1-22 效果。

2）根据“习题 2 素材 .docx”提供的内容制作一则招聘启事，招聘启事效果如图 1-23 所示。

要求如下所述。

① 标题为“方正姚体，48 号”，红色。

②“9 月 20 日之前”和“1200 以上”文字加底纹效果。

③ 招聘内容中的“应聘人员标准与要求”“招聘数量和专业要求”“招聘程序”“工资福利待遇”“报名地点及联系方式”几项文字为“微软雅黑，小四”，阴影效果，字符间距缩放 150%，加宽 1 磅，位置提升 3 磅。剩余文字内容字体为“幼圆，小四”。

④ 标题内容“居中”，其他内容首行缩进“2 个字符”，“1.5 倍行距”，前两段内容左右各缩进“0.5 字符”。

⑤ 为文中相关内容加图 1-23 所示的项目符号和编号。

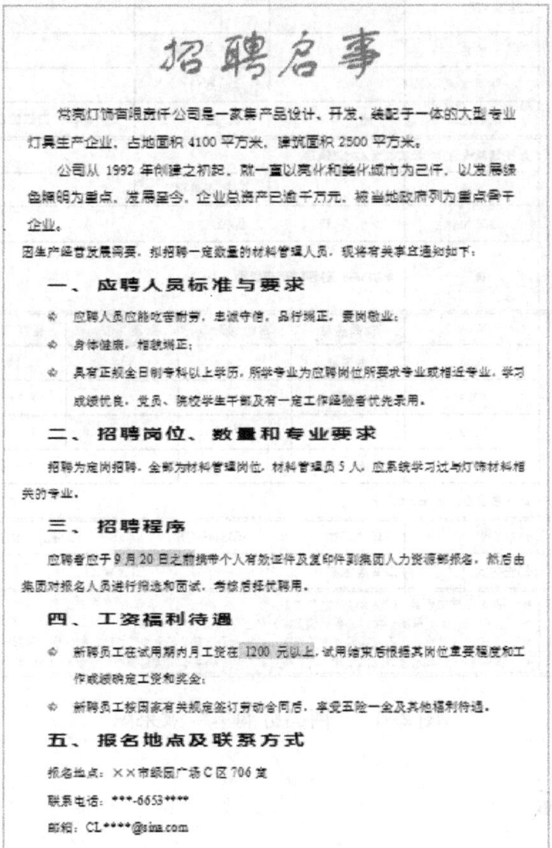
招聘启事

灿亮灯饰有限责任公司是一家集产品设计、开发、装配于一体的大型专业灯具生产企业，占地面积 4100 平方米，建筑面积 2500 平方米。

公司从 1992 年创建之初起，就一直以亮化和美化城市为已任，以发展绿色照明为重点，发展至今，企业总资产已逾千万元，被当地政府列为重点骨干企业。

因生产经营发展需要，拟招聘一定数量的材料管理人员，现将有关事宜通知如下：

一、应聘人员标准与要求

- 应聘人员应能吃苦耐劳，诚实守信，品行端正，爱岗敬业；
- 身体健康，相貌端正；
- 具有正规全日制专科以上学历，所学专业为应聘岗位所要求专业或相近专业，学习成绩优良，党员、院校学生干部及有一定工作经验者优先录用。

二、招聘岗位、数量和专业要求

招聘为定岗招聘，全部为材料管理岗位，材料管理员 5 人，应系统学习过与灯饰材料相关的专业。

三、招聘程序

应聘者应于 9 月 20 日之前携带个人有效证件及复印件到集团人力资源部报名，然后由集团对报名人员进行筛选和面试，考核后择优聘用。

四、工资福利待遇

- 新聘员工在试用期内月工资在 1200 元以上，试用结束后根据其岗位重要程度和工作成绩确定工资和奖金；
- 新聘员工按国家有关规定签订劳动合同后，享受五险一金及其他福利待遇。

五、报名地点及联系方式

报名地点：××市绿园广场 C 区 706 室

联系电话：***-6653****

邮箱：CL****@sina.com

图 1-23 “招聘启事”效果

实例2　商品订购单制作

2.1　实例简介

2.1.1　实例需求与展示

晨宇商贸有限公司是一家以商品配送为主要业务的公司。为了发展省外的配送业务，现需要制作一份商品订购单。秘书部的小王按照经理提出的要求，借助 Word 提供的表格制作功能，顺利地完成了此次任务，“商品订购单”效果如图 2-1 所示。

商品订购单

<table>
<tr><td colspan="6">订购日期：　年　月　日　　No：</td></tr>
<tr><td rowspan="5">订购人资料</td><td rowspan="2">□会员订购
□首次订购</td><td>会员编号</td><td>姓名</td><td colspan="2">联系电话</td></tr>
<tr><td></td><td></td><td colspan="2"></td></tr>
<tr><td>姓名</td><td></td><td>电子邮箱</td><td colspan="2"></td></tr>
<tr><td>联系电话</td><td></td><td>身份</td><td colspan="2"></td></tr>
<tr><td>家庭住址</td><td colspan="2">省　市　县/区</td><td colspan="2">邮政编码：□□□□□□</td></tr>
<tr><td rowspan="4">收货人资料</td><td colspan="5">★ 指定其他送货地址或收货人时请填写</td></tr>
<tr><td>姓名</td><td></td><td>联系电话</td><td colspan="2"></td></tr>
<tr><td>送货地址</td><td colspan="4">省　市　县/区</td></tr>
<tr><td>备注</td><td colspan="4">★ 有特殊送货要求时请说明</td></tr>
<tr><td rowspan="6">订购商品资料</td><td>货号</td><td>商品名称</td><td>单价（元）</td><td>数量（个）</td><td>金额（元）</td></tr>
<tr><td>X001</td><td>海飞丝</td><td>25</td><td>120</td><td>¥3,000.00</td></tr>
<tr><td>S001</td><td>甜趣</td><td>3.5</td><td>160</td><td>¥ 560.00</td></tr>
<tr><td>S002</td><td>波力海苔</td><td>1.5</td><td>200</td><td>¥ 300.00</td></tr>
<tr><td>X002</td><td>碧浪洗衣粉</td><td>26</td><td>100</td><td>¥2,600.00</td></tr>
<tr><td colspan="5">合计总金额：¥6,460.00　元</td></tr>
<tr><td colspan="2">付款方式</td><td colspan="4">□邮政汇款　□银行汇款　□货到付款</td></tr>
<tr><td colspan="2">配送方式</td><td colspan="4">□普通包裹　□送货上门</td></tr>
<tr><td>注意事项</td><td colspan="5">● 请务必详细填写，以便尽快为您服务。
● 在收到您的订单后，我们的客服人员将会与您联系，确认此订单。
● 订单经确认后，商品将保留 5 个工作日，如 5 个工作日后仍没收到您的汇款，我们将取消订单。
● 若需咨询订购流程或商品信息，可以拨打本公司的免费订购与咨询电话：*******</td></tr>
</table>

图 2-1　“商品订购单”效果图

2.1.2　知识技能目标

涉及的知识点主要有：表格的创建、表格中单元格的合并与拆分、表格边框和底纹的设置、公式和函数的使用。

知识技能目标：

- 掌握表格的创建。
- 掌握表格中单元格的合并与拆分。
- 掌握表格内容的输入与编辑。
- 掌握表格边框与底纹的制作。
- 掌握表格标题的跨页设置。
- 掌握表格中公式和函数的使用。

2.2 实例实现

商品订购单应具备以下的特色和要求：

- 根据订购人资料、收货人资料、订购商品资料、付款方式和配送方式等几个部分划分订购单区域。
- 整个表格的外边框、不同部分之间的边框以双实线来划分；对处于同一区域中的不同内容，可以用虚线等特殊线型来分隔。
- 重点部分用粗体来注明。
- 为表明注意事项中提及内容的重要性，用项目符号对其进行排列。
- 对于选择性的项目，或者填写数字之处，可以通过插入空心方框作为书写框。
- 对于重点部分或者不需要填写的单元格填充比较醒目的底色。
- 可以快速计算出单个商品的金额以及订购的总金额。

创建此表格的流程如下所述。

- 创建表格雏形。
- 编辑订购单表格。
- 输入与编辑订购单内容。
- 设置与美化表格。
- 计算表格数据。
- 完成制作。

2.2.1 创建表格

创建表格之前，必须先规划好行数和列数，以及表格的大概结构。最好先在纸上绘制出表格的草图，再在 Word 文档中进行创建。操作步骤如下。

1）启动 Word 2010，选择“页面布局”选项卡，单击“页面设置”功能组右下角的小按钮，在弹出的“页面设置”对话框中，将“页边距”选项卡中的左、右页边距均设置为 1.5 厘米，页边距设置如图 2-2 所示。

2）在文档的首行输入标题“商品订购单”，并按〈Enter〉键。

3）选择“插入”选项卡，单击“表格”按钮，在下拉列表中选择“插入表格”命令，弹出“插入表格”对话框，在“表格尺寸”栏中，将“列数”“行数”分别设置为“5”和“20”，“插入表格”对话框如图 2-3 所示，再单击“确定”按钮。

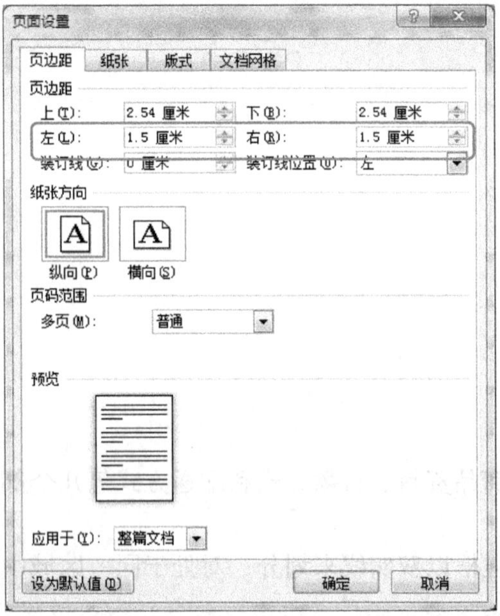

图 2-2　页边距设置

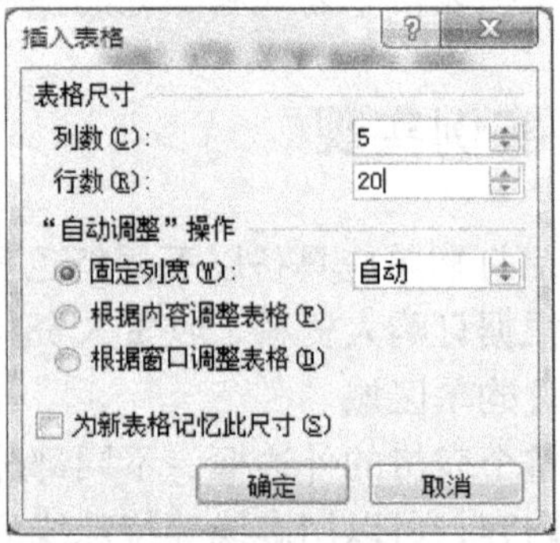

图 2-3　“插入表格”对话框

4）选中“商品订购单”内容，选择“开始”选项卡，在“字体”功能组中，将选中文字的字体设置为“黑体”、加粗，字号设置为“一号”，在“段落”功能组中，将文字的对齐方式设置为“居中对齐”，标题格式设置如图 2-4 所示。

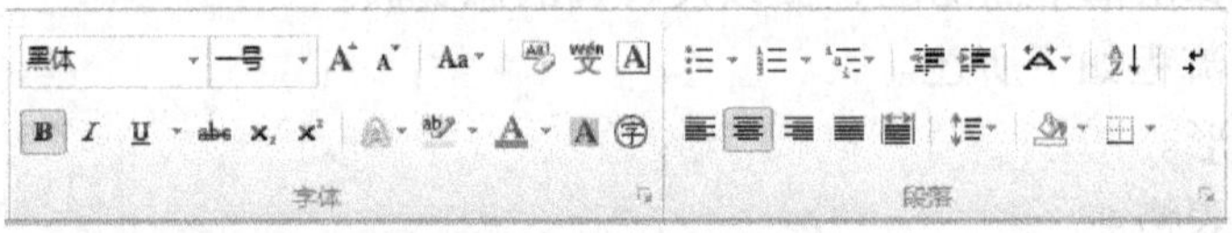

图 2-4　标题格式设置

5）将鼠标移动到表格右下角的表格大小控制点上，按住左键不放，往下拖动，增大表格高度。插入 20 行 5 列的表格结果如图 2-5 所示。

图 2-5　插入 20 行 5 列的表格

2.2.2　合并和拆分单元格

由于插入的表格过于简单，与图 2-1 所示表格相差较大，需要进行单元格的合并，才能形成图 2-1所示的表格。操作步骤如下。

1）由于第 1 列较宽，需要将其宽度进行调整。将鼠标移至第 1 列右侧边框线上，当鼠标指针变成“+||+”形状时，按住左键往左拖动，调整此列的宽度。

2）选中第 2、3、4 列，选择“表格工具”→“布局”选项卡，单击“单元格大小”功能组中的“分布列”按钮，平均分布各列，如图 2-6 所示。

3）选中表格第 1 行，选择“表格工具”→“布局”选项卡，在“合并”功能组中，单击“合并单元格”按钮，如图 2-7 所示，实现第 1 行单元格的合并操作。

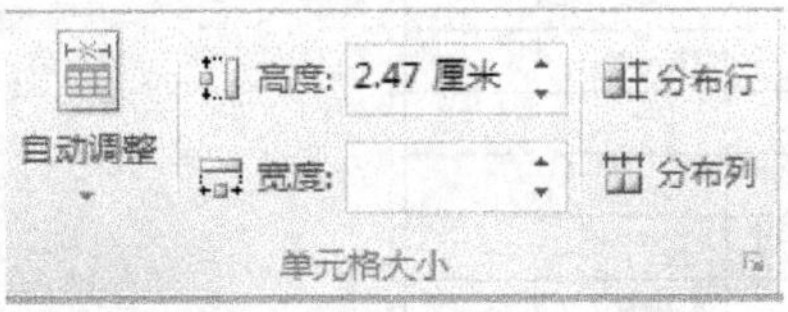

图 2-6　平均分布列

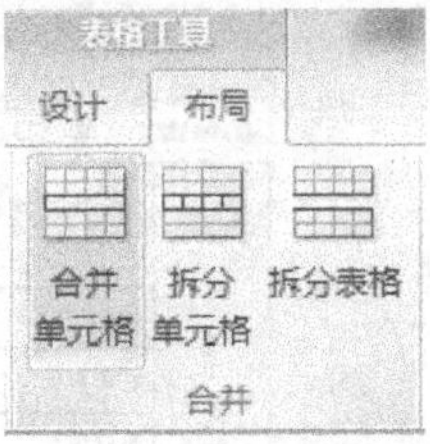

图 2-7　合并单元格

4）用同样的方法合并以下单元格区域 A2:A6、B2:B3、A7:A11、A12:A17、C6:D6、B7:E7、C9:E9、B10:B11、C10:E11、B17:E17、A18:B18、A19:B19、C18:E18、C19:E19。

5）选择“表格工具”→“设计”选项卡，在“绘图边框”功能组中单击“绘制表格”按钮，在 B2 单元格中，自左上角往右下角拖动鼠标，为其绘制斜线表头。

6）选中 C12:E17 单元格，用鼠标右键单击，在弹出的菜单中选择“合并单元格”，再通过右键菜单选择拆分单元格，弹出“拆分单元格”对话框，如图 2-8 所示。在“列数”和“行数”中分别输入“4”和“5”，完成对单元格的拆分。

7）通过以上的操作，整个表格已调整完毕，合并、拆分单元格后效果如图 2-9 所示。

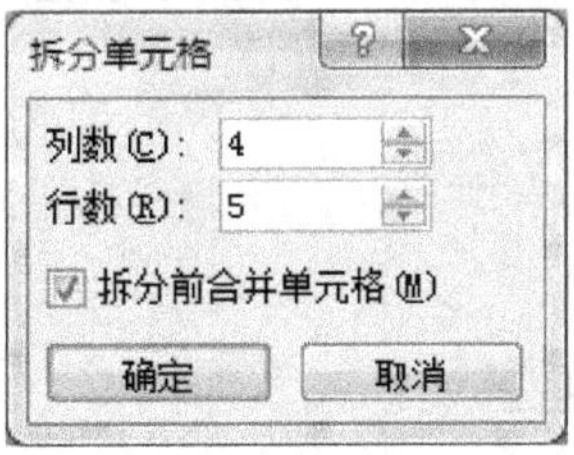

图 2-8　“拆分单元格”对话框

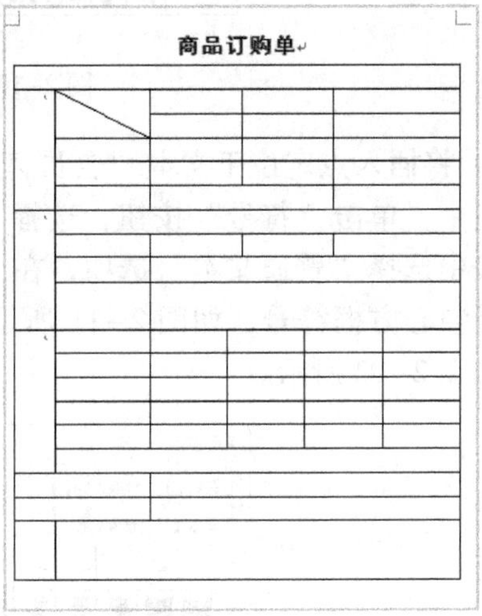

图 2-9　合并、拆分单元格后效果图

2.2.3　输入与编辑表格内容

完成表格的结构编辑后，即可在其中输入内容，然后设置文字的方向及文字在单元格中的位置，从而得到最佳的表格效果。操作步骤如下。

1）在表格中绘制了斜线表头单元格右上角双击鼠标，当出现光标闪动后输入文字“会员订购”，在该单元格的左下角双击鼠标，在光标闪烁处输入文字“首次订购”。

2）在其他单元格输入文本内容，对于重点内容或者特别注意的内容，为其添加粗体字形，输入表格内容后效果如图 2-10 所示。

商品订购单

订购日期：　年　月　日					**No：**
订购人资料	会员订购 / 首次订购	会员编号		姓名	联系电话
	姓名			电子邮箱	
	联系电话			身份	
	家庭住址	省　市		县/区	邮政编码：
收货人资料	**指定其他送货地址或收货人时请填写**				
	姓名			联系电话	
	送货地址	省　市　县/区			
	备注	**有特殊送货要求时请说明**			
订购商品资料					
	合计总金额：　元				
付款方式		□邮政汇款	□银行汇款		□货到付款
配送方式		□普通包裹		□送货上门	
注意事项	● 请务必详细填写，以便尽快为您服务。 ● 在收到您的订单后，我们的客服人员将会与您联系，确认此订单。 ● 订单经确认后，商品将保留 5 个工作日，如 5 个工作日后仍没收到您的汇款，我们将取消订单。 ● 若需咨询订购流程或商品信息，可以拨打本公司的免费订购与咨询电话：*******				

图 2-10　输入表格内容后效果图

3）将插入点定位于文本“会员订购”的前面，然后选择“插入”选项卡，在“符号”功能组中，单击“符号”按钮，选择“其他符号”，打开“符号”对话框，在“字体”下拉列表中选择“普通文本”选项，在“子集”下拉列表框中选择“几何图形符”选项，接着选择空心方框符号，如图 2-11 所示。单击“快捷键”按钮，打开“自定义键盘”对话框，如图 2-12 所示。

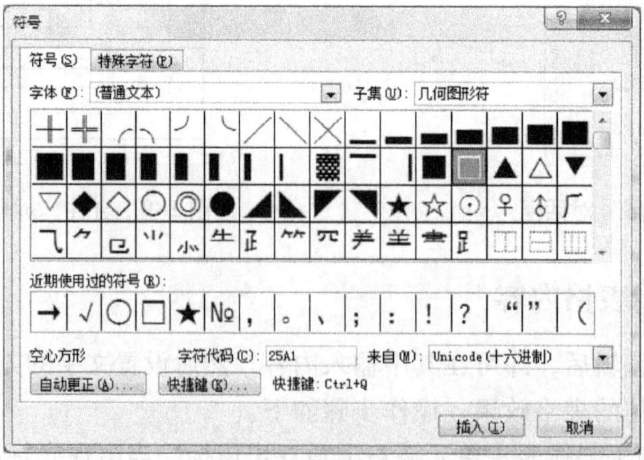

图 2-11　“符号”对话框

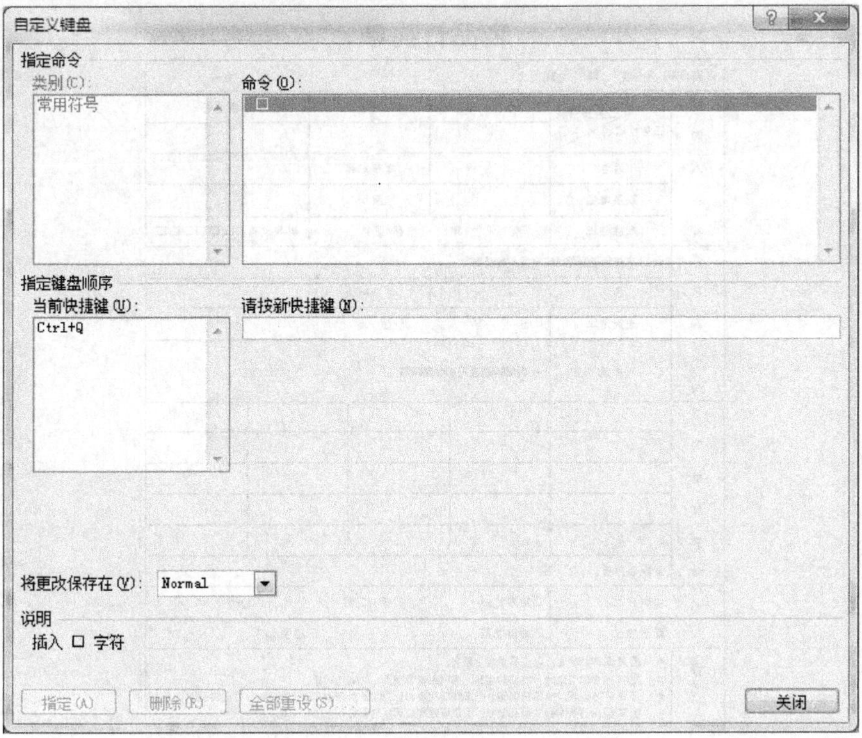

图 2-12 “自定义键盘”对话框

4）在“请按新快捷键”文本框中按下〈Ctrl + Q〉组合键，并依次单击“指定”和“关闭”按钮，回到“符号”对话框后单击“插入”和“关闭”按钮。

5）在表格中的“首次订购”“邮政编码”“付款方式”“配送方式”后的合适位置按下〈Ctrl + Q〉组合键，插入空心方框符号。

6）将插入点定位于“指定其他送货地址……”文字前，再次打开“符号”对话框，为文字前面添加“★”符号。

7）选择“注意事项”右侧单元格中的所有内容，通过“开始”选项卡，“段落”功能组中的“项目符号”命令为其添加项目符号。

8）选中表格中有说明性文字的单元格，选择“表格工具”→“布局”选项卡，在“对齐方式”功能组中单击“水平居中”按钮，将其对齐方式设置为“居中对齐”，如图2-13所示。

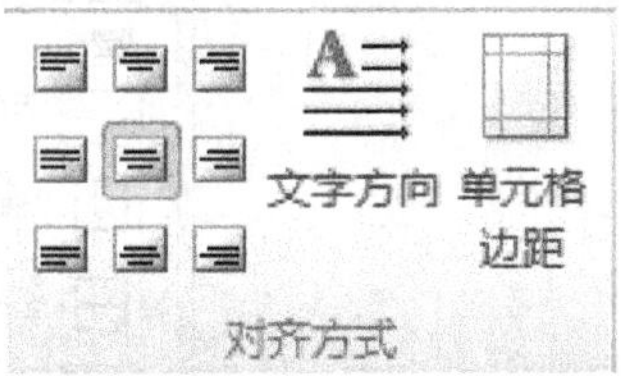

图 2-13 居中对齐

9）用相同的方法将“□会员订购”内容右对齐。

10）选择“订购人资料”文本，选择“开始”选项卡，分别单击“段落”功能组中的“居中”按钮和“分散对齐”按钮，之后通过单击“表格工具”→“布局”→“对齐方式”→“文字方向”按钮，将文本的方向改成“纵向”。

11）用同样的方法，将“收货人资料”“订购商品资料”“注意事项”几部分文字进行适当的调整，插入符号和设置文字对齐后的结果如图 2-14 所示。

商品订购单

订购日期： 年 月 日					No：
订购人资料	□会员订购 □首次订购	会员编号		姓名	联系电话
	姓名			电子邮箱	
	联系电话			身份	
	家庭住址	省 市		县/区	邮政编码：□□□□□□
收货人资料	★指定其他送货地址或收货人时请填写				
	姓名			联系电话	
	送货地址	省 市		县/区	
	备注	★有特殊送货要求时请说明			
订购商品资料					
	合计总金额： 元				
	付款方式	□邮政汇款		□银行汇款	□货到付款
	配送方式	□普通包裹		□送货上门	
注意事项	● 请务必详细填写，以便尽快为您服务。 ● 在收到您的订单后，我们的客服人员将会与您联系，确认此订单。 ● 订单经确认后，商品将保留5个工作日，如5个工作日后仍没收到您的汇款，我们将取消订单。 ● 若需咨询订购流程或商品信息，可以拨打本公司的免费订购与咨询电话：*******				

图 2-14 插入符号和设置文字对齐后的效果图

2.2.4 设置表格的边框和底纹

完成表格的内容编辑后，就可以对表格的边框和底纹进行设置。操作步骤如下。

1）单击表格左上角的表格移动控制点符号选择整个表格。选择“表格工具”→“设计”选项卡，单击“表格样式”功能组中的“边框”按钮，在下拉列表中选择“边框和底纹”，打开“边框和底纹”对话框。在“边框”选项卡中选择“虚框”，在“样式”中选择“双线”，如图 2-15 所示。单击“确定”按钮，整个表格的外侧边框线设置完成。

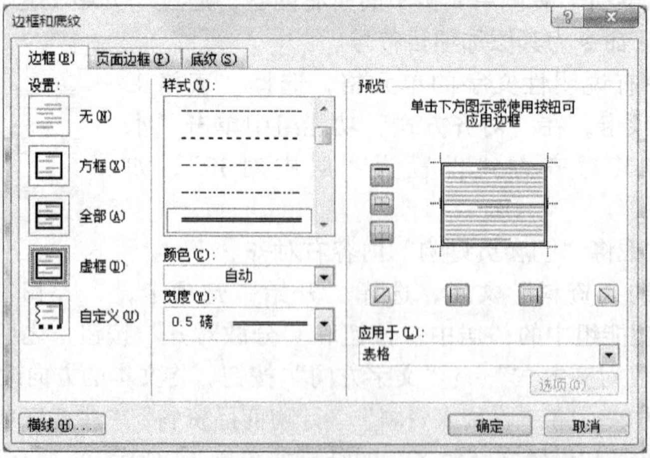

图 2-15 “边框和底纹”对话框

2）选择“订购人资料”栏目的全部单元格，用同样的方法打开“边框和底纹”对话框，在“样式”选择“双线型”，单击两次“预览”中的“下框线”按钮，将此栏目的下边框设置成了双线，以便与其他栏目分隔开。

3）使用步骤2）的方法，为其他栏目设置“双画线”线型的下边框效果，如图2–16所示。

4）选择“订购人资料”单元格，选择“表格工具”→“设计”选项卡，单击“表格样式”功能组中的“底纹”，从下拉列表中选择“白色，背景1，深色25%”，为此单元格添加底纹，“底纹”设置如图2–17所示。

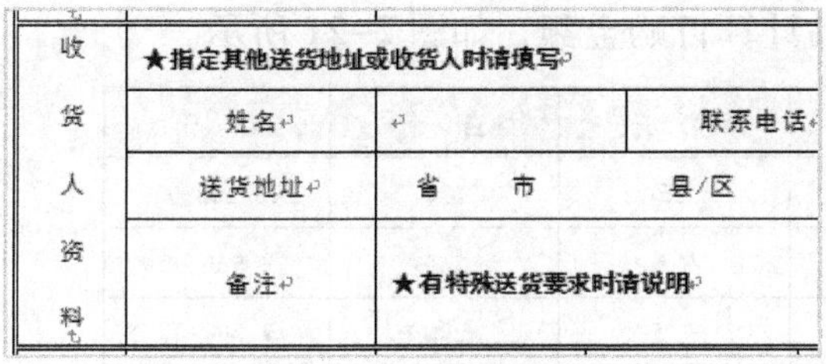

图2–16　设置下边框效果图

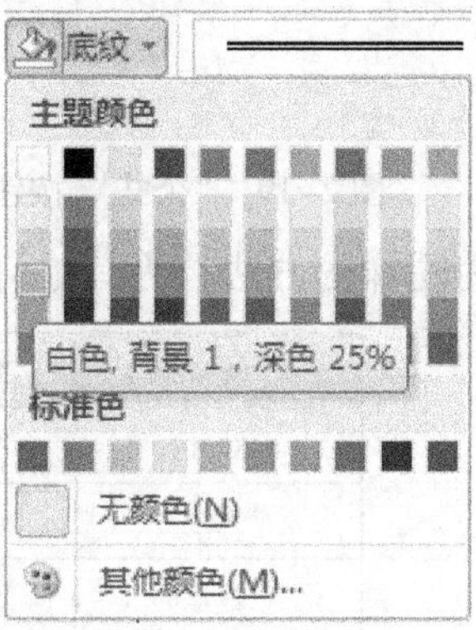

图2–17　“底纹”设置

5）用同样的方法，为其他说明性文字的单元格加上底纹。

至此，一份空白商品订购单表格绘制与美化工作结束。

2.2.5　表格的数据计算

当表格中录入了订购商品的单价及数量时，可以利用Word提供的简易公式进行计算，得到单个商品的总金额及所有订购商品的金额。操作步骤如下。

1）在表格中输入商品的货号、商品名称、单价、数量及金额如图2–18所示。

货号	商品名称	单价（元）	数量（个）	金额（元）
X001	海飞丝	25	120	
S001	甜趣	3.5	160	
S002	波力海苔	1.5	200	
X002	碧浪洗衣粉	26	100	
合计总金额：				

图2–18　输入商品的货号、名称、单价、数量及金额

2）将光标定位于货号为“X001”的最后一个单元格，即“金额”下方的单元格，然后选择“表格工具”→“布局”选项卡，单击“数据”功能组中的“公式”按钮，如图2–19所示，弹出“公式”对话框。

3）删除“公式”中的“SUM(LEFT)”，在光标处输入“PRODUCT(LEFT)”，表示自动将左边的数据进行乘积操作。在“编号格式”下拉列表中，选择其中的“￥#,##0.00;(￥#,##0.00)”选项，“公式”对话框如图2-20所示。最后单击“确定”按钮，为货号为X001的商品计算金额。

图2-19 “公式”按钮

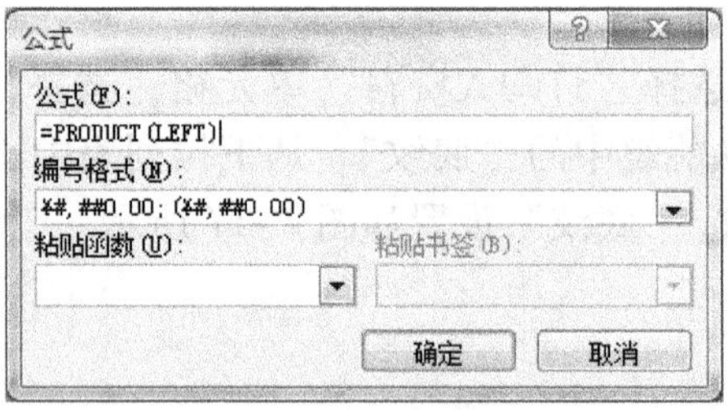

图2-20 “公式”对话框

4）用同样的方法，为其他订购商品计算订购金额，如图2-21所示。

货号	商品名称	单价（元）	数量（个）	金额（元）
X001	海飞丝	25	120	¥3,000.00
S001	甜趣	3.5	160	¥560.00
S002	波力海苔	1.5	200	¥300.00
X002	碧浪洗衣粉	26	100	¥2,600.00

图2-21 为其他订购商品计算订购金额

5）将插入点置于“合计总金额：”后，打开“公式”对话框，使用其中默认公式，在“编号格式”下拉列表中，选择其中的“￥#,##0.00;(￥#,##0.00)”选项，计算出该订购单的总金额。

至此表格全部制作完成。

2.2.6 表格标题跨页设置

在日常工作中，经常会出现表格横跨两页的情况，要解决这个问题，可以通过“表格属性”对话框中的设置来解决。操作步骤如下。

单击表格任意单元格，在“表格工具”→“布局”选项卡的“表”功能组中，单击“属性”按钮，打开“表格属性”对话框。切换到“行”选项卡，在“选项”中选择“在各页顶端以标题行形式重复出现”复选框，如图2-22所示。单击“确定”按钮，即可实现表格标题跨页重复显示。

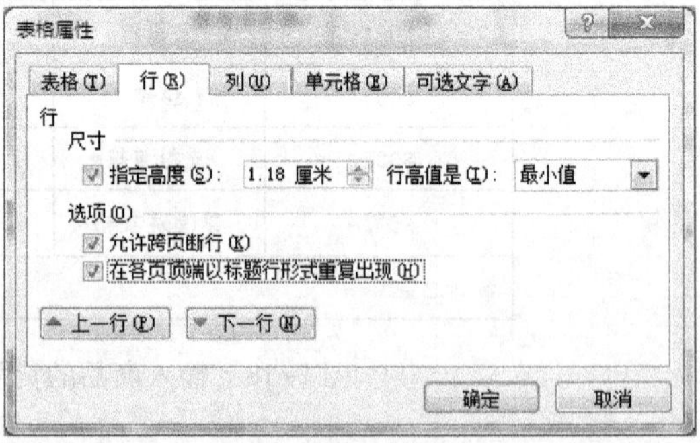

图2-22 “表格属性”对话框

2.3 实例小结

通过商品订购单的制作，我们学习了表格的创建、单元格的合并与拆分、表格边框和底纹的设置，利用公式或函数进行计算等。实际操作中需要注意以下问题：

1）要对表格中的内容进行编辑，应先选择表格中相应的单元格。

2）当表格大小超过一页时，为了使表格美观，可以通过选择“表格/表格属性命令”，在打开的“表格属性”对话框中，单击“行”选项卡，取消选中“允许跨页断行”复选框，防止表格中的文本被分成两部分。

3）在 Word 2010 文档中，用户可以将 Word 表格中指定单元格或整张表格转换为文本内容。可以通过执行“表格工具”→“布局”→“数据”→“转换为文本”命令实现。

4）在 Word 2010 文档中，用户也可以将文字转换成表格。其中关键操作是使用分隔符号将文本合理分隔，Word 2010 能够识别常见的分隔符，如段落标记、制表符和逗号。操作方法如下。

在“插入”菜单的“表格”功能组中单击“表格”按钮，并在下拉列表中选择“文本转换成表格”选项，“将文字转换成表格”对话框如图 2-23 所示。使用默认的行数和列数，单击“确定”按钮，即可实现文字转换成表格。

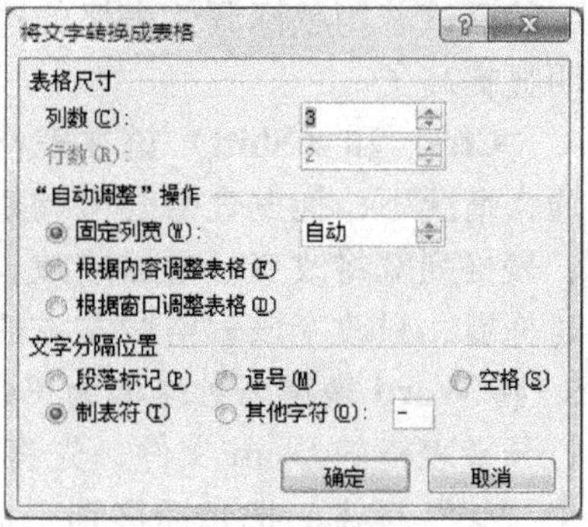

图 2-23 “将文字转换成表格”对话框

2.4 经验技巧

2.4.1 录入技巧

在 Word 中经常看到一些漂亮的图形符号，像“⌨”“✆”“♋”等，同时这些符号也不是由图形粘贴得到的。Word 中有几种自带的字体可以产生这些漂亮、实用的图形符号。在需要产生这些符号的位置上，先把字体更改为“Wingdings”“Wingdings2”“Wingdings3”及其相关字体，然后试着在键盘上敲击键符，像“7”“9”“a”等，此时就产生这些漂亮的图形符号了。如把字体改为“Wingdings”，再在键盘上单击〈d〉键，便会产生一个“♎”图形。(注意区分大小写，大写得到的图形与小写得到的图形不同。)

2.4.2 表格技巧

1. 表格两边绕排文字

如果想在表格右侧输入文字时，Word 2010 会将插入的文字自动添加到表格下一行的第一个单元格中，无法实现将文字添加在右侧。这时可以先选中表格的最后一列，然后用鼠标右键单击选中的单元格，从快捷菜单中选择“合并单元格”选项，将其合并成一个单元格，再选择“边框和底纹”命令，选中“边框和底纹”对话框的“边框”选项卡，并从“设置”中选择“自定义”选项，然后用鼠标取消上、下、右边的边框，单击“确定”按钮返回文档。这样，在该单元格输入的文字就会天衣无缝地绕排在表格的右边了。

如果想在表格左侧插入文字，则只要用鼠标选中表格最前一列单元格，并把它们合并成一个单元格，然后在“边框和底纹”对话框中取消上、下、左边的边框即可。

2. 让单元格数据以小数点对齐

有时用 Word 制作的统计表格中经常会包含带有小数点的数据，这时要对齐并不容易。

不过，只要用鼠标选定含有小数点数据的某列单元格，并用鼠标在上方标尺处先单击一次，使其出现一个“制表位”图标（一个小折号），然后用鼠标双击这个“制表位”小图标，弹出“制表位”对话框，在“对齐方式”中选取“小数点对齐”方式，单击“确定”按钮后，所有数据就会以小数点对齐。当然，也可以继续拖曳标尺上的小数点对齐式制表符调整小数点的位置，直到满意为止。

3. 精确调整表格

用鼠标手工调整表格边线操作起来比较困难，无法精确调整。其实只要按下〈Alt〉键不放，然后试着用鼠标调整表格的边线，表格的标尺就会发生变化，精确到0.01厘米，精确度明显提高了。

4.〈Ctrl〉和〈Shift〉键在表格中的妙用

通常情况下，拖曳表格线可调整相邻的两列之间的列宽。按住〈Ctrl〉键的同时拖曳表格线，表格列宽将改变，增加或减少的列宽由其右方的列共同分享或分担；按住〈Shift〉键的同时拖曳，只改变该表格线左方的列宽，其右方的列宽不变。

5. 将 Word 表格巧妙转换为 Excel 表格

打开带表格的 Word 文件，先将光标放在表格的任一单元格，在整个表格的左上角会出现一个“⊞”标志。把光标移到上面再单击，整个表格的字会变黑表示全部选中，单击鼠标右键，从快捷菜单中选择“复制”选项。然后打开 Excel，再单击鼠标右键，从快捷菜单中选择“选择性粘贴”选项，在出现的“选择性粘贴”对话框中有 6 项菜单可选，选择“文本”并单击“确定”按钮就行了。

6. Word 也能“自动求和”

在编辑 Excel 工作表时，很多用户对常用工具栏中的“自动求和”按钮情有独钟。其实，在 Word 2010 的表格中，也可以使用“自动求和”按钮。当然，这需要事先把该按钮调出来，其方法如下。

1）执行“文件”→“选项”命令，打开“Word 选项”对话框。

2）选择“自定义功能区”选项，在右侧选择“所有命令”后选择“Σ求和”选项，单击“添加”按钮。

3）单击“确定”按钮后关闭“Word 选项”对话框。

现在，把插入点置于存放和数的单元格之中，单击自定义快速访问工具栏中的“Σ”（自动求和）按钮，则 Word 将计算并显示插入点所在的上方单元格中或左方单元格中数值的总和。当上方和左方都有数据时，优先上方求和。

7. 在 Word 中快速计算

用 Word 2010 进行文字编辑时，有时可能需要对文中的一些数据进行运算，或者核对算式中的结果是否正确。具体步骤如下。

将光标插入点移到文档中需要插入计算结果的地方后，单击“表格工具”→“布局”→“数据”→“公式”按钮 *fx*，打开“公式”对话框，在该对话框中的“=”后面输入要计算的算式，最后单击“确定”按钮。如果说算式就是文档中的文字，那么就更简单了，只要先将文档中的算式复制，然后在“公式”对话框的“=”后面粘贴即可。不过这时的“粘贴”操作要用到组合键〈Ctrl+V〉。

8. 在 Word 表格中快速复制公式

在 Excel 中通过填充柄或粘贴公式可快速复制公式，而 Word 中没有此项功能，但是在用 Word 2010 制表时也经常要复制公式，这时可用下面两种方法实现公式的快速复制。

1）在制表时，选择“插入”→“表格”选项，从下拉菜单中选择“Excel 电子表格”选项，将 Excel 表格嵌入 Word 中，这样表格就可利用填充柄和粘贴公式进行公式复制了，计算非常方便。

2）对某单元格进行公式计算后，不要进行任何操作，立即进入需要复制公式的单元格并按〈F4〉键即可。

9. 在表格顶端加空行

要在表格顶端加一个非表格的空白行，可以使用〈Ctrl + Shift + Enter〉组合键，通过拆分表格来完成。但当表格位于文档的最顶端时，有一个更为简捷的方法，就是先把插入点移到表格的第 1 行第 1 个单元格的前面，然后按〈Enter〉键，此时就可以添加一个空白行了。

10. 锁定 Word 表格标题栏

Word 2010 提供给用户一个可以用来拆分编辑窗口的“分割条”，位于垂直滚动条的顶端。要使表格顶部的标题栏始终处于可见状态，可将鼠标指针指向垂直滚动条顶端的“分割条”，当鼠标指针变为分割指针（双箭头）后，将“分割条”向下拖至所需的位置，并释放左键。此时，Word 编辑窗口被拆分为上下两部分，这就是两个“窗格”。在下面的“窗格”任一处单击，就可对表格进行编辑操作，而不用担心上面窗格中的表格标题栏会移出屏幕可视范围之外了。要将一分为二的两个“窗格”还原成一个窗口，可在任意点用鼠标双击“分割条”。

2.5 拓展练习

1）请根据图 2-24 练习样图，制作面试成绩表。

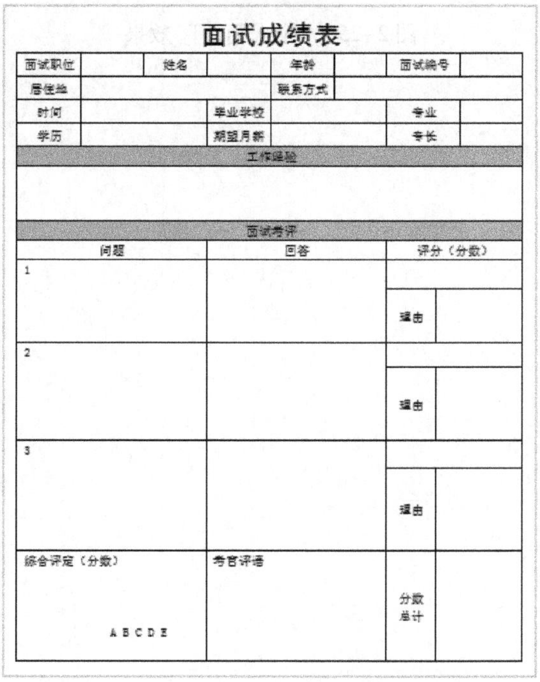

图 2-24　练习样图

2）制作个人简历，效果如图 2-25 所示。

<table>
<tr><th colspan="5">简历表格</th></tr>
<tr><td>姓名</td><td></td><td>性别</td><td></td><td rowspan="3">贴相片</td></tr>
<tr><td>出生年月</td><td></td><td>籍贯</td><td></td></tr>
<tr><td>政治面貌</td><td></td><td>民族</td><td></td></tr>
<tr><td>家庭住址</td><td></td><td>身份证号码</td><td colspan="2"></td></tr>
<tr><td>联系电话</td><td></td><td>E-mail</td><td colspan="2"></td></tr>
<tr><td>学历</td><td></td><td>专业</td><td colspan="2"></td></tr>
<tr><td>毕业院校</td><td colspan="4"></td></tr>
<tr><td>求职意向</td><td colspan="4"></td></tr>
<tr><td>主要课程</td><td colspan="4"></td></tr>
<tr><td>个人能力</td><td colspan="4"></td></tr>
<tr><td rowspan="4">学习、工作经历</td><td>起止时间</td><td>工作单位及职务</td><td colspan="2">岗位职责及业绩表现</td></tr>
<tr><td></td><td></td><td colspan="2"></td></tr>
<tr><td></td><td></td><td colspan="2"></td></tr>
<tr><td></td><td></td><td colspan="2"></td></tr>
<tr><td>英语、
计算机水平</td><td colspan="4"></td></tr>
<tr><td>兴趣及爱好</td><td colspan="4"></td></tr>
<tr><td>个人评价</td><td colspan="4"></td></tr>
</table>

图 2-25 “个人简历”效果

实例3　面试流程图制作

3.1　实例简介

3.1.1　实例需求与展示

优拓公司近期将要招聘一批新员工，新员工的面试工作由公司人事处负责，人事处秘书小李在此次工作中负责面试流程图的制作。通过使用艺术字设置、自选图形编辑等操作，小李完成了此次任务，面试流程图效果如图 3-1 所示。

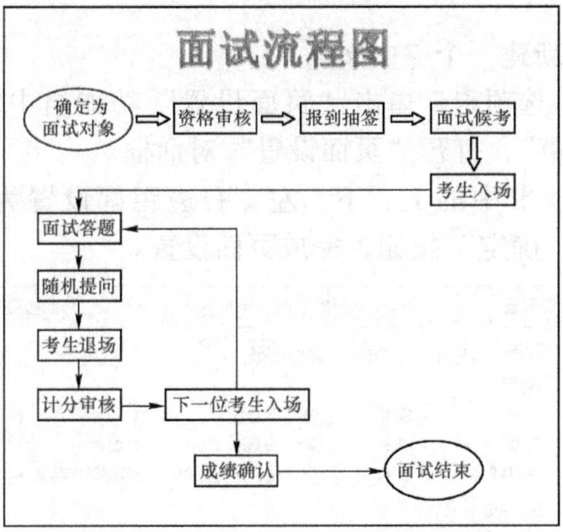

图 3-1　面试流程图效果图

3.1.2　知识技能目标

涉及知识点主要有：利用艺术字制作面试流程图标题、绘制和编辑自选图形、流程图主体框架的制作以及绘制连接符。

知识技能目标：

- 掌握面试流程图标题的制作。
- 掌握绘制和编辑自选图形。
- 掌握流程图主体框架的绘制。
- 掌握连接符的绘制。
- 掌握艺术字的添加和设置。

3.2 实例实现

流程图可以给我们清楚地展现出一些复杂的数据，让我们分析或观看起来更加清楚明了。流程图的制作步骤大致如下。

1）页面和段落的设置。

2）制作流程图标题。

3）绘制主体框架。

4）绘制连接符。

5）添加说明性文字。

6）美化流程图。

3.2.1 制作面试流程图标题

为了使流程图有较大的绘制空间，在制作之前需要先设置一下文档页面。操作步骤如下。

1）启动 Word 2010，新建一个空白文档。

2）选择“页面布局”选项卡，单击“页面设置”功能组中的“页边距”按钮，在下拉列表中选择“自定义边距”，打开“页面设置”对话框。

3）将“页边距”选项卡中的上、下、左、右边距都设置为“1 厘米”，页面设置如图 3-2所示。之后，单击“确定”按钮，完成页面设置。

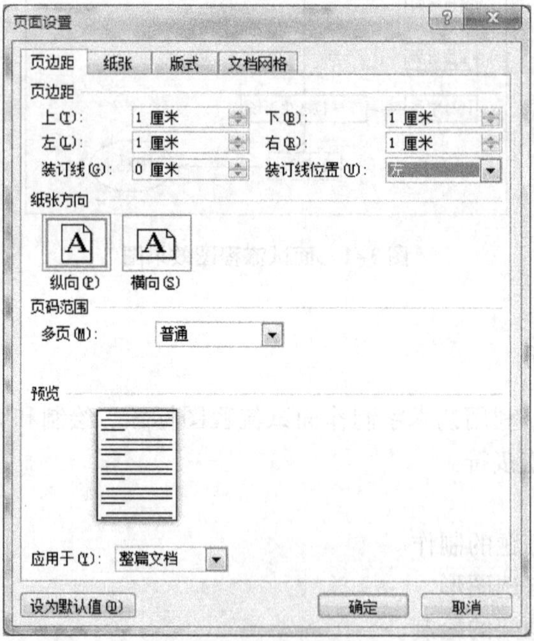

图 3-2 页面设置

页面设置完成以后，将光标移至首行，通过添加艺术字制作流程图标题，操作步骤如下。

1）选择“插入”选项卡，在“文本”功能组中，单击“艺术字”按钮，在下拉样式中选择“填充，无，轮廓－强调文字颜色 2”内置的艺术字样式，插入艺术字图如图 3-3 所示，文档中将自动插入含有默认文字“请在此处放置您的文字”和所选样式的艺术字。

2）将“请在此处放置您的文字”修改为“面试流程图”。

3）选中“面试流程图”字样，在“开始”选项卡的“字体”功能组中，将字体设置为“宋体”，字号设置为“小初”，加粗，居中对齐，字体颜色设置为“红色”，艺术字字体设置如图 3-4 所示。至此，标题制作完成。

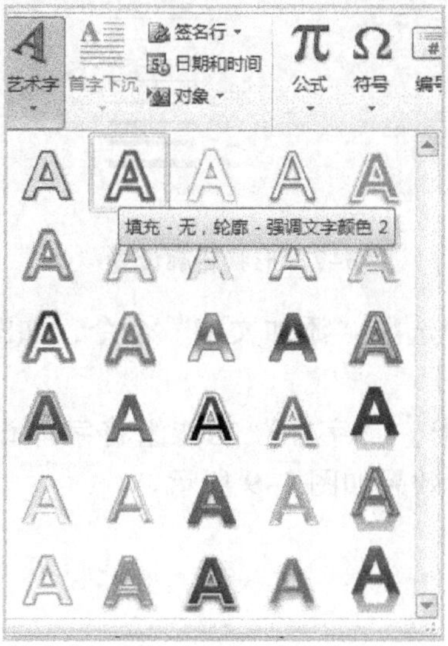

图 3-3　插入艺术字图

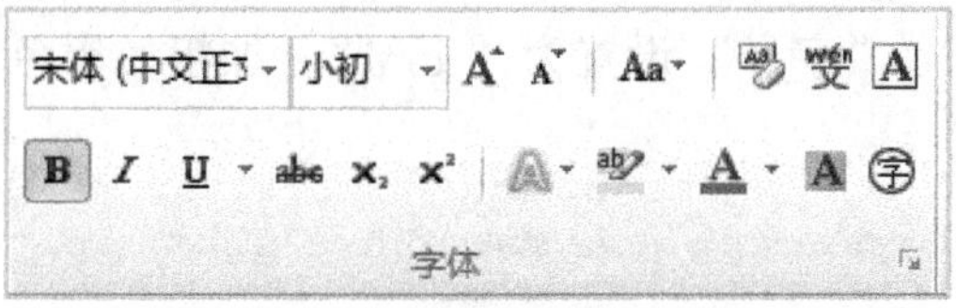

图 3-4　艺术字字体设置

3.2.2　绘制和编辑自选图形

在本实例的效果图中，包含有矩形、椭圆、线条和箭头等图形，这些图形对象都是 Word 文档的组成部分。在“插图”功能组中单击“形状”按钮，在弹出的下拉列表中包含了上百种自选图形对象，通过使用这些对象可以在文档中绘制出各种各样的图形。以实例中的矩形对象为例，实现实例中的效果，操作步骤如下。

1）选择“插入”选项卡，在“插图”功能组中单击“形状”按钮，在弹出的下拉列表中选择矩形，如图 3-5所示。

2）此时鼠标指针会变成十字指针，在需要插入图形的位置按住鼠标左键并拖动，直至对图形的大小满意后松开鼠标左键。

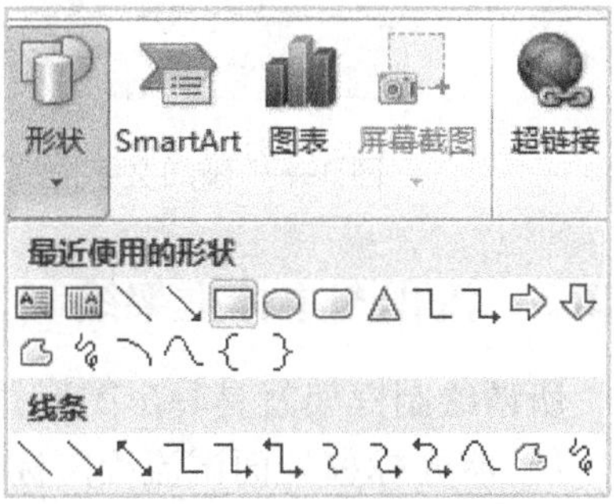

图 3-5　选择形状

3）选择刚刚画好的矩形，选择“绘图工具”→“格式”选项卡，在“形状与样式”功能组中单击“形状填充”按钮，在弹出的下拉列表中选择“主题颜色”为“水绿色，强调文字颜色 5，淡色 60%”，填充颜色设置如图 3-6 所示。

4）在“形状样式”功能组中单击“形状轮廓”按钮，在弹出的下拉列表中选择“主题颜色”为“黑色”，“粗细”为“1.5 磅”，如图 3-7 所示。

图 3-6　填充颜色设置

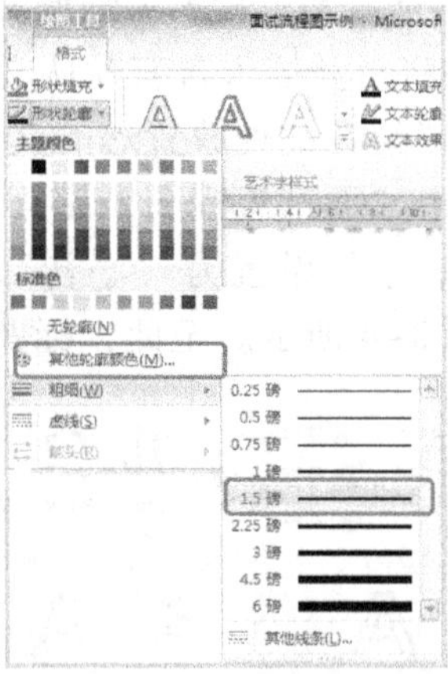

图 3-7　形状轮廓设置

5）在该图形上单击鼠标右键，在弹出的快捷菜单中选择“添加文字”命令，如图 3-8 所示。

6）输入文字“资格审核”，并通过“开始”选项卡，“字体”功能组将字体设置为“宋体”，“字号”设置为“五号”，加粗，黑色。完成后效果如图 3-9 所示。

图 3-8　添加文字命令

图 3-9　完成后效果图

3.2.3　流程图主体框架绘制

所谓绘制框架就是画出图形并将图形进行布局。绘制流程图框架的操作步骤如下。

1）将光标移到面试流程图标题的下一行。

2）通过 3.2.2 节所讲述的方法绘制出流程图中的基本图形，并添加文字。

3）调整各图形的位置，形成主体框架图，如图 3-10 所示。

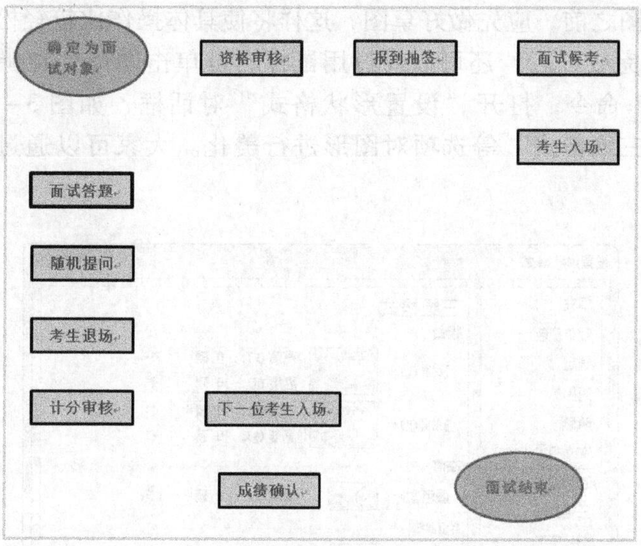

图 3-10　主体框架图

注意：此任务流程图中的矩形部分大致相同，可以先绘制一个图形，之后用“复制”→“粘贴”的方法实现其他矩形的绘制。

3.2.4　绘制连接符

主体框架设置好后，为流程图的各个图形之间添加连接符，可以让阅读者更清晰、准确地看到面试工作流程的走向。添加连接符的操作步骤如下。

1）选择“插入”选项卡，单击“形状”按钮，在下拉列表中选择“箭头总汇”类型中的“右箭头”⟹，并绘制到“确定为面试对象”与“资格审核”图形之间。

2）用同样的方法绘制其他的“右箭头”和“下箭头”。

3）选择“插入”选项卡，单击“形状”按钮，在下拉列表中选择“线条”类型中的“箭头”⟶，绘制流程图中的直线箭头连接符。

4）选择“插入”选项卡，单击“形状”按钮，在下拉列表中选择“线条”类型中的“肘型箭头连接符”。

5）“肘型箭头连接符”添加完成后，可以看到连线上有一个黄色的小点，利用鼠标拖动这个小点可以调整肘形线的幅度，肘型箭头连接符的添加如图 3-11 所示。

6）调整连接符的位置，使整个流程图简洁美观。至此，面试流程图制作完成。

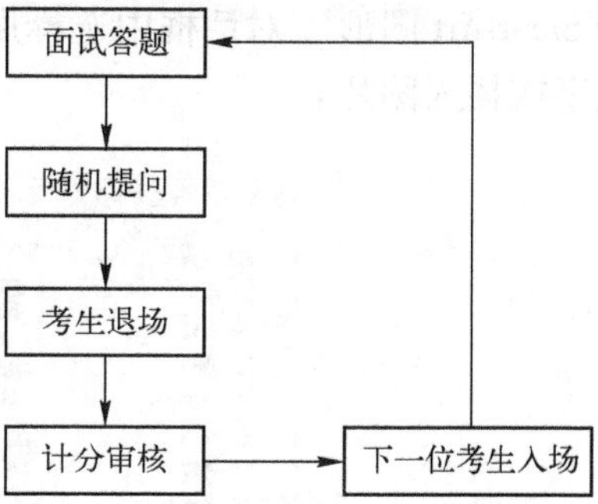

图 3-11　肘形箭头连接符的添加

3.3　实例小结

流程图在我们日常生活中很常见，它用来说明某一个过程。本实例中的面试流程图，主要使用了 Word 中的形状插入和基本设置，通过本实例的学习，应掌握自选图形的插入与设置、连接符的绘制。在实际操作中需要注意以下几个问题。

1）在制作流程图之前，应先做好草图，这样将使具体操作比较轻松。

2）流程图制作完成以后，还可以通过用鼠标右键单击图形，在弹出的快捷菜单中选择“设置形状格式”命令，打开“设置形状格式”对话框，如图3-12所示。通过对话框中的“填充”、“三维格式”等选项对图形进行美化。大家可以通过拓展练习中的题目来练习设置。

图3-12 “设置形状格式”对话框

3）SmartArt图形。SmartArt图形是信息和观点的视觉表现形式，主要用于演示流程、层次结构、循环和关系。

在文档中插入SmartArt图形的方法如下：

切换到“插入”选项卡，在“插图”功能组中单击“SmartArt”按钮，在弹出的“选择SmartArt图形”对话框中选择所需的图形，如图3-13所示。接着向SmartArt图形中输入文字或插入图片。

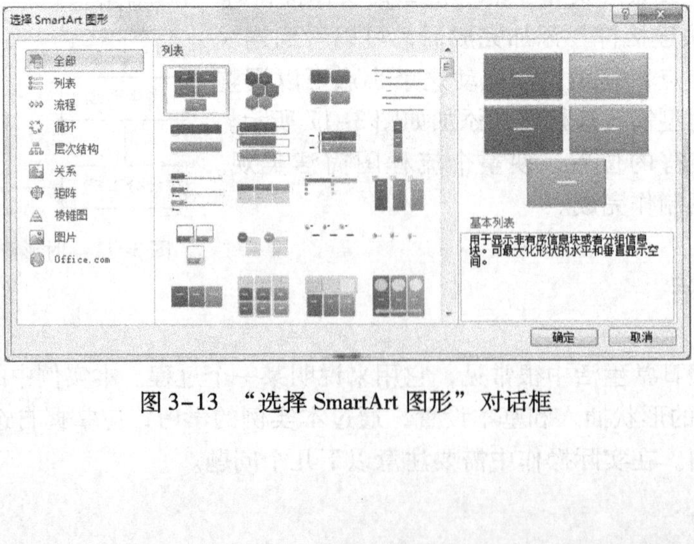

图3-13 “选择SmartArt图形”对话框

3.4 经验技巧

3.4.1 录入技巧

1. 用鼠标实现即点即输

在 Word 中编辑文件时，有时要在文件的最后几行输入内容，通常都是采用多按几次〈Enter〉或空格键，才能将光标移至目标位置。这种在文件末尾，即在没有使用过的空白页中来定位输入，其实可以通过双击鼠标左键来实现。

具体操作如下：

单击“文件”→“选项”选项，打开“Word 选项”对话框；在“高级”列表框的“编辑选项”组中，选中“启用‘即点即输’”复选框，这样就可以实现在文件的空白区域通过双击鼠标左键来定位光标了。

2. 上下标在字符后同时出现的输入技巧

有时想同时为一个前导字符输入上、下标，如 S_{10}^{n}（n 为上标、10 为下标），如果采取通常的做法，既麻烦又不美观、统一（上、下标的位置不能对齐）。利用“双行合一”功能就可以解决这个问题了。

先输入“Sn10”，然后选中“n10”，再选择“开始”→“段落”→“中文版式”选项，从下拉列表中选择“双行合一”选项，打开“双行合一”对话框；在 n 与 10 之间加入一个空格，从“预览”窗口中观察一下，符合要求后单击“确定”按钮即可。

3.4.2 绘图技巧

1. 画标准直线的技巧

如果想画水平、垂直或 30°、45°、75°角的直线，则固定一个端点后在拖曳鼠标时按住〈Shift〉键上下拖曳鼠标，将会出现上述几种直线选择，合适后松开〈Shift〉键即可。

画极短直线（坐标轴上的刻度线段）的方法如下：

先单击“矩形”工具，拖曳鼠标画出矩形后，用鼠标右键单击该矩形，从弹出的快捷菜单中选择“设置自选图形格式”选项，在“设置自选图形格式”对话框中将“高度”设置为“0 厘米”、“宽度”设置为“0.1 厘米”。

2.〈Ctrl〉键在绘图中的作用

〈Ctrl〉键可以在绘图时发挥巨大的作用。在拖曳绘图工具的同时按住〈Ctrl〉键，所绘制出的图形是用户画出的图形对角线的两倍；在调整所绘制图形大小的同时按住〈Ctrl〉键，可使图形在编辑中心不变的情况下进行缩放。

3. 快速排列图形

如果想在一篇文档中使图形获得满意的效果，比如将几个图形排列得非常整齐，可能需要费一番工夫，但是用下面的方法能够非常容易地完成这项工作。

首先通过按〈Shift〉键并依次单击想对齐的每一个图形来选中它们，然后选择“绘图工具”→“格式”→“排列”→“对齐”选项，再从下拉菜单中选择相应的对齐或分布的方法。

4. 新建绘图画布

打开 Word 2010 文档窗口，切换到“插入”功能区。在“插图”功能组中单击“形状”按钮，从下拉菜单中选择“新建绘图画布”命令。绘图画布将根据页面大小被自动插入到 Word 2010 页面中。

5. 画点

在绘图时，怎样把点画得非常美观呢？

操作方法如下。

单击“椭圆”工具，同时按住〈Shift〉键和〈Ctrl〉键用鼠标拖出一个小正圆，用鼠标右键单击该圆，在“设置自选图形格式”对话框中，填充“黑”色，同时还可以调整圆点的大小。

6. 多次使用同一绘图工具

我们在画图的时候，有时需要连续使用同一绘图工具，但是，在一般情况下，单击某一绘图工具后，可绘制相应的图形，只能使用一次。那么，怎样连续多次使用同一绘图工具呢？

可在相应的绘图工具按钮上用鼠标双击，此时按钮将一直锁定在“按下”状态下，当不需要该工具时，可用鼠标在相应的绘图工具按钮上单击或按〈Esc〉键。如果接着换用别的工具，则直接单击要使用的工具按钮，同时释放原来多次使用的绘图工具。

3.4.3 排版技巧

1. 文字旋转轻松做

在 Word 中可以通过“文字方向”命令改变文字的方向，但也可以用以下简捷的方法来做。选中要设置的文字内容，只要把字体设置成“@字体”即可，比如“@宋体”或“@黑体”，这样就可以使这些文字逆时针旋转 90°了。

2. 让 Word 文档“原文重现”

如果在 Word 2010 中使用了特殊字体，在转寄给别人时，如果对方的计算机中未安装该字体，则根本看不到文件内的特殊字体或者出现错误提示。此时最好的解决方式就是使用字体嵌入功能。

执行“文件”→“选项”命令，在“Word 选项”对话框中选择“保存”选项，选中“将字体嵌入文件”复选框，最后单击“确定”按钮即可。

3. 在 Word 中简单设置上标

首先选中需要做上标的文字，然后按下组合键〈Ctrl〉+〈Shift〉+〈+〉就可以将文字设置为上标，再按一次又恢复到原始状态；按组合键〈Ctrl〉+〈+〉可以将文字设置为下标，再按一次也恢复到原始状态。

3.5 拓展练习

1）绘制图 3-14 所示的建设工程施工管理流程图。

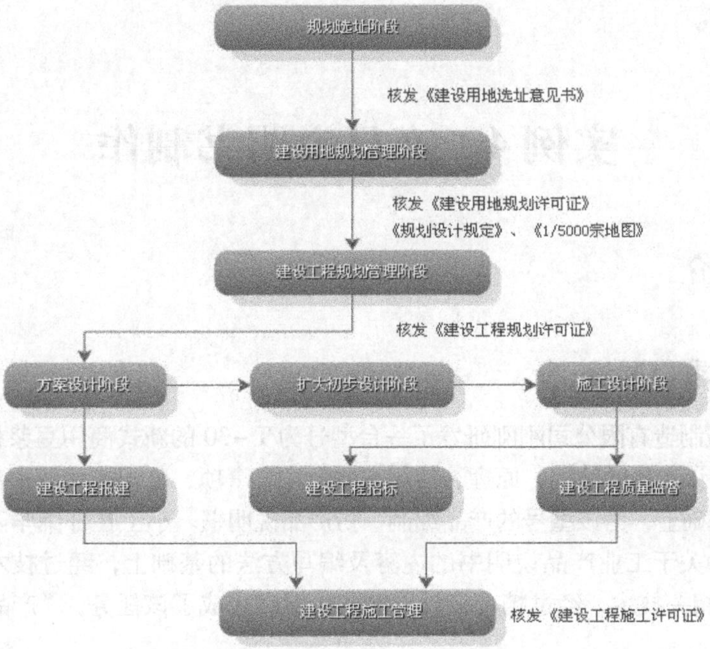

图 3-14　建设工程施工管理流程图

2）绘制图 3-15 所示的请假流程图。

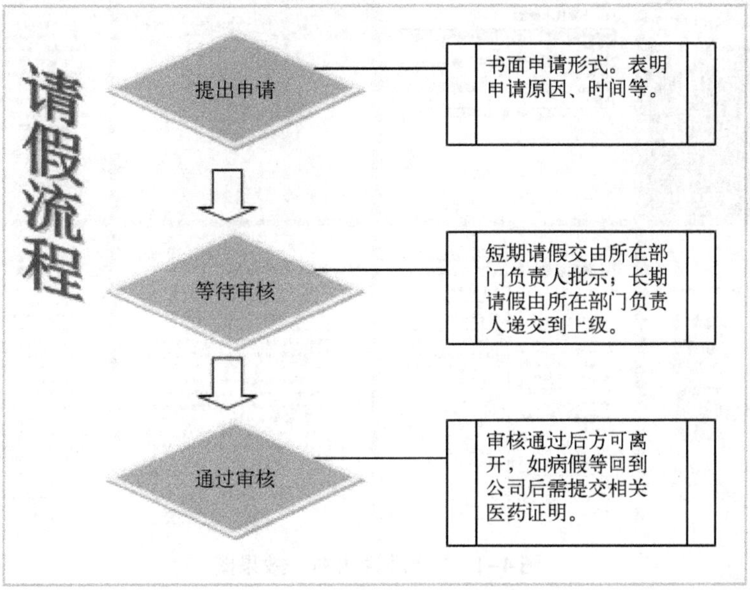

图 3-15　请假流程图

实例4　产品说明书制作

4.1　实例简介

4.1.1　实例需求与展示

上海蓝天机械制造有限公司刚刚研发了一台型号为T－30的新式商用豆浆机。为了让用户在购买该产品时了解该产品的结构、原理、使用方法与注意事项，公司指派秘书部的小王在参考文字和图片素材的基础上，为该型号的产品编制一份产品说明书。小王在仔细学习了《工业产品使用说明书总则》中关于工业产品说明书的内容及编写方法的基础上，经过技术分析，充分利用Word 2010提供的相关技术，经过精心设计与制作，圆满完成了该任务，“产品说明书”效果如图4–1所示。

图4–1　“产品说明书”效果图

4.1.2　知识技能目标

涉及的知识点主要有：Word模板的创建、页面设置、样式的修改和应用、分隔符的使用、分栏操作、图片插入、图文混排、图形标注的添加以及添加注释操作。

知识技能目标：

- 掌握 Word 2010 文档模板的制作。
- 掌握样式的修改和应用。
- 掌握分页和分栏操作。
- 掌握 Word 2010 中的图文混排。
- 掌握图形标注的添加。
- 掌握注释的添加。

4.2 实例实现

说明书必须具备以下特色与要求：

- 封面设计简洁且突出重点，包含公司名称、产品型号、文档名称与产品图片等元素。
- 根据公司产品开发的需要，定制出适合为以后研发产品使用的说明书模板。
- 在说明书中插入图片，并且有美观的图文混排效果。
- 不同的主题或者重点应排在不同的页面上。
- 对于产品结构的介绍，以标注的形式展示。
- 将繁多的内容分栏排版。
- 重点术语或者词组插入注释。

4.2.1 创建说明书模板

创建模板文件前，要设置好页面大小、样式等基础格式，然后将文档以“.dotx”格式进行保存。套用模板时，只需打开模板文件，然后将其保存成“.docx”格式的文件即可。操作步骤如下。

1）启动 Word 2010，创建一个空白文档，并进行页面设置，将“页边距”的上、下设置为“1.27 厘米”，左、右设置为“1 厘米”，“纸张方向”设置为“纵向”，“页边距”选项卡如图 4-2 所示。纸张大小设置为“自定义大小”，将“宽度”、“高度”微调框分别设置为“10.5 厘米”和“14.8 厘米”，“纸张”选项卡如图 4-3 所示，单击“确定”按钮。

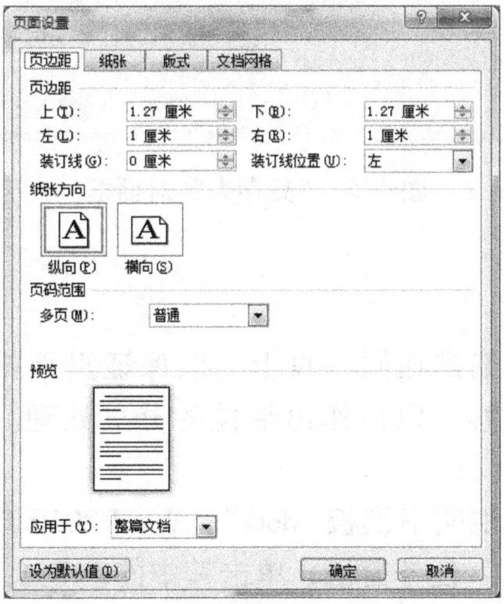

图 4-2 “页边距”选项卡

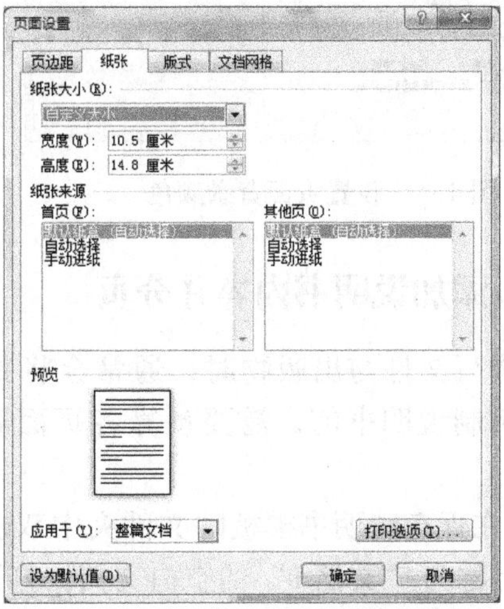

图 4-3 “纸张”选项卡

2）切换到“开始”选项卡，单击“样式”选项组中的“对话框启动器”按钮，打开“样式”任务窗格，然后用鼠标右键单击列表中的“标题 1”选项，从快捷菜单中选择“修改”命令，打开“修改样式”对话框。在“格式”栏中，将“字号”下拉列表框设置为“四号”，设置页面背景颜色如图 4-4 所示。

3）单击对话框中的“格式”按钮，从弹出的菜单中选择“段落”命令，打开“段落”对话框。在“缩进”栏中，将“特殊格式”下拉列表框设置为“悬挂缩进”，并将“度量值”微调框修改为“0.74 厘米”；在“间距”栏中，将“段前”、“段后”微调框设置为“0 行”，在“行距”下拉列表框中选择“最小值”，并将“设置值”微调框设置为“12 磅”。设置完成后，单击“确定”按钮，返回“修改样式”对话框后单击“确定”按钮，完成对“标题 1”样式的修改。

4）参考上述步骤，将“标题 2”样式的格式设置如下：字号设置为“五号”，文字倾斜、不加粗；段落的对齐方式设置为“两端对齐”，段前、段后间距设置为“3 磅”，行距设置为“单倍行距”。

5）将“正文”样式的格式做如下设置：字号设置为“小五号”；段落的对齐方式设置为“两端对齐”；为段落设置“首行缩进”，度量值为“0.63 厘米”。

6）按〈Ctrl + S〉组合键，打开“另存为”对话框。在“保存类型”下拉列表框中选择“Word 模板”选项，在“文件名”文本框中输入文字“说明书模板”，如图 4-5 所示。最后单击“确定”按钮，将文档保存成模板文件。

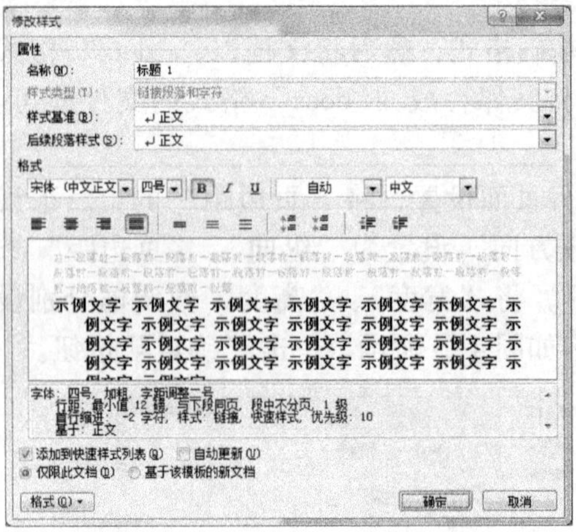

图 4-4　设置页面背景颜色

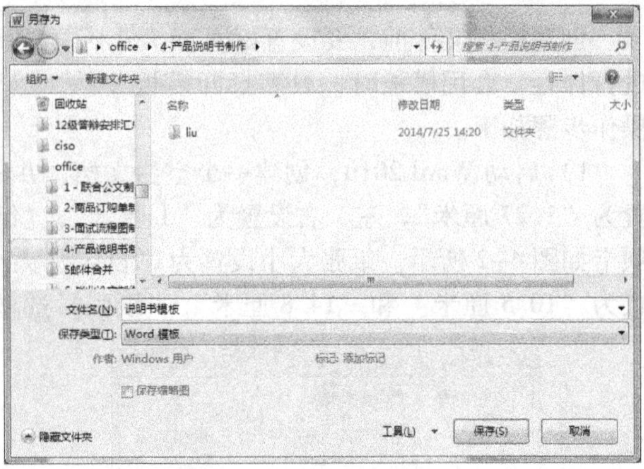

图 4-5　“另存为”对话框

4.2.2　添加说明书内容并分页

在撰写文件与出版物时，通常会将指定内容编排在同一页上，以保证页面排版的美观。在编制说明书前，需要预算各页面容纳的内容，以便作出最佳的分页处理。操作步骤如下。

1）在保存说明书模板的文件夹中双击文件“说明书模板 . dotx”，Word 2010 以该模板创建了名称为“文档 1”的空白文档。打开“样式”任务窗格，单击其中的“正文”样式，然后在编辑区输入说明书的所有标题，文字输入完成后效果如图 4-6 所示。

2）按住〈Ctrl〉键不放，选择除“清洗”“浸泡”“磨浆”和“煮浆”外的文字，然后单击“样式”任务窗格中的“标题 1”样式。

3）选择“清洗”“浸泡”“磨浆”和“煮浆”文字，为其套用“标题 2”样式。

4）按下〈Ctrl + A〉组合键选取全部文档内容，切换到“开始”选项卡，单击“段落”选项组中的“多级列表”按钮，从下拉菜单中选择多级列表样式如图 4-7 所示。

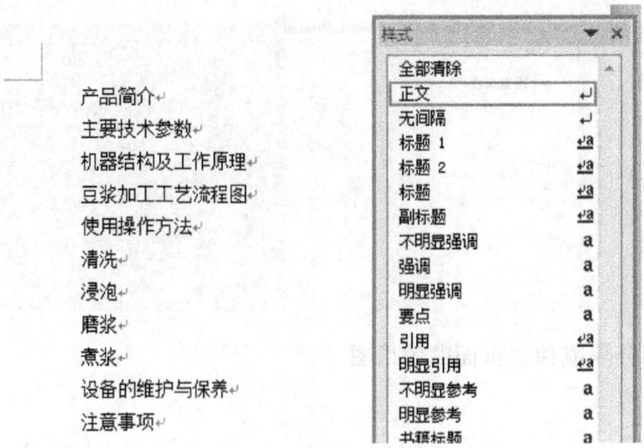

图 4-6　文字输入完成后效果图

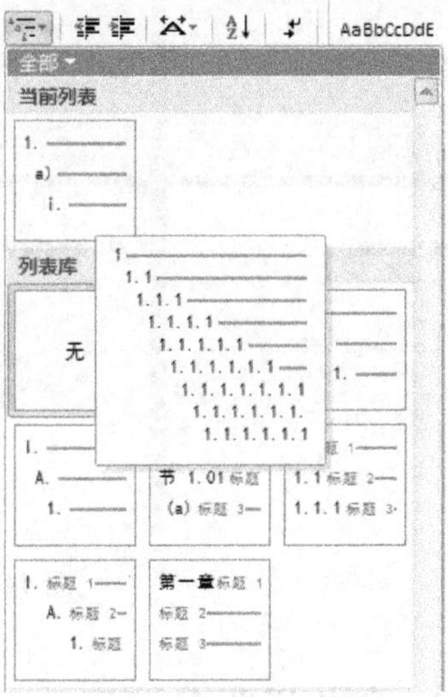

图 4-7　选择多级列表样式

5）将插入点定位于标题文字“产品简介”之前，切换到“页面布局”选项卡，单击“页面设置”选项组中的“分隔符”按钮，从下拉菜单中选择“下一页”命令，如图 4-8 所示。此时，文档被分为两节：第一节为空白页，将用于插入封面；第二节用于编辑说明书的内容。

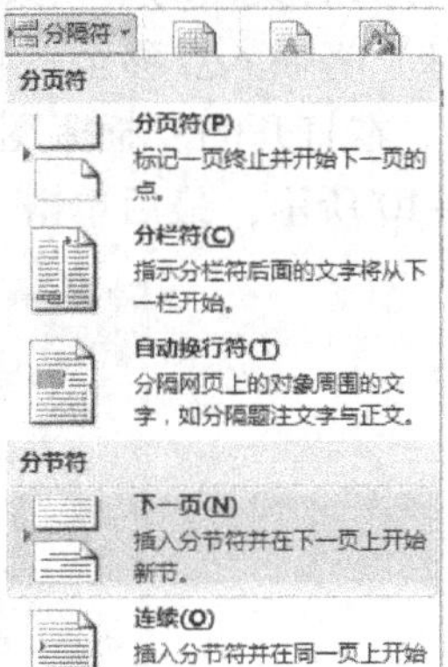

图 4-8　插入“下一页”分隔符

6）切换到“开始”选项卡，单击“段落”选项组中的“显示/隐藏编辑标记”按钮，使其处于按下状态。将插入点定位于文字“分节符（下一页）”所在行的最左侧，接着单击“样式”任务窗格中“正文”选项，清除空白页中的“标题 1”样式。

7）将插入点移至标题文字“主要技术参数”之后，切换到“页面布局”选项卡，单击“页面设置”选项组中的“分隔符”按钮，从下拉菜单中选择“下一页”命令。此时，在新页的页首会插入一空行，按〈Delete〉键将其删除。

8）使用上述方法，将“3. 机器结构及工作原理”“4. 豆浆加工工艺流程图”“5. 使用操作方式”“6. 设备的维护与保养”和“7. 注意事项”等内容分隔成独立的页面，效果如图 4-9 所示。

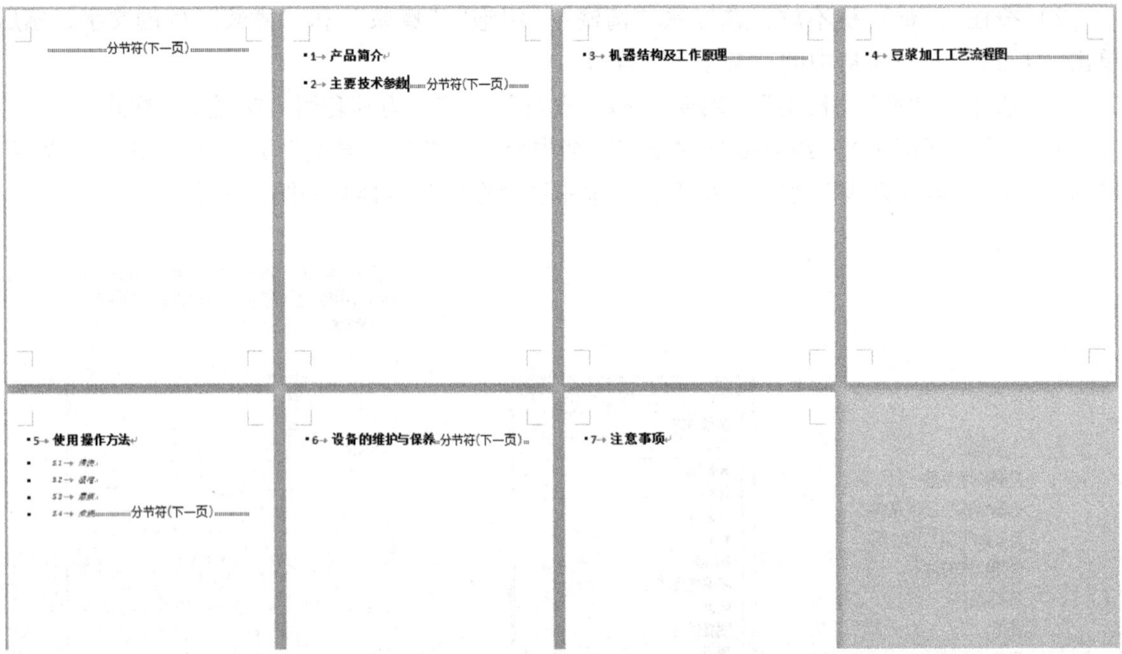

图 4-9　将内容分隔成独立页面的效果图

4.2.3　制作说明书封面

分页后文档的第一页是空白页，用于制作说明书的封面。操作步骤如下。

1）将插入点移至首页，切换到“插入”选项卡，单击“插图”选项组中的“图片”按钮，在打开的“插入图片”对话框中指定正确的位置后，选择图片文件“封面.jpg”，如图 4-10 所示，最后单击“插入”按钮。

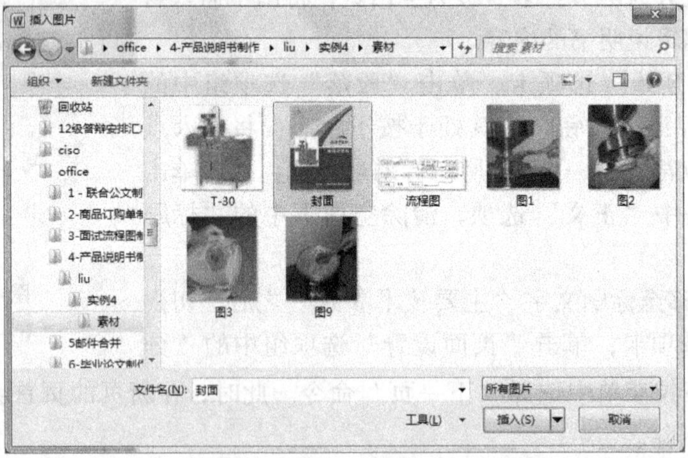

图 4-10　选择封面图片

2）选择插入的图片，切换到“格式”选项卡，将“大小”选项组中的“高度”微调框设置为“14.8 厘米”，使图片与页面具有相同的尺寸。单击“排列”选项组中的“自动换行”按钮，从下拉菜单中选择“浮于文字上方”命令，单击“对齐”按钮，从下拉菜单中选择“左右居中”命令。

3）拖动图片，使其边缘与页面的四周对齐，在拖动过程中可以配合〈Alt〉键进行微调处理。调整后的说明书封面效果如图4-11所示。

图4-11　说明书封面效果图

4.2.4　分栏

对文档部分内容进行分栏排版，不但易于阅读，还能有效利用纸张的空白区域。可以考虑将“清洗”“浸泡”“磨浆”和“煮浆”等4个主题的内容设置成双栏版式，并在栏间添加分隔线。操作步骤如下。

1）将文字素材复制到文档相应的位置，效果如图4-12所示。

2）将插入点移至第6页的标题“5. 使用操作方法”的内容之后，切换到“页面布局”选项卡，单击“页面设置”选项组中的“分隔符”按钮，从下拉菜单中选择“连续”分节符类型，使该标题的内容不受分栏影响。

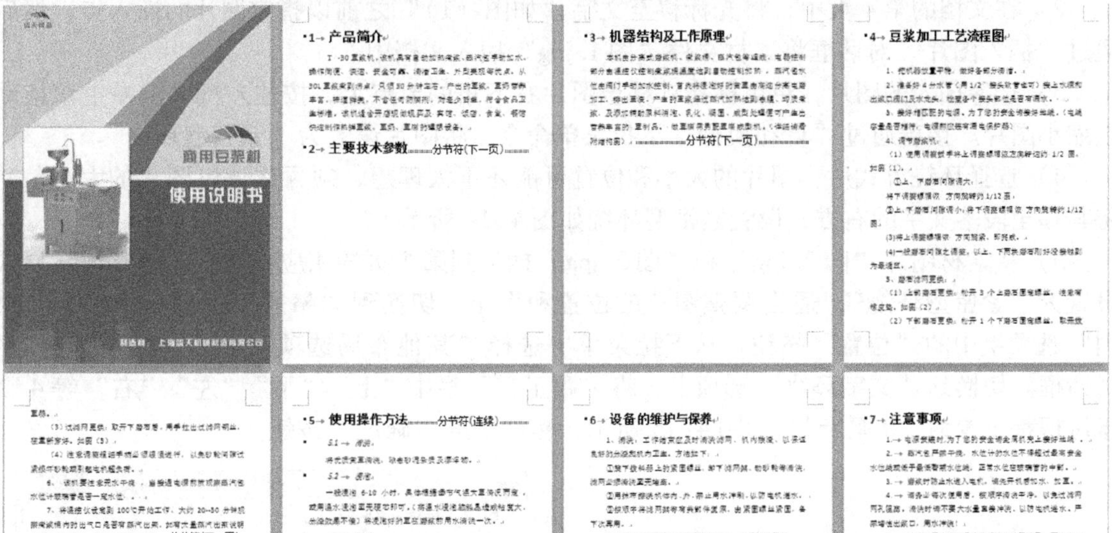

图4-12　将文字素材复制到文档相应位置的效果

3）将光标处的空行删除，接着选择要分栏的内容，单击“页面设置”选项组中的“分栏”按钮，从下拉菜单中选择“更多分栏”命令，打开“分栏”对话框。在“预设”栏中选择“两栏”样式，接着选中“分隔线”复选框，如图4-13所示，最后单击“确定”按钮。

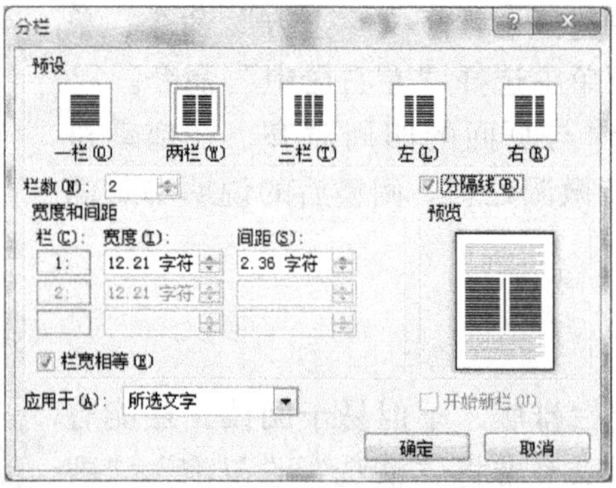

图 4-13 “分栏”对话框

4.2.5 管理图文混排

相对于单纯的文字而言，图片直观性强，而且更容易说明问题，因此使用图片是文档编排的常用手法之一。操作步骤如下。

1）在文档的第 4 页中，将光标移至“4. 豆浆加工工艺流程图”之后，按〈Enter〉键，并将光标左对齐，通过“插入图片”对话框将素材文件“流程图 . jpg”插入文档中。

2）在文档的第 4 页中，将光标移至文字“如图（1）”之前以指定图片的插入点，然后通过“插入图片”对话框将素材文件“图 1. jpg”插入文档中。

3）选择插入的图片，将鼠标指针移至图片右下角的节点上，按住左键并向左上角拖动以缩小图片。接着通过“自动换行”下拉菜单命令，将图片设置为“紧密型环绕”。

4）选择环绕方式后，图片的大小和位置可能还不太理想，须再次调整图片的大小，并将其移至段落文字的右方，设置紧密型环绕如图 4–14 所示。

5）将素材图片“图 2. jpg”和“图 3. jpg”插入到第 5 页的相应位置中，将其环绕方式设置为“紧密型环绕”，适当调整图片的位置和大小。切换到“格式”选项卡，单击“排列”选项组中的“位置”按钮，从下拉菜单中选择“其他布局选项”命令，打开“布局”对话框。切换到“文字环绕”选项卡，将“距正文”栏中“上”“下”“左”“右”等 4 个微调框都设置为“0 厘米”，如图 4–15 所示，然后单击“确定”按钮。

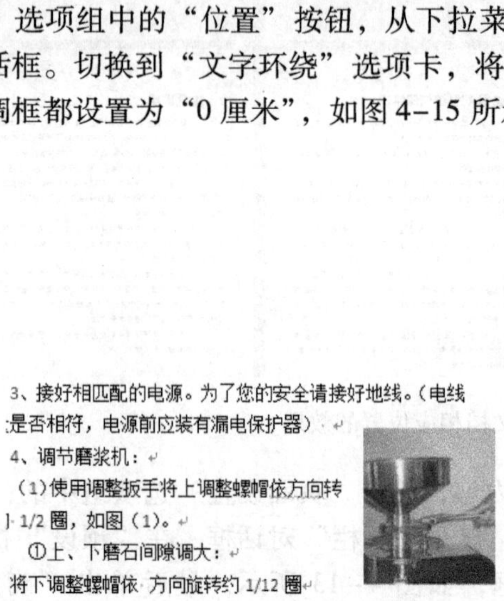

图 4–14 设置紧密型环绕

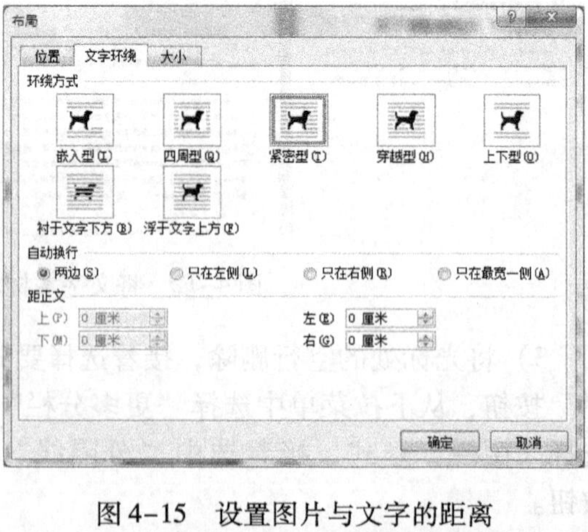

图 4–15 设置图片与文字的距离

6）如果图片的边缘留有较多的空白区域，无论设置多么紧密的环绕程度，都会显得疏松。此时，可以对图片的环绕顶点进行编辑，以达到将文字紧密环绕图片主体部分的目的。可以通过切换到“格式”选项卡，将其设置为四周型环绕，然后在“自动换行”下拉菜单中选择“编辑环绕顶点”命令实现。

4.2.6 制作说明书图表

一般的产品说明书都以表格的形式介绍产品的配置与规格。另外，可以用标注对产品的使用方法或结构进行说明。操作步骤如下。

1）将插入点置于文字“主要技术参数”之下，切换到“插入”选项卡，单击“表格”选项组中的“表格”按钮，从下拉菜单中选择“插入表格”命令，打开“插入表格”对话框，将“列数”“行数”微调框分别设置为“2”和“6”，如图4-16所示。单击“确定”按钮，完成表格的初步制作。

2）确保光标位于表格的单元格中，切换到“设计”选项卡，在“表格样式选项”功能组中，撤选“标题行”和“第一列”复选框；在“表格样式”选项组的列表框中选择“浅色底纹”选项，如图4-17所示。

3）输入各项规格的内容，如图4-18所示。

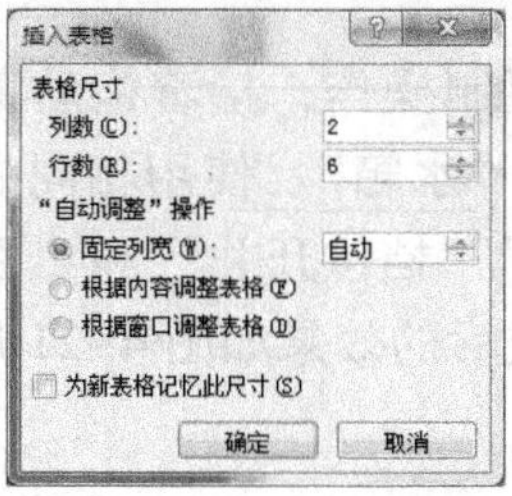

图4-16 “插入表格”对话框

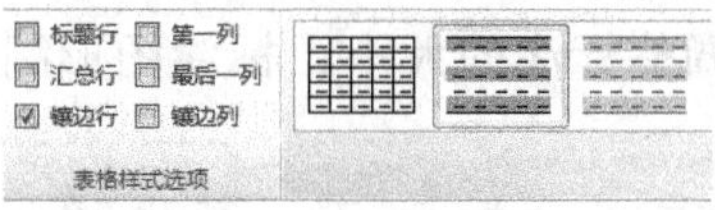

图4-17 设置表格样式和格式

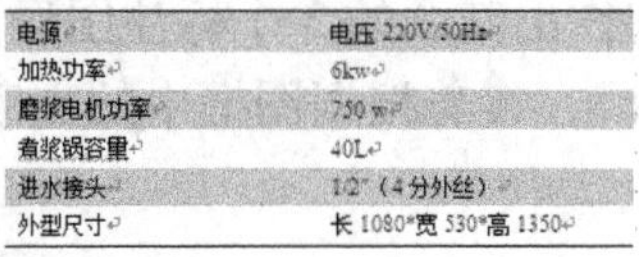

电源	电压 220V/50Hz
加热功率	6kw
磨浆电机功率	750 w
煮浆锅容量	40L
进水接头	1/2"（4分外丝）
外型尺寸	长 1080*宽 530*高 1350

图4-18 输入各项表格的内容

4.2.7 插入图形标注

通过插入自选图形，可以为文档的指定部分添加标注图形。操作步骤如下。

1）将素材图片“T-30.jpg”插入到“3. 机器结构及工作原理”的内容之后，并调整图片大小。

2）切换到“插入”选项卡，单击“插图”选项组中的“形状”按钮，从下拉菜单中选择“线型标注2”样式。

3）在刚插入的图片附近按住左键并拖动鼠标，然后将标注点拖到图片的出水管处，接着调整标注框的大小，并输入文字“出水管”，使其居中对齐。在拖动过程中可以配合〈Alt〉键以设定图框的大小。

4）单击标注框的边框，切换到“格式”选项卡，在“形状样式”选项组中，单击“主题填充”列表框的下拉箭头按钮，从弹出的列表中选择“细微效果-蓝色，强调颜色1”选项，如图4-19所示。单击“对话框启动器”按钮，打开“设置形状格式”对话框。

5）切换到“格式”选项卡，执行“格式”→“形状轮廓”→“箭头”→“其他箭头”命令，打开“设置形状格式”对话框，将“箭头设置”栏中的“后端类型”下拉列表框设置为“圆形箭头”，如图 4-20 所示。单击“关闭”按钮，“出水管”标注框设置完成。

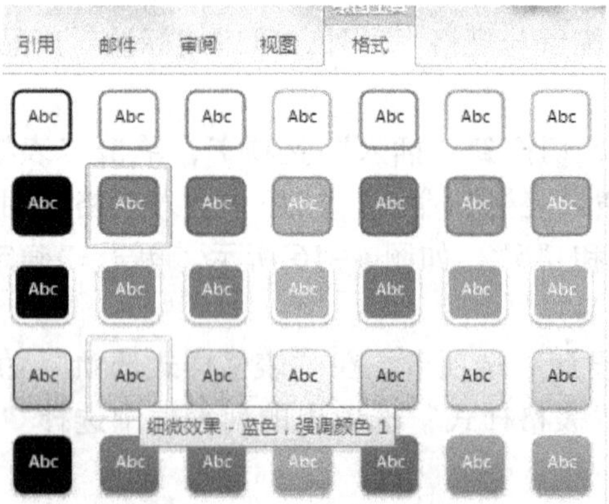

图 4-19 “形状样式”设置

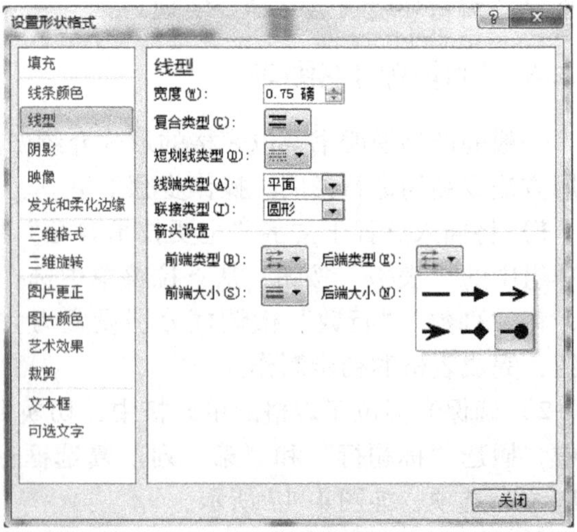

图 4-20 设置标注图形的箭头格式

6）按住〈Ctrl〉键不放，拖动制作好的标注图形进行快速复制操作，接着拖动黄色标注点以调整标注线的指向和位置，最后将标注框中的文字修改为“水箱”。使用相同的方法制作出其余的 3 个标注图形，并将其中的文字分别修改为“开关”“档位开关”和“豆浆出口”，接着根据图框中的文字调整标注的大小，标注图形制作完成后的效果如图 4-21 所示。

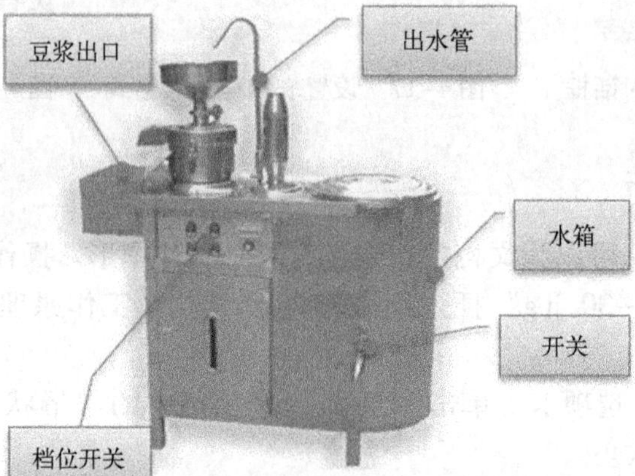

图 4-21 标注图形制作完成后的效果图

4.2.8 添加注释

在说明书中通常会出现一些专业术语，可以通过添加注释的方式对它们进行说明。本例中为电源添加脚注，为介绍 T-30 豆浆机的起源添加尾注。操作步骤如下。

1）在文档第 4 页中选择图片下方的文本“电源”，切换到“引用”选项卡，单击“脚注”选项组中的“插入脚注”按钮，在光标处输入脚注文本：“电源是家庭用电，为220 V。”

2）在文档的第 2 页选择正文文字“T－30 豆浆机”，然后单击“脚注”选项组中的“插入尾注”按钮，在光标处输入尾注内容。

将文件保存为“豆浆机说明书”。至此，豆浆机的说明书制作完成。

4.3 实例小结

通过对产品说明书的制作，学习了 Word 模板的创建、图文混排、分栏、分页和分节操作。对于这种产品说明书类的制作过程简单总结如下。

1）说明书有其特有的格式，可以创建模板，再次制作其他说明书时，可以套用模板。

2）通过“分隔符”下拉菜单，可以将文档进行分页或分节处理。

3）插入图片后，通过调整其大小和位置，可将其作为封面或者背景。在“图片工具”→“格式”选项卡中可以设置图片与文字的环绕方式、图片的样式等。

4）通过“分栏”对话框，可以将制定内容分成相同或者不同大小的双栏或多栏。

5）通过“插入表格”对话框和“表格工具”→“设计”选项卡，可以快速创建具有特定样式效果的表格。

6）通过插入自选图形，可以为文档的指定部分添加标注图形。

7）通过插入脚注和尾注，可以为文档添加必要的注释。

4.4 经验技巧

4.4.1 图片技巧

1. 快速显示文档中的图片

如果一篇 Word 文档中有多张图片，打开后显示会很慢。但打开文档时，快速单击“打印预览和打印”按钮，图片就会立刻清晰地显示出来，然后关闭“打印预览”窗口，所有插入的图片都会快速地显示出来。

2. 巧存 Word 文档中的图片

有时看到一篇图文并茂的 Word 文档，想把文档里的所有图片保存到自己的计算机里，可以按照下面的方法来做：

打开该文档，执行“文件”→“另存为”命令，打开“另存为”对话框，指定一个新的文件名，选择保存类型为“网页”，单击“保存”按钮，这时会发现在保存的目录下多了一个和 Web 文件名一样的文件夹。打开该文件夹，就会惊喜地发现，Word 文档中的所有图片都在这个目录里保存着。

3. 快速将网页中的图片插入 Word 文档中

在编辑 Word 文档时，需要将一张网页中正在显示的图片插入文档中，一般的方法是把网页另存为“Web 页，全部（＊.htm；＊.html）”格式，然后单击“插入”→“插图”→“图片”选项，把图片插入文档中。

这种方法虽然可行，但操作有些麻烦。有一种简易可行的方法如下。

将 Word 的窗口调小一些，使 Word 窗口和网页窗口并列在屏幕上，然后用鼠标在网页中单击需要插入 Word 文档中的那幅图片不放，直接把它拖曳到 Word 文档中，松开鼠标，此时图片已经插入 Word 文档中。需要注意的是，此方法只适合没有链接的 JPG、GIF 格式图片。

4.4.2 录入技巧

1. 叠字轻松输入

在汉字中经常遇到重叠字，比如“爸爸”“妈妈”“欢欢喜喜”等，在 Word 中输入时除了利用输入法自带的功能快速输入外，还提供了这样一个功能：只需通过组合键〈Alt + Enter〉便可轻松输入，如在输入“爸”字后，按组合键〈Alt + Enter〉便可再输入一个“爸”字。

2. 快速输入汉语拼音

在输入较多的汉字拼音时，可采用另外一种更简捷的方法。

先选中要添加注意的汉字，再单击“开始”→“字体”→“拼音指南”选项，在“拼音指南”对话框中单击“组合”按钮，则将拼音文字复制粘贴到正文中，同时还可删除不需要的基准文字。

4.5 拓展练习

1）某高校为了使学生更好地进行职场定位和职业准备，提高就业能力，该校学工处将于 2015 年 4 月 29 日（星期三）19:30 - 21:30 在校国际会议中心举办“领慧讲堂”就业讲座，题目为“大学生人生规划”，特别邀请资深媒体人、著名艺术评论家赵蕈先生担任演讲嘉宾。请根据上述活动的描述，利用 Word 制作一份宣传海报，效果如图 4-22 和图 4-23 所示，要求如下：

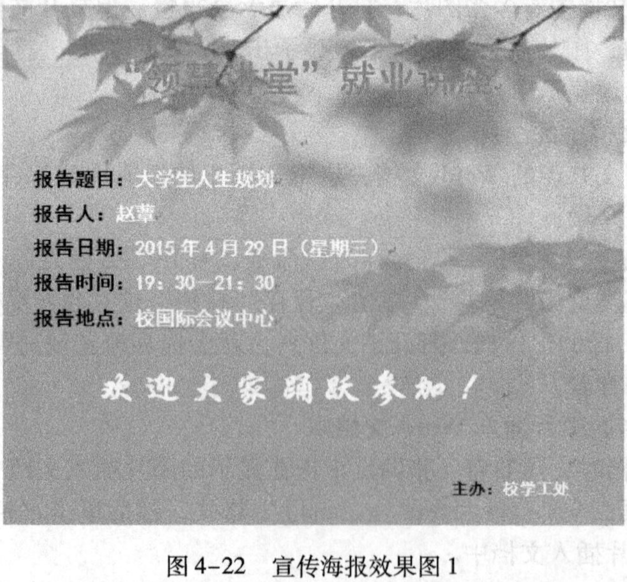

图 4-22 宣传海报效果图 1

图 4-23　宣传海报效果图 2

① 调整文档版面，要求页面高度 35 厘米，页面宽度 27 厘米，页边距（上、下）为 5 厘米，页边距（左、右）为 3 厘米，并将习题文件夹下的图片“Word－海报背景图片 . jpg”设置为海报背景。

② 根据效果图，调整海报内容文字的字号、字体和颜色。

③ 根据页面布局需要，调整海报内容中“报告题目”“报告人”“报告日期”“报告时间”和“报告地点”信息的段落间距。

④ 在“报告人:”位置后面输入报告人姓名（赵蕈）。

⑤ 在“主办：校学工处”位置后另起一页，并设置第 2 页的页面纸张大小为 A4 篇幅，纸张方向设置为“横向”，页边距为“普通”页边距定义。

⑥ 在新页面的“日程安排”段落下面，复制本次活动的日程安排表（请参考“Word－活动日程安排 . xlsx”文件），要求表格内容引用 Excel 文件中的内容，如 Excel 文件中的内容发生变化，Word 文档中的日程安排信息随之发生变化。

⑦ 在新页面的“报名流程”段落下面，利用 SmartArt，制作本次活动的报名流程（学工处报名、确认坐席、领取资料、领取门票）。

⑧ 设置“报告人介绍”段落下面的文字排版布局为参考示例文件中所示的样式。

⑨ 更换报告人照片为习题文件夹下的 Pic2. jpg 照片，将该照片调整到适当位置，并不要遮挡文档中的文字内容。

⑩ 保存本次活动的宣传海报设计为“人生规划宣传海报 . docx”。

2）学校组织全班学生去泰山旅游，现在老师要求家在泰山的同学张蒿，制作一份泰山旅游攻略，其中包括游玩路线和泰山几大景点的简单介绍。

请根据上述活动的描述，利用已有的“Word. docx”文档制作一份泰山旅游攻略，效果如图 4-24 和图 4-25 所示，要求如下：

① 调整文档版面，要求页面高度 18 厘米，页面宽度 27 厘米，页边距（上、下）为 2. 54 厘米，页边距（左、右）为 3. 17 厘米。

② 将图片“泰山风景图 . jpg”设置为泰山旅游攻略背景。

图 4-24　泰山旅游攻略效果图 1

图 4-25　泰山旅游攻略效果图 2

③ 根据效果图，调整海报内容文字的字号、字体和颜色。

④ 根据页面布局需要，调整泰山旅游攻略内容中“制作人”和“制作日期”信息的段落间距。

⑤ 在“制作人：”位置后面输入制作人姓名（张蒿）。

⑥ 设置“制作人”段落下面的文字排版布局为效果图中所示的样式。

⑦ 更换制作人照片为习题文件夹下的“zh. jpg”照片，将该照片调整到适当位置，不要遮挡文档中的文字内容。

⑧ 保存文档。

实例5 邀请函制作

5.1 实例简介

5.1.1 实例需求与展示

优拓网络有限公司将于1月1日举行公司周年庆晚会。小李作为公司秘书部的一员，负责本次晚会邀请函的制作。利用 Word 2010 的邮件合并功能，可以很方便快捷地批量完成邀请函的制作，“邀请函”效果如图5-1所示。

图5-1 “邀请函”效果图

5.1.2 知识技能目标

涉及的知识点主要有：创建主文档、创建和编辑数据源、完成合并操作。

知识技能目标：

- 掌握邮件合并的基本操作。
- 掌握利用邮件合并功能批量制作邀请函、信封、证书等。
- 加强对批量处理文档的认识和理解，并能够合理地运用。

5.2 实例实现

邀请函、录取通知书、荣誉证书等文档的共同特点是形式和主要内容相同，但姓名等个别部分不同，此类文档经常需要批量打印或发送。使用邮件合并功能可以非常轻松地做好此类工作。

邮件合并的原理是将发送的文档中相同的部分保存为一个文档，称为主文档；将不同的部分，如姓名、电话号码等保存为另一个文档，称为数据源，然后将主文档与数据源合并起来，形成用户需要的文档。

5.2.1 创建主文档

主文档的制作步骤如下。

1）启动 Word 2010，创建一个空白文档，并进行页面设置，将“页边距”的上、下设置为“2.54 厘米”，左、右设置为“5.08 厘米”，“纸张方向”设置为“横向”，如图 5-2 所示，纸张大小设置为 JIS B5，如图 5-3 所示，单击“确定”按钮。

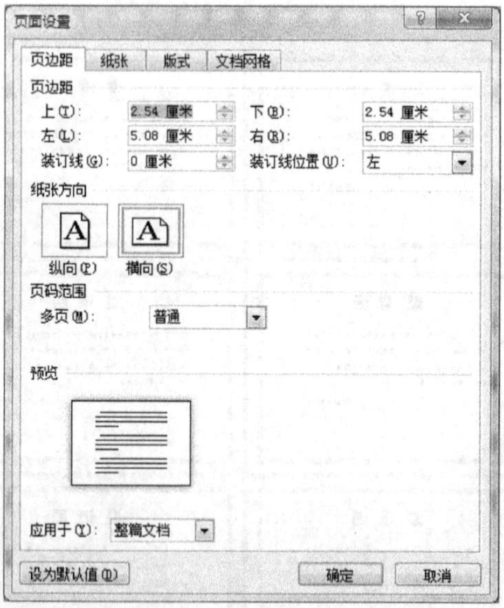

图 5-2 “页边距”选项卡

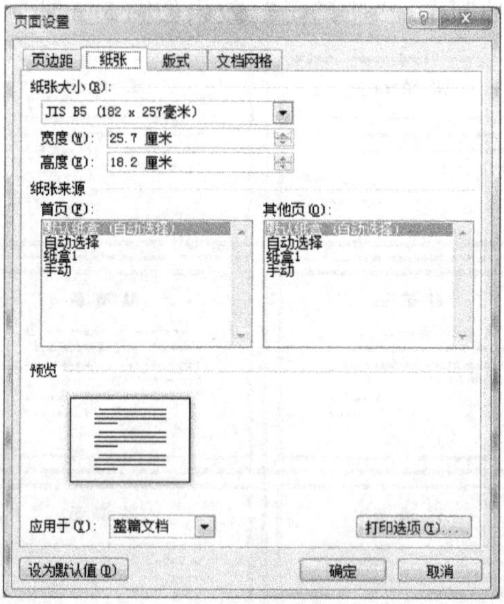

图 5-3 “纸张”选项卡

2）设置页面颜色，在“页面背景”功能组中单击“页面颜色”命令，在打开的“主题颜色”列表框中单击“填充效果”命令。在打开的“填充效果”对话框的渐变选项卡中，设置“颜色”为“双色”，颜色 1 为“红色，强调文字颜色 2，淡色 40%”，颜色 2 为“白色”，设置底纹样式为“角部辐射”，如图 5-4 所示，单击“确定”按钮。

3）设置页面边框，在“页面背景”功能组中单击“页面边框”命令，在打开的“边框和底纹”对话框中单击“页面边框”选项卡，设置页面边框为“方框”，边框样式为“三线”，颜色为“深红”，宽度为 3.0 磅，如图 5-5 所示，单击“确定”按钮。

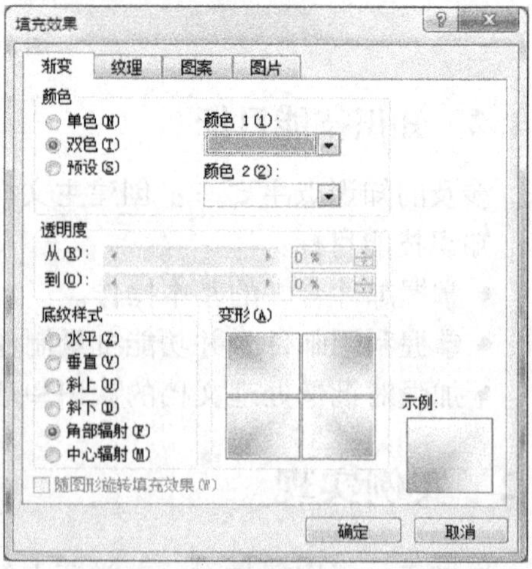

图 5-4 设置页面背景颜色

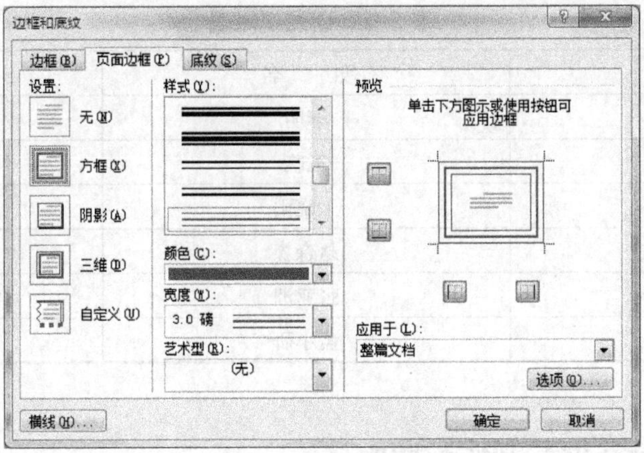

图 5-5　设置页面边框

4）在页面中上部插入一个文本框，高度：3 厘米，宽度：8 厘米，并设置文本框轮廓为无轮廓，在文本框内输入“邀请函”，设置字体格式为黑体、初号、加粗，居中对齐。

5）在文本框下方适当位置双击鼠标，输入邀请函上的其他文字，并设置字体为“黑体”，字号“小三”，文字输入完成后的效果如图 5-6 所示。

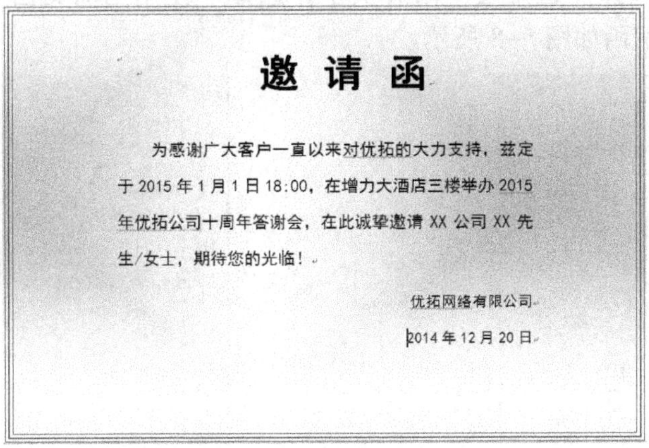

图 5-6　文字输入完成后的效果图

6）单击“文件”→“保存”按钮，将文件命名为“邀请函模板 . docx”进行保存。

5.2.2　创建数据源

数据源可以看成是一张简单的二维表格。表格中的每一列对应一个信息类别，如姓名、性别、联系电话等。各个数据的名称由表格的第 1 行来表示。这一行称为域名行，随后的每一行为一条数据记录。数据记录是一组完整的相关信息。

利用 Excel 工作簿建立一个二维表，输入以下数据，并以“客户信息 . xlsx”保存，见表 5-1。

表 5-1　新建二维表

公司名称	姓　名	性　别
晨宇	李明	先生
华茂	王晓	女士
金诚电脑	王晓阳	女士
宇宏商贸	赵森淼	先生
一诚教育	张亚洲	先生
华阳商贸	孟小研	女士

5.2.3　利用邮件合并批量制作邀请函

创建好主文档和数据源后，可以进行邮件的合并，操作步骤如下。

1）打开主文档“邀请函模板.docx”，切换到“邮件”选项卡，在“开始邮件合并”组中，单击“开始邮件合并”按钮，在下拉菜单中选择“邮件合并分步向导”命令，打开“邮件合并”任务窗口。

2）在“选择文档类型”栏中选择“信函”，单击“下一步：正在启动文档”超链接，如图 5-7 所示。

3）在打开的“选择开始文档”向导页中，选择“使用当前文档”，并单击“下一步：选取收件人”，设置信函如图 5-8 所示。

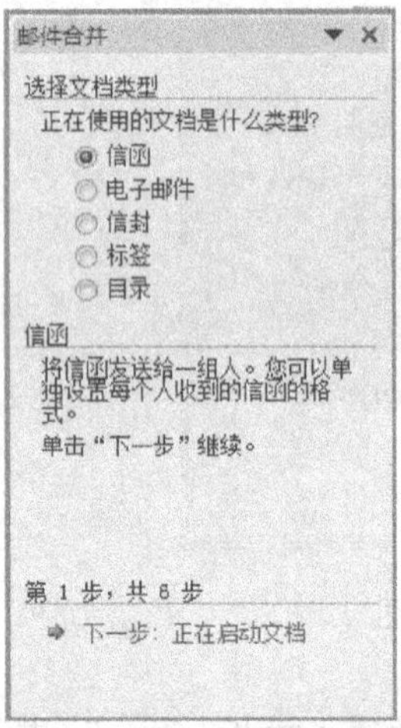

图 5-7　选择主文档类型

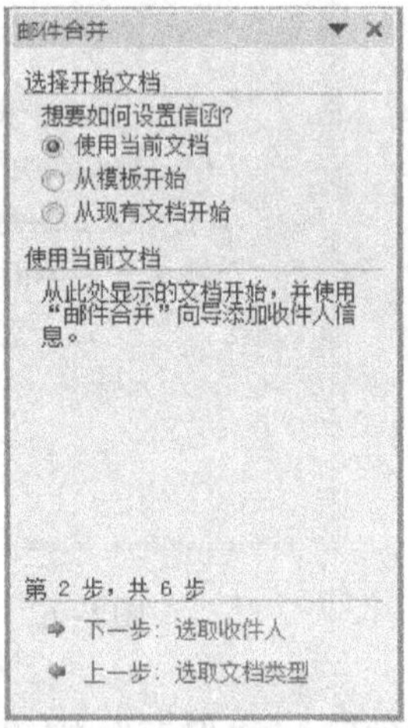

图 5-8　设置信函

4）在打开的“选择收件人”向导页中，选择“使用现有列表”，单击“浏览”按钮，在弹出的“选择数据源”对话框中找到并打开“客户信息.xlsx”，在“选择表格”对话框中选择客户信息所在的 Sheet1，如图 5-9 所示。在“邮件合并收件人”窗口中选择“客户信息”中的所有项目，单击“确定”按钮，如图 5-10 所示。

5）单击向导栏中的“下一步：撰写信函”，在“撰写信函”下单击“其他项目”，出现“插入合并域”对话框，如图 5-11 所示。

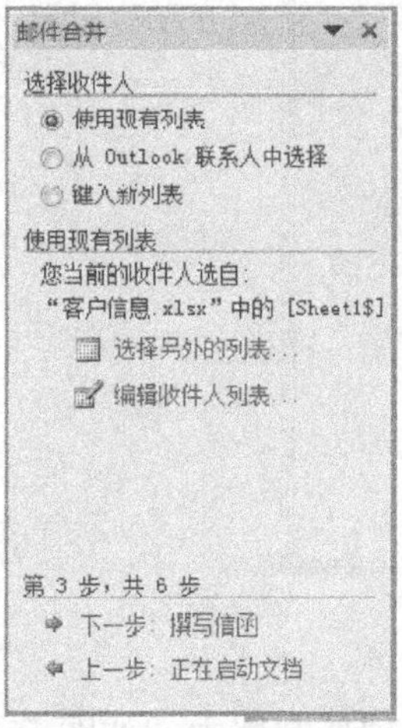

图 5-9　显示当前数据源名称

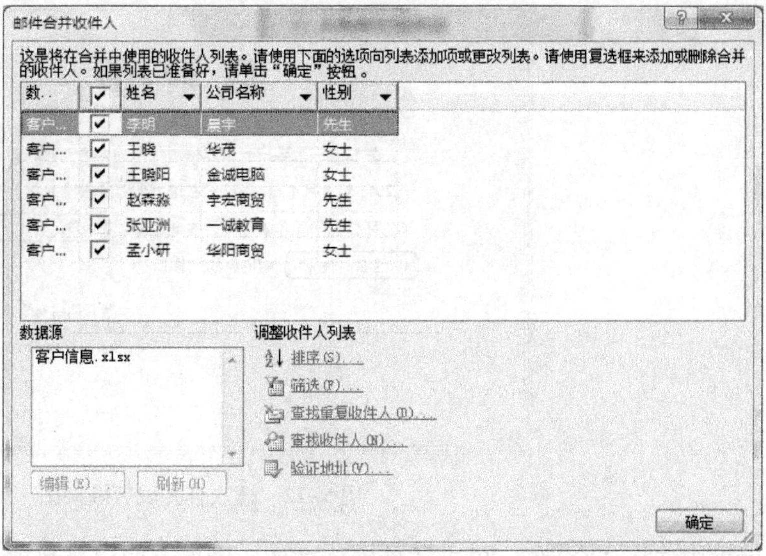

图 5-10　选择邮件合并的收件人

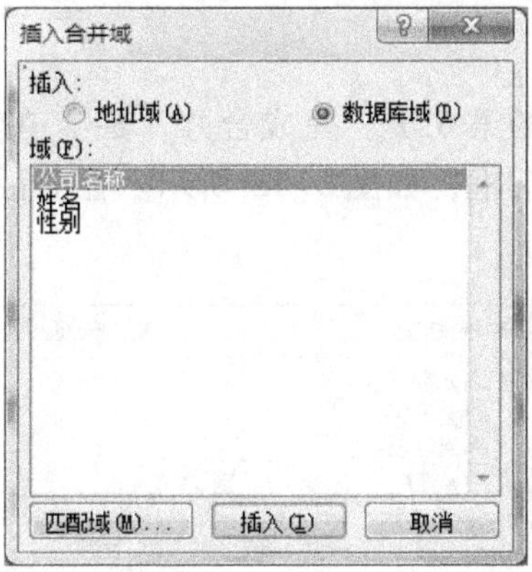

图 5-11　"插入合并域"对话框

6）关闭"插入合并域"对话框，在主文档编辑窗口中，选择"××公司"前的"××"，单击"其他项目"，打开"插入合并域"对话框，选择"公司名称"并单击"插入"按钮，完成"公司名称"合并域的插入。

7）关闭"插入合并域"对话框，在主文档编辑窗口中，选择"××先生"前的"××"，单击"其他项目"，打开"插入合并域"对话框，选择"姓名"并单击"插入"按钮，完成"姓名"合并域的插入。

8）关闭"插入合并域"对话框，在主文档编辑窗口中，选择"先生/女士"，单击"其他项目"，打开"插入合并域"对话框，选择"性别"并单击"插入"按钮，完成"性别"合并域的插入，插入合并域后效果如图 5-12 所示。

9）单击"下一步：预览信函"，出现一个客户的邀请函，再单击"下一步：完成合并"。

10）单击"完成合并"下的"编辑单个信函"，出现"合并到新文档"对话框。在对

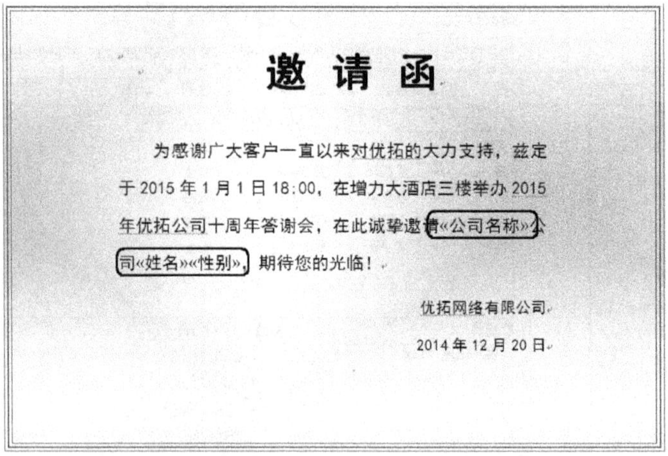

图 5-12　插入合并域后效果图

话框中选择“全部”，单击“确定”按钮，则所有的记录都被合并到新文档中，如图 5-1 所示。将合并后的新文档以“合并后的邀请函 . docx”进行保存。

5.2.4　打印邀请函

方法一：在“邮件合并”的第 6 步“完成合并”后，在其任务窗格中单击“打印”按钮，打开“合并到打印机”对话框，如图 5-13 所示。在对话框中进行所需的设置，完成后单击“确定”按钮即可。

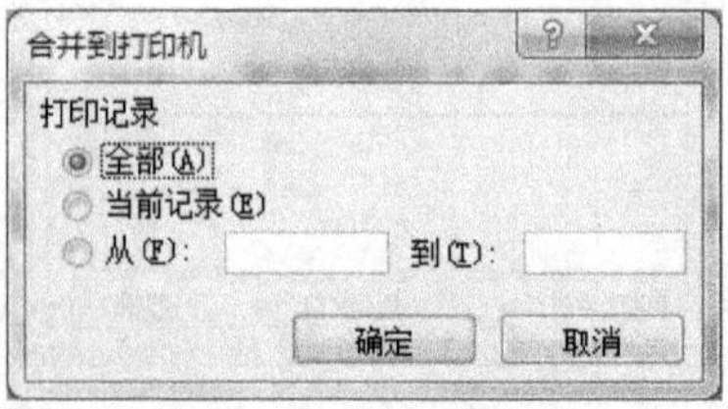

图 5-13　“合并到打印机”对话框

方法二：打开“合并后的邀请函 . docx”，直接进行打印即可。

5.3　实例小结

通过 Word 2010 的邮件合并功能，可以轻松地批量制作邀请函、贺年卡、荣誉证书、录取通知书、工资单、信封和准考证等。

邮件合并的操作共分 4 步：

第 1 步：创建主文档。

第 2 步：创建数据源。

第 3 步：在主文档中插入合并域。

第 4 步：执行合并操作。

5.4 经验技巧

5.4.1 编辑技巧

1. 清除 Word 文档中多余的空行

如果 Word 文档中有很多空行，用手工逐个删除太累，直接打印又浪费墨粉和打印纸。有没有较便捷的方式呢？可以用 Word 自带的替换功能来进行处理。

在 Word 中，选择“开始”→“编辑”→“替换”选项，在弹出的“查找和替换”窗口中，单击“高级”按钮，将光标移动到“查找内容”文本框，然后单击“特殊字符”按钮，选取“段落标记”，这时会看到“^p”出现在文本框内，然后同样输入一个“^p”，在“替换为”文本框中输入“^p”，即用“^p”替换“^p^p”，然后选择“全部替换”按钮，若还有空行则反复执行“全部替换”，多余的空行就不见了。

2. 取消“自作聪明”的超级链接

当在 Word 文件中键入网址或信箱的时候，Word 会自动转换为超链接。如果不小心在网址上按一下，就会启动 IE 进入超链接。但如果不需要这样的功能，就会觉得它有些碍手碍脚了。如何取消这种功能呢？

具体操作方法如下。

1）单击“文件”→“选项”命令，打开“Word 选项”对话框。

2）从列表中选择“校对”后，在“自动更正选项”组中单击“自动更正选项”按钮，打开“自动更正”对话框。

3）选择“键入时自动套用格式”选项卡，取消“Internet 及网络路径替换为超链接”复选框；再单击“自动套用格式”选项卡，取消“Internet 及网络路径替换为超链接”复选框；然后单击“确定”按钮。这样，以后再输入网址后，就不会转变为超链接了。

3. 巧设 Word 启动后的默认文件夹

Word 启动后，默认打开的文件夹总是“我的文档”。通过设置，可以自定义 Word 启动后的默认文件夹。

操作步骤如下。

1）执行“文件”→“选项”命令，打开“Word 选项”对话框。

2）在该对话框中，选择列表中的“保存”选项后，找到“保存文档”组中的“默认文件位置”。

3）单击“浏览”按钮，打开“修改位置”对话框，在“查找范围”下拉列表中选择希望设置为默认文件夹的文件夹，并单击“确定”按钮。

4）单击“确定”按钮，此后 Word 的默认文件夹就是用户自己设定的文件夹。

4. 〈Shift〉键在文档编辑中的妙用

1）〈Shift + Delete〉组合键 = 剪切。当选中一段文字后，按住〈Shift〉键并按住〈Delete〉键就相当于执行剪切命令，所选的文字会被直接复制到剪贴板中，非常方便。

2）〈Shift + Insert〉组合键 = 粘贴。这条命令正好与上一个剪切命令相对应，按住〈Shift〉键并按住〈Insert〉键就相当于执行粘贴命令，保存在剪贴板里的最新内容会被直接复制到当前光标处，与上面的剪切命令配合，可以大大加快文章的编辑效率。

3）〈Shift〉键 + 鼠标单击 = 准确选择大块文字。有时可能经常要选择大段的文字，通常的方法是直接使用鼠标拖动选取，但这种方法一般只对小段文字方便。如果想选取一些跨页的大段文字的话，经常会出现鼠标走过头的情况，尤其是新手，很难把握鼠标行进的速度。只要先用鼠标左键在要选择文字的开头单击一下，然后按住〈Shift〉键，单击要选取文字的末尾，这时，两次单击之间的所有文字就会马上被选中。

5. 粘贴网页内容

在 Word 文档中粘贴网页，只需先在网页中选中复制内容，然后切换到 Word 文档，单击“粘贴”按钮，网页中的所选内容就会原样复制到 Word 文档中。这时在复制内容的右下角会出现一个“粘贴选项”按钮，单击按钮右侧的下拉按钮，弹出一个菜单，执行“仅保留文本”命令即可。

5.4.2 排版技巧

1. 去除页眉横线的两种方法

在页眉插入信息的时候经常会在下面出现一条横线，如果这条横线影响视觉效果，这时可以采用下述两种方法去掉。

方法一：选中页眉的内容后，单击“开始”→“段落”→“边框”→“边框和底纹”选项，打开“边框和底纹”对话框，将边框选项设为“无”，在“应用于”下拉列表中选择“段落”，单击“确定”按钮。

方法二：当设定好页眉的文字后，鼠标移向“样式”框，在“样式”下拉列表中，把样式改为“页脚”、“正文样式”或“清除格式”即可。

2. 让页号从“1”开始

在用 Word 2010 文档排版时，对于既有封面又有“页号”的文档，用户一般会在“页面设置”对话框中选择“版式”选项卡下的“首页不同”选项，以保证封面不会打印上“页号”。但是有一个问题：在默认情况下，“页号”是从第 2 页开始显示的。怎样才能让“页号”从第 1 页开始呢？

方法很简单，在“页眉和页脚”工具栏中单击“设置页码格式”按钮，在“页码格式”对话框中将“起始页码”设为“1”即可。

5.5 拓展练习

1）刘丽是新潮公司人事部职员，她的主要工作是负责人员招聘及档案管理等。年中的时候，公司因扩大销售规模，面试了大批应聘销售职务的人员，经过公司讨论决定后，对达到要求的人员发一个录用通知书，定于 2014 年 6 月 15 日上午 10 点统一到公司报到，所有录用人员的试用期为 3 个月，试用期工资为 3000 元/月，其中，被录用的人员名单保存在名为“录用者 . xlsx”的 Excel 文件中，公司联系电话为 010 – 88828886，录用通知书效果如图 5–14 所示。

根据上述内容设计录用通知书，具体要求如下所述。

① 调整文档版面，要求纸张大小为“B5（JIS）”，页边距（上、下）为 3 厘米，页边距

（左、右）为2.5厘米。

② 在文档页眉的右上角插入习题文件夹下的图片“商标 Pg”，设置图片样式，适当调整图片大小及位置，并在页眉中添加联系电话。

③ 根据录用通知书效果图，调整录用通知内容文字的格式，具体要求：第1行设置为标题格式，第2行设置为副标题格式，添加部分文字的下划线。

④ 设置“二、携带资料”中的5行文字自动序号。

⑤ 根据页面布局需要，适当地设置正文各段落的缩进、行间距和对齐方式，并设置文档底部的“北京新潮网络服务有限公司”的段前间距。

⑥ 运用邮件合并功能制作内容相同、收件人不同的录用通知，且每个人的称呼（先生或女士）、试用期和试用薪资也随之变更（所有相关数据都保存在“录用者.xlsx”中），要求先将合并主文档以“录用通知 1.docx”为文件名进行保存，再进行效果预览后生成可以单独编辑的单个文档“录用通知 2.docx”。

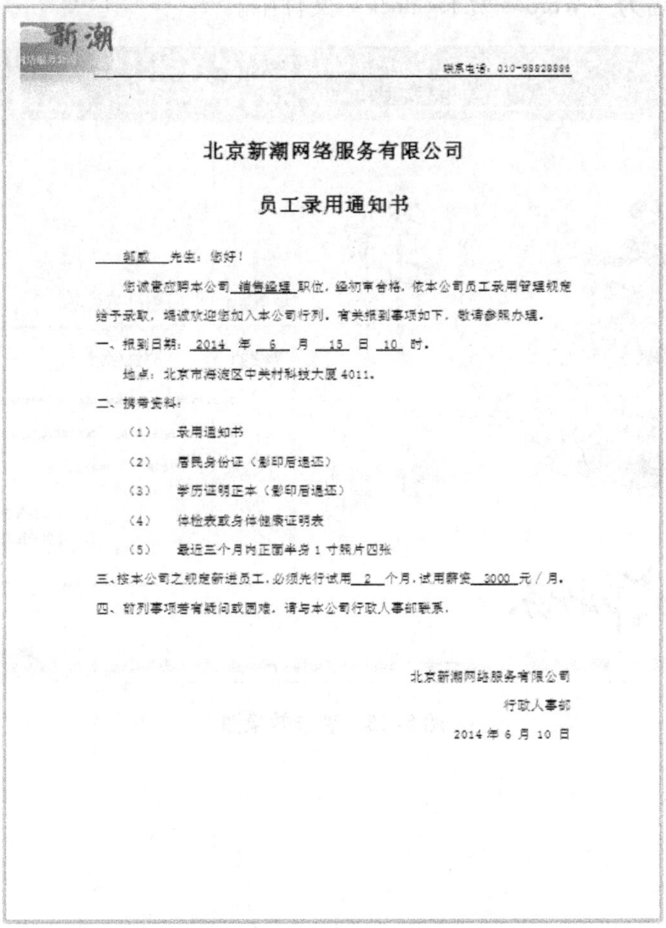

新潮

联系电话：010-[illegible]

北京新潮网络服务有限公司

员工录用通知书

郝威 先生：您好！

您诚意应聘本公司 销售经理 职位，经初审合格，依本公司员工录用管理规定给予录取，竭诚欢迎您加入本公司行列。有关报到事项如下，敬请参照办理。

一、报到日期：2014 年 6 月 15 日 10 时。

地点：北京市海淀区中关村科技大厦4011。

二、携带资料：

（1） 录用通知书

（2） 居民身份证（影印后退还）

（3） 学历证明正本（影印后退还）

（4） 体检表或身体健康证明表

（5） 最近三个月内正面半身1寸照片四张

三、按本公司之规定新进员工，必须先行试用 2 个月，试用薪资 3000 元／月。

四、前列事项若有疑问或困难，请与本公司行政人事部联系。

北京新潮网络服务有限公司

行政人事部

2014年6月10日

图5-14　录用通知书效果图

2）王丽是广东猎头信息文化服务公司的一名客户经理，在2015年中秋节即将来临之际，她设计了一个中秋贺卡，发给有业务来往的客户，祝他们中秋节快乐。

请根据上述活动的描述，利用 Word 制作一张中秋贺卡，效果如图 5-15 所示，要求如下所述。

① 调整文档版面，设置纸张大小为 A4，纸张方向为横向。

② 根据效果图，在文档中插入习题文件夹中的“底图 . jpg”图片。

③ 设置文档中“中秋快乐”图片的大小及位置。

④ 根据效果图，将文档中的文字通过两个文本框来显示，分别设置两个文本框的边框样式及底纹颜色等属性，使其显示效果与效果图一致。

⑤ 根据效果图，分别设置两个文本框中的文字字体、字号及颜色，并设置第 2 个文本框中各段落之间的间距、对齐方式、段落缩进等属性。

⑥ 在“客户经理:”位置后面输入姓名（王丽）。

⑦ 在“尊贵的________先生/女士:”的横线处，插入客户的姓名，客户姓名在习题文件夹下的“客户资料 . docx”文件中。每张贺卡中只能包含 1 位客户姓名，所有的贺卡页面请另外保存在一个名为“Word - 贺卡 . docx”文件中。

图 5-15　贺卡效果图

实例 6　毕业论文的编辑与排版

6.1　实例简介

6.1.1　实例需求与展示

小李是某高职院校一名大三的学生。临近毕业，他按照毕业设计指导老师发放的毕业设计任务书的要求，完成了项目开发和论文内容的书写。接下来，他需要使用 Word 2010 对论文进行编辑和排版。具体要求如下。

（1）论文的组成部分

论文必须包括封面、中文摘要、目录、正文、致谢和参考文献等部分，如果有源代码或线路图等，也可以在参考文献后追加附录。各部分的标题均采用论文正文中一级标题的样式。

（2）论文各组成部分的正文

中文字体宋体，西文字体 Times New Roman，字号均为小四号，首行缩进两个字符；除已说明的行距外，其他正文均采用 1.25 倍行距。其中如有公式，行间距会不一致，在设置段落格式时，取消对“如果定义了文档网格，对齐网格”选项的选择。

（3）封面的要求

可搜集相关的封面模板，并根据需要做必要的修改，封面中不书写页码。

（4）目录的要求

自动生成；字号小四，对齐方式为右对齐。

（5）摘要的要求

在摘要正文后，间隔一行，输入文字“关键词:”，字体为宋体、四号、加粗，首行缩进两个字符，其后的关键词格式同正文。

（6）论文正文中的各级标题的要求

1）一级标题：字体黑体，字号三号，加粗，对齐方式为居中，段前、段后均为 0 行，1.5 倍行距。

2）二级标题：字体楷体，字号四号，加粗，对齐方式为靠左，段前、段后均为 0 行，1.25 倍行距。

3）三级标题：字体楷体，字号小四，加粗，对齐方式为靠左，段前、段后均为 0 行，1.25 倍行距。

（7）论文中的图片的要求

插入到 1 行 1 列的表格中，对齐方式为居中；每张图片有图序和图名，并在图片正下方居中书写。图序采用图 1-1 的格式，并在其后空两格书写图名；图名的中文字体宋体，西文字体 Times New Roman，字号为五号。

(8) 论文中的表格的要求

对齐方式为居中；单元格中的内容，对齐方式为居中，中文字体宋体，西文字体 Times New Roman，字号均为五号，标题行文字加粗；表格允许下页接写，表题可省略，表头应重复写，并在左上方写“续表 ××”；每张表格有表序和表题，并在表格正上方居中。表序采用如“表 1.1”的格式，并在其后空两格书写表题；表名的中文字体宋体，西文字体 Times New Roman，字号为五号。

(9) 参考文献的要求

正文按指定的格式要求书写，1.5 倍行间距。

(10) 页面设置

采用 A4 大小的纸张打印，上、下页边距均为 2.54 厘米，左、右页边距分别为 3.17 厘米和 2.54 厘米；装订线 0.5 厘米；页眉、页脚距边界 1 厘米。

(11) 页眉的要求

中文宋体，西文 Times New Roman，字号为五号；采用单倍行距，居中对齐。除论文正文部分外，其余部分的页眉中书写当前部分的标题；论文正文奇数页的页眉中书写章题目，偶数页书写“××职业技术学院毕业设计论文”。

(12) 页脚的要求

中文宋体，西文 Times New Roman，字号为小五号；采用单倍行距，居中对齐；页脚中显示当前页的页码。其中，中文摘要与目录的页码使用希腊文，且分别单独编号；从论文正文开始，使用阿拉伯数字，且连续编号。

(13) 论文一律左侧装订

封面、摘要单面打印，目录、正文、致谢和参考文献等双面打印。

经过技术分析，小李按要求完成了论文的排版，论文效果如图 6-1 所示。

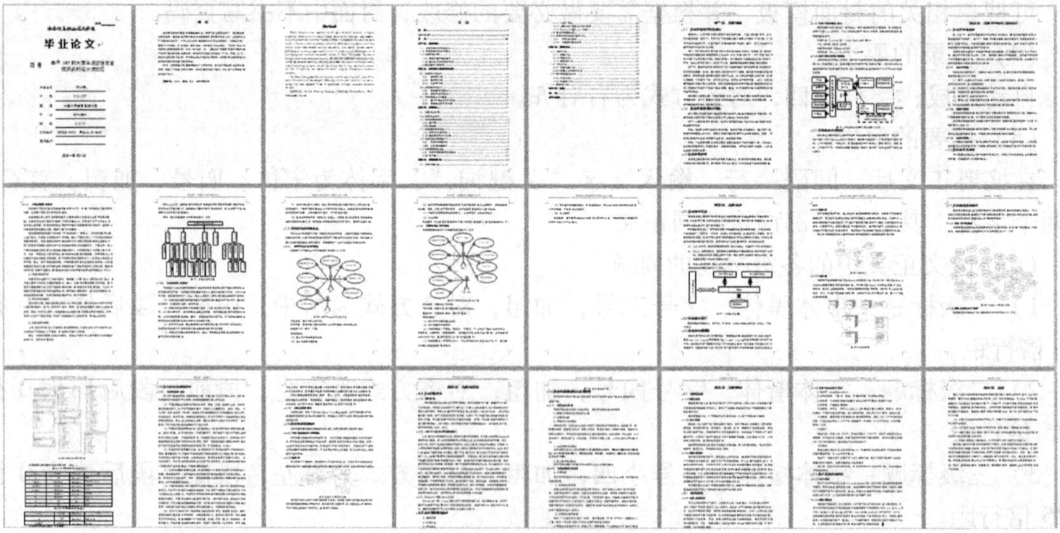

图 6-1　论文效果图

6.1.2　知识技能目标

涉及的知识点主要有：文档结构图的使用方法、页面设置、样式的创建和应用、图表的编辑、分节符的使用、页眉页脚的设置和目录的生成等基本操作。

知识技能目标：

- 掌握文档结构图的使用。
- 掌握页面设置。
- 掌握样式的创建。
- 掌握样式的应用。
- 掌握图、表的编辑。
- 掌握分节符的使用。
- 掌握页眉、页脚的设置。
- 掌握目录的生成。

6.2 实例实现

对于毕业论文这类的长文档，编辑、排版是 Word 中一个比较复杂的应用。要实现实例的效果，需要对文档进行一系列设置，下面逐一进行介绍。

6.2.1 文档结构图的使用

对于应用了样式的长文档，可以打开文档结构图对文档的层级进行查看，并可通过单击其中的标题快速定位到文档中的相应位置进行编辑。下面在“毕业论文.docx”文档中使用文档结构图。操作步骤如下。

单击“视图”选项卡，在“显示”中选中“导航窗格”选项，如图 6-2 所示。通过单击“导航”窗格中的各个标题可以快速定位到文档中的相应位置。

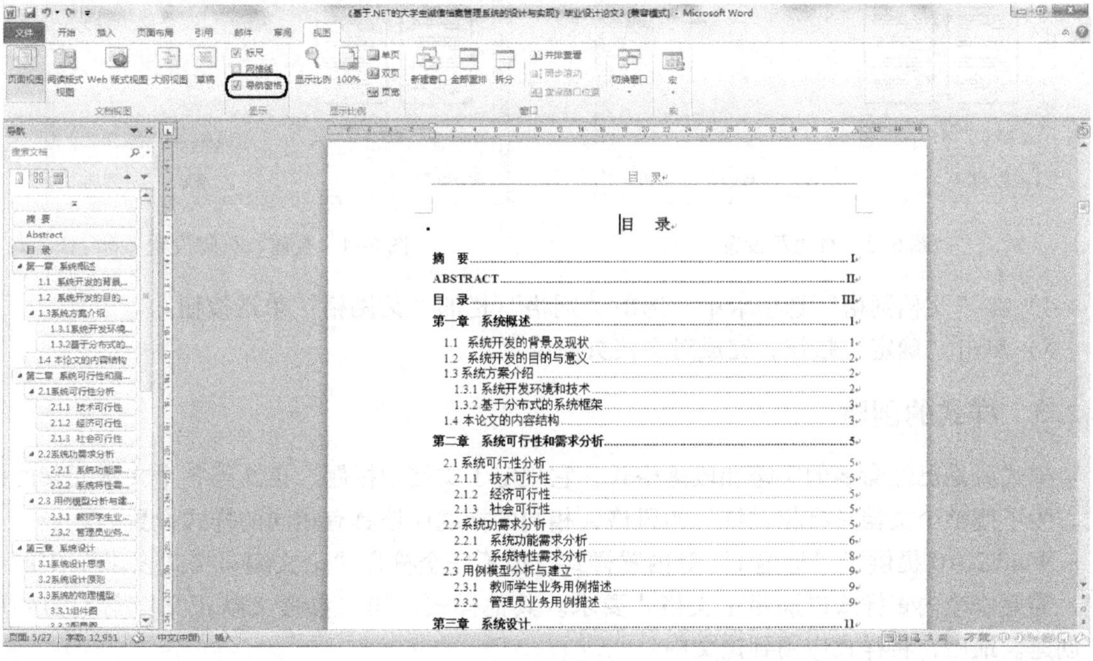

图 6-2　打开文档结构图

6.2.2 页面设置

先进行页面设置，可以直观地看到页面中的内容和排版是否适宜，避免事后的修改。毕业论文的格式要求中：页边距、装订线、纸张方向、纸张大小、页眉和页脚、页眉页脚距边界以及文档的行数、字符数等都是在“页面设置”中设置的。实例中的“页面设置”操作步骤如下。

1）打开毕业论文未排版的“原稿 . docx”，切换到“页面布局”选项卡，在“页面设置”功能组中，单击右下角的按钮，打开“页面设置”对话框。在“页边距”选项卡中，设置上、下页边距均为 2. 54 厘米，左、右页边距分别为 3. 17 厘米和 2. 54 厘米，“装订线”为 0. 5 厘米，“纸张方向”为纵向，页边距设置如图 6-3 所示。

2）切换到“纸张”选项卡，设置“纸张大小”为 A4。

3）切换到“版式”选项卡，选中“页眉和页脚”栏中的“奇偶页不同”复选框，并将“页眉”、“页脚”微调框中的数值都设置为“1 厘米”，页眉、页脚设置如图 6-4 所示。

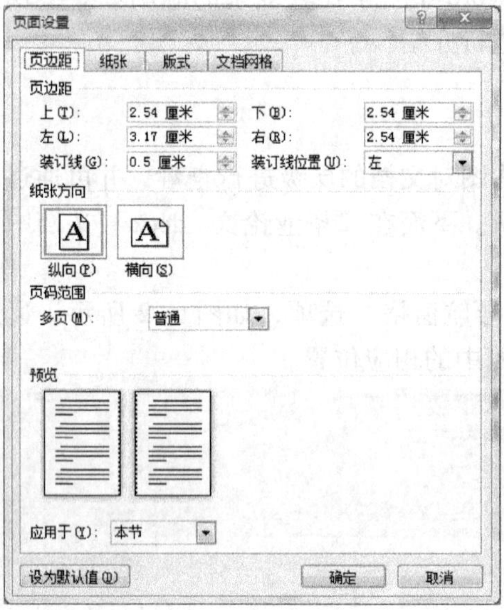

图 6-3　页边距设置

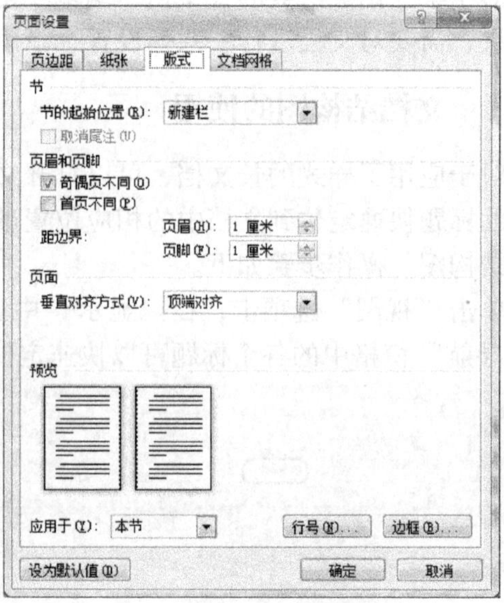

图 6-4　页眉、页脚设置

4）在“文档网格”选项卡中，选中“网格”栏的“无网格”单选按钮。

5）单击“确定”按钮，完成对文档页面设置。

6.2.3 样式的创建

样式就是已经命名的字符和段落格式，它规定了文档中标题、正文等各个文本元素的格式。为了使整个文档具有相对统一的风格，相同的标题应该具有相同的样式设置。

Word 2010 提供了“标题 1”等内置样式，但不完全符合“论文编写格式要求”中的规定，需要修改内置样式以满足论文格式要求。其他样式，如“参考文献正文”等，需要用户创建。最后，将样式应用到论文中。

修改“标题 1”样式的操作步骤如下。

1）单击“开始”选项卡，在“样式”功能组中，单击右下角的按钮，打开“样式”窗格，如图6-5所示。

2）在“样式”窗格中单击“标题1”样式右侧的下拉箭头，在弹出的下拉菜单中选择“修改”命令，打开“修改样式”对话框，如图6-6所示。在“格式”栏中将“字体”设置为“黑体”，“字号”设置为“三号”，加粗，居中对齐。

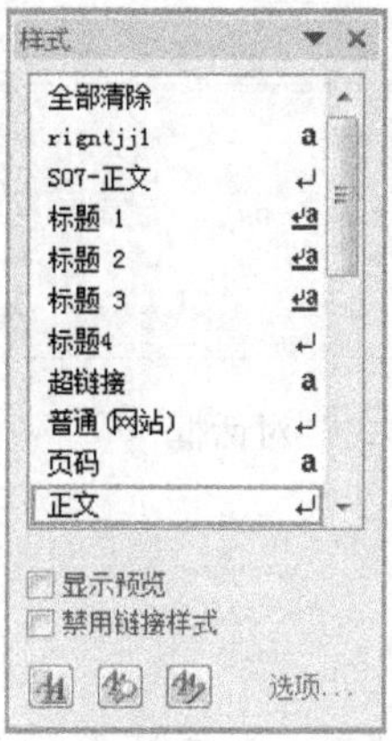

图6-5 样式窗格

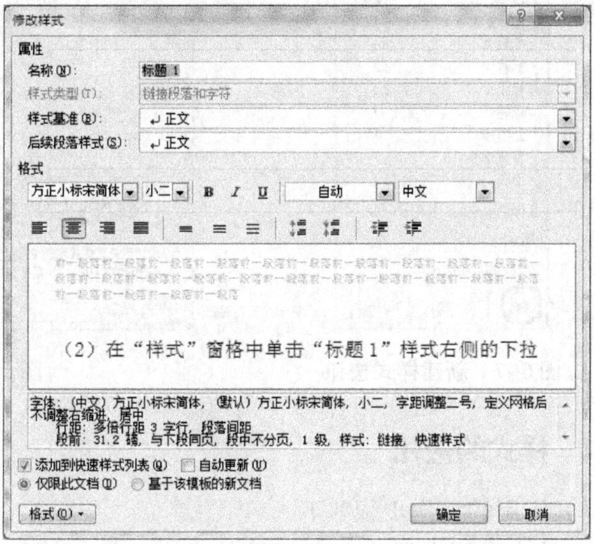

图6-6 修改标题1样式

3）单击对话框中的“格式”按钮，在弹出的菜单中选择“段落”命令，打开“段落”对话框。设置段落“段前”“段后”间距均为0行；行距为“1.5倍行距”。设置完成后，单击“确定”按钮，回到“修改样式”对话框后单击“确定”按钮，完成对“标题1”样式的修改。

4）用同样的方法，在样式窗口中找到标题2、标题3样式，分别按“论文编写格式要求”中的规定对其样式进行修改。

“正文”样式是Word中最基础的样式，轻易不要修改它，一旦它被改变，将会影响所有基于“正文”样式的其他样式的格式。为此，需要创建论文正文中使用的样式。操作步骤如下所述。

1）单击窗格中的“新建样式”按钮，如图6-7所示。打开“新建样式”对话框，如图6-8所示。

2）在“名称”文本框中输入样式名称“论文正文”，在“后续段落样式”下拉列表框中选择“论文正文”选项。

3）依次单击对话框左下角的“格式”按钮中的“字体”和“段落”菜单命令，在打开的对话框中按“论文编写格式要求”分别设置论文正文的字体和段落样式。在“段落”对话框的“缩进和间距”选项卡中，取消对“如果定义了文档网格，则对齐网格”复选框的选择。

4）用同样的方法，新建“参考文献正文”“关键词”和“图表标题”等样式。

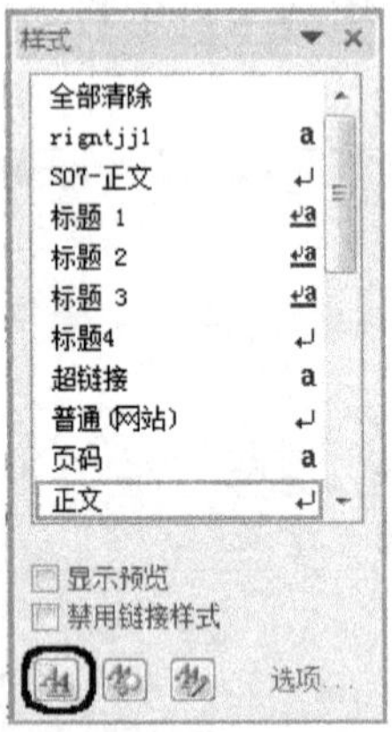

图 6-7　新建样式按钮

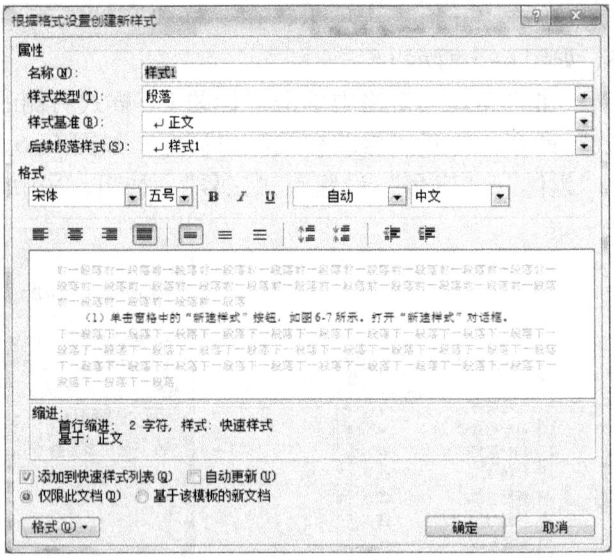

图 6-8　"新建样式"对话框

6.2.4　样式的应用

样式应用的操作步骤如下。

1）选中需要设置为一级标题的文本，如"第一章 系统概述"，之后单击"样式与格式"窗格中"标题 1"样式。这样就为"第一章 系统概述"应用了标题 1 样式。

2）使用同样的方法将"第×章……""致谢""参考文献"设置成"标题 1"样式。

3）将"1.1……"等设置成"标题 2"样式。

4）将"1.2.1……"等设置成"标题 3"样式。

5）将"摘要""参考文献正文""关键词"样式应用到相应文档。

6）将插入点置于摘要的正文中，然后单击鼠标右键，在弹出的菜单中选择"样式"中"选择格式相似的文本"命令，接着单击"样式和格式"窗格中"论文正文"样式，快速地将该样式应用到摘要、论文正文、致谢中。

6.2.5　图、表的编辑

（1）插入题注

在论文中，图表要求按章节中出现的顺序分章编号，使用 Word 中的"题注"功能可以实现对图表的自动编号。

插入题注的操作步骤如下。

1）选中论文第一章中的"体系架构图"。

2）切换到"引用"选项卡，单击"题注"功能组里的"插入题注"按钮，打开"题注"对话框，如图 6-9 所示。

3）在"选项"栏的"标签"和"位置"下拉列表框中分别选择"图表"和"在所选项目的下方"选项，然后单击"新建标签"按钮，打开"新建标签"对话框，如图 6-10 所示。

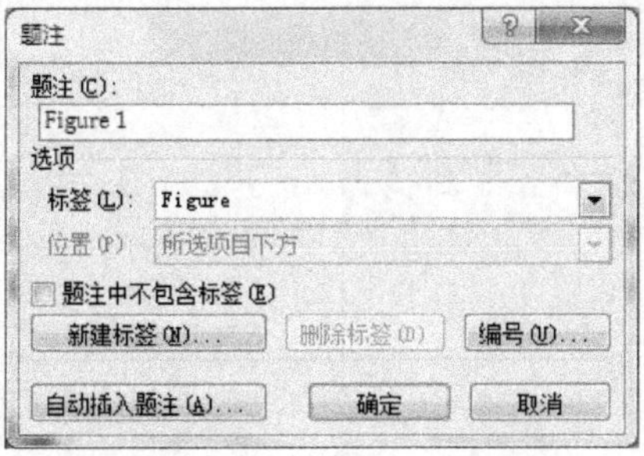

图 6-9 “题注”对话框

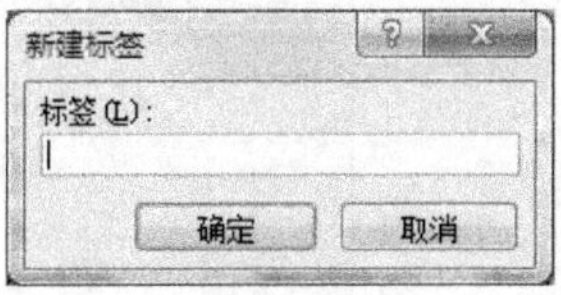

图 6-10 “新建标签”对话框

4）在“新建标签”对话框的“标签”文本框中输入“图 1-”，然后单击“确定”按钮，关闭该对话框，返回“题注”对话框后，再单击“确定”按钮，在图的下方插入题注“图 1-1”，并输入“大学诚信档案管理系统总体体系架构”，效果如图 6-11 所示。

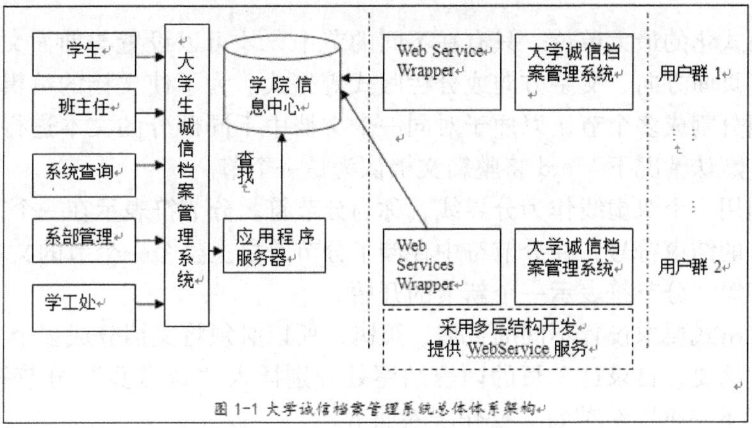

图 6-11 “插入题注”效果图

5）当需要对第一章的第二幅图加题注时，只需要选中该图，切换到“引用”选项卡，单击“题目”功能组中的“插入题注”按钮，在选项标签中选择对应的标签“图 1-”，单击“确定”按钮，第二幅图的题注会自动出现在图的下一行，之后再输入文字说明。

（2）插入交叉引用

插入交叉引用的步骤如下：

1）将文本中“如图 1-1 所示”中的“图 1-1”删除，并将插入点置于“如”后，切换到“插入”选项卡，单击“链接”功能组中的“交叉引用”按钮，打开“交叉引用”对话框，如图 6-12 所示。

2）在“引用类型”下拉列表框中选择“图 1-”，在“引用内容”下拉列表框中选择“只有标签和编号”选项，在“引用哪一个编号项”列表框中选择“图 1-1 大学诚信档案管理系统总体体系架构”选项，单击“插入”按钮，以插入交叉引用，最后单击“关闭”按钮。

3）用同样的方法为论文中的其他图片和表格添加“题注”和“交叉引用”。

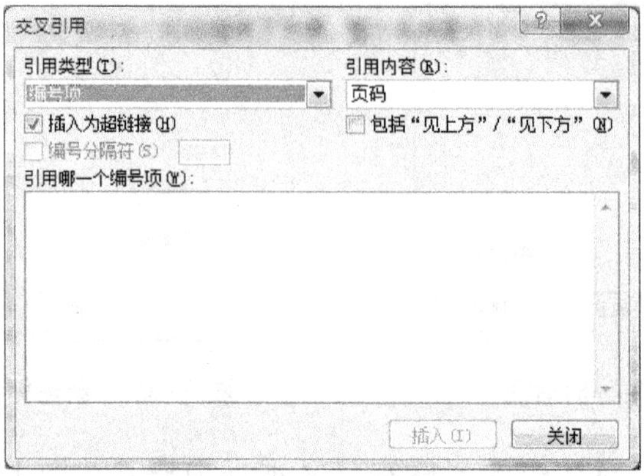

图 6-12 “交叉引用”对话框

6.2.6 分节符的使用

节是文档格式化的最大单位，只有在不同的节中，才可以设置与前面文本不同的页眉、页脚、页边距、页面方向、文字方向或分栏版式等格式。为了使文档的编辑排版更加灵活，用户可以将文档分割成多个节，以便于对同一个文档中不同部分的文本进行不同的格式化。在新建文档时，默认情况下 Word 将整篇文档认为是一个节。

节与节之间用一个双虚线作为分界线，称为分节符。分节符表示在一个节的结尾处插入标记，是一个节的结束符号，在分节符中存储了分节符之上整个一个节的文本格式，如页边距、页眉和页脚等。分节符表示一个新节的开始。

实例中论文格式要求设置不同的页眉、页脚，所以必须将文档分成多个节。插入分节符的类型：封面、摘要、目录这 3 页的内容结尾处分别插入“奇数页”分节符，其他各章节开始位置插入“下一页”分节符。操作步骤如下。

1）切换到“开始”选项卡，单击“段落”功能组中的“显示/隐藏编辑标记”按钮，如图 6-13 所示。这样可以看到插入后的分节符。

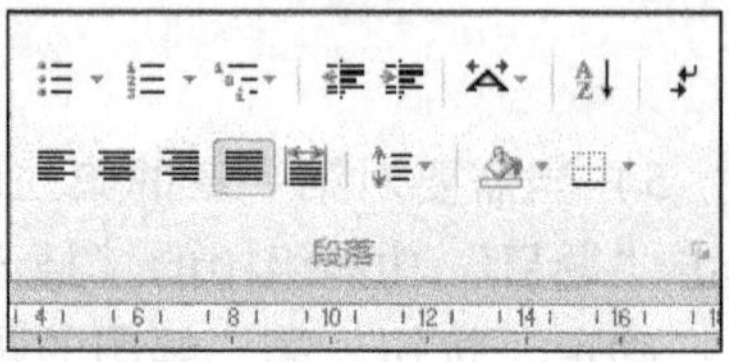

图 6-13 “显示/隐藏编辑标记”按钮

2）将光标置于封面结尾处，在“页面布局”选项卡中，单击“页面设置”功能组中的“分隔符”按钮，在下拉列表中选择“下一页”。

3）将光标置于摘要的内容结尾处，插入“奇数页”分节符。在出现的空白页的首行输入“目录”。之后按〈Enter〉键。并插入“奇数页”分节符。

4）将光标置于第一章的内容结尾处，单击“页面布局”选项卡中，“页面设置”功能组中的“分隔符”按钮，在下拉列表中选择“下一页”。

5）用同样的方法，在第二章、第三章等各个章节的结尾处插入“下一页”分隔符。至此，论文分节完成。

6.2.7 页眉和页脚的设置

（1）页眉设置

按照论文页眉的格式要求，除封面不需要设置页眉外，其他部分奇数页页眉内容为当前部分标题，偶数页页眉内容为“××职业技术学院毕业设计论文”。操作步骤如下。

1）设置论文中奇偶页页眉不同的前提必须是已在“页面设置”对话框中已设置了“奇偶页不同”，如图 6-4 所示。

2）按〈Ctrl + Home〉组合键，快速定位到文档开始处，然后单击“插入”选项卡中，“页眉和页脚”功能组中的“页眉”按钮，在下拉列表中选择“空白页眉”，如图 6-14 所示。

图 6-14　插入页眉

由于封面中不书写页眉，可以依次按〈Ctrl + A〉组合键和〈Delete〉键将文字连同段落标记一起删除。

3）切换到“设计”选项卡，单击“导航”选项组中的“下一节”按钮，将插入点置于摘要页的页眉区中。单击“导航”选项组中的“链接到前一条页眉”按钮，断开与封面页的联系，然后在页眉区“输入文字”字样处输入“摘要”。选中页眉文本，将其字号设置为“五号”。接着单击“导航”选项组中的“下一节”按钮，将插入点置于目录页的页眉区中。

4）单击“链接到前一条页眉”按钮，切断与摘要节的联系，并输入文本“目录”。单击“导航”选项组中的“下一节”按钮，将插入点置于正文的页眉区中。

5）使“链接到前一条页眉”按钮处于未选中状态，然后输入第一章的标题“系统概述”。单击“下一节”按钮，将插入点置于正文偶数页的页眉区中。

6）使“链接到前一条页眉”按钮处于未选中状态，然后输入文本“××职业技术学院毕业设计论文”，并将其字号设置为“五号”。

7）依次设置第二～五章的页眉。其中，设置奇数页的页眉时，首先使“链接到前一条页眉”按钮处于未选中状态，然后输入相应章的标题；对偶数页的页眉不做任何设置，保持第一章偶数页的页眉即可。

8）将“结束语”“致谢”和“参考文献”两节的页眉分别设置为其标题文本，且不区分奇偶页。

9）单击“设计”选项卡中的“关闭页眉和页脚”按钮，完成对页眉的设置。

（2）页脚设置

按照论文页脚的格式要求，封面不出现页码，中文摘要与目录的页码使用希腊文，且分别单独编号；从论文正文开始，使用阿拉伯数字，且连续编号。操作步骤如下。

1）按〈Ctrl + Home〉组合键，快速定位到文档开始处，在“摘要”的页眉文本上双击，进入页眉的编辑状态，切换到“设计”选项卡，单击“导航”选项组中的“转至页脚”按钮，将插入点移至页脚区。

2）使“链接到前一条页眉”按钮处于未选中状态，然后按〈Ctrl + E〉组合键，使其居中对齐。单击“页眉和页脚”选项组中的“页码”按钮，从下拉菜单中选择“设置页码格式”命令，打开“页码格式”对话框。

3）将“数字格式”下拉列表框设置为“I，II，III，…”选项，选中“起始页码”单选按钮，并将后面的微调框设置为“I”，如图 6-15 所示。单击“确定”按钮，返回页脚区。

图 6-15　设置页码格式

4）再次单击“页眉和页脚”选项组中的“页码”按钮，从下拉菜单中选择“页面底端”→“普通数字 2”命令，希腊文页码出现在“摘要”节中的页脚区。

5）将插入点置于“正文”节的页脚区。打开“页码格式”对话框，选中“起始页码”单选按钮，并将后面的微调框设置为“1”，然后单击“确定”按钮，返回文档中，阿拉伯数字页码出现在其中。

6）单击“下一节”按钮，将插入点置于“正文”偶数页的页脚区，保持“链接到前一条页眉”按钮的选中状态，然后按〈Ctrl + E〉组合键，并单击“页眉和页脚”选项组中的“页码”按钮，从下拉菜单中选择“页面底端”→“普通数字 2”命令，将页码插入其中。多次单击“下一节”按钮，后续页面的页码已自动设置完成。

7）单击“设计”选项卡中的“关闭页眉和页脚”按钮，完成对页脚的设置。

6.2.8　目录的生成

目录一般位于论文的摘要或图书的前言之后，并且单独占一页。对于定义了多级标题样式的文档，可以通过 Word 的索引和目录功能提取目录。操作步骤如下。

1）将插入点定位在目录空白页。

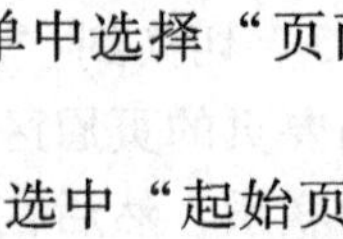

图 6-16　“插入目录”按钮

2）切换到“引用”选项卡中，单击“目录”功能组中的“插入目录”按钮，如图 6-16 所示。在下拉列表中选择“插入目录”。打开“目录”对话框，如图 6-17 所示。

3）保持“目录”选项卡中，“显示页码”“页码右对齐”处于选中的状态，设置显示级别为“3”，之后单击“确定”按钮，完成目录的自动生成。最终效果如图 6-18 所示。

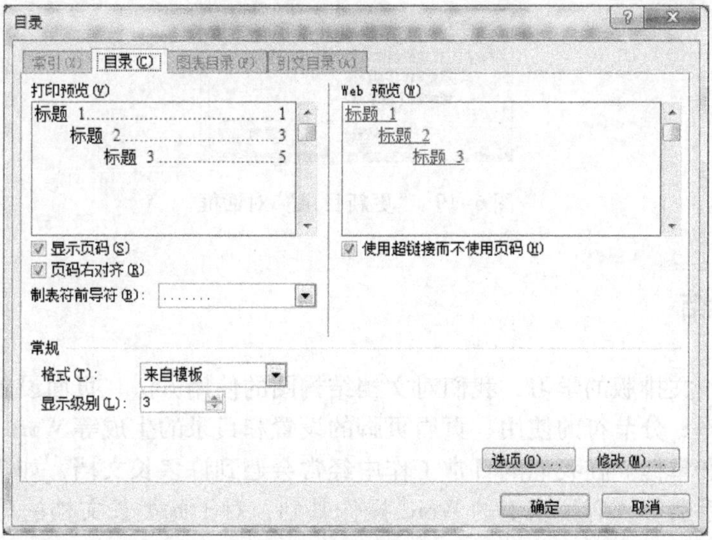

图 6-17 “目录”对话框

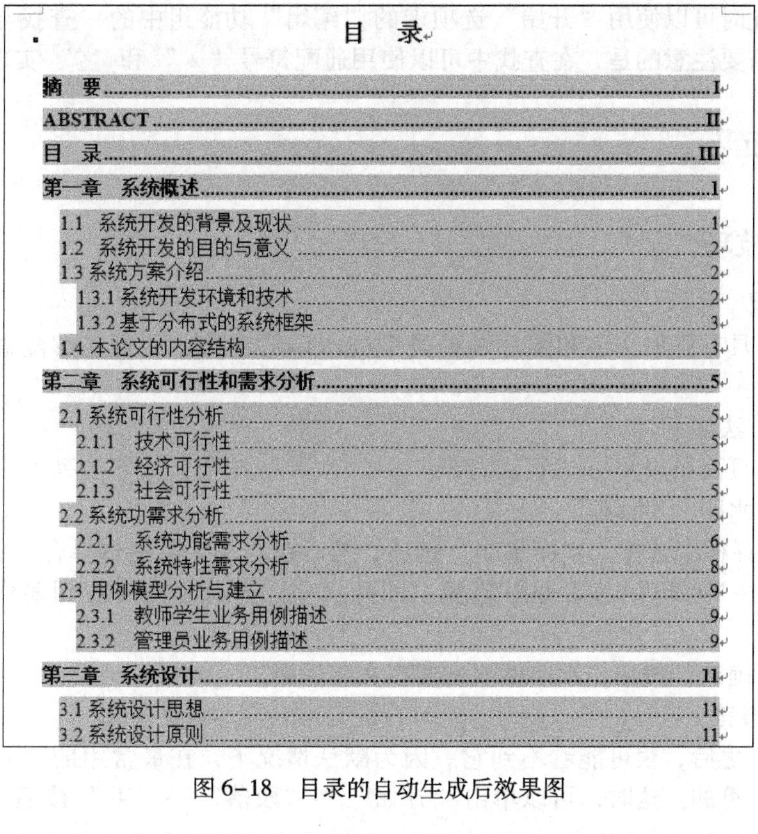

目 录

摘 要	I
ABSTRACT	II
目 录	III
第一章 系统概述	1
1.1 系统开发的背景及现状	1
1.2 系统开发的目的与意义	2
1.3 系统方案介绍	2
1.3.1 系统开发环境和技术	2
1.3.2 基于分布式的系统框架	3
1.4 本论文的内容结构	3
第二章 系统可行性和需求分析	5
2.1 系统可行性分析	5
2.1.1 技术可行性	5
2.1.2 经济可行性	5
2.1.3 社会可行性	5
2.2 系统功需求分析	5
2.2.1 系统功能需求分析	6
2.2.2 系统特性需求分析	8
2.3 用例模型分析与建立	9
2.3.1 教师学生业务用例描述	9
2.3.2 管理员业务用例描述	9
第三章 系统设计	11
3.1 系统设计思想	11
3.2 系统设计原则	11

图 6-18 目录的自动生成后效果图

注意：当论文中的内容或页码发生变化时，目录需要及时更新，此时，可在目录的任意位置单击鼠标右键，从弹出的快捷菜单中选择“更新域”命令，打开“更新目录”对话框，如图 6-19 所示。如果只是页码发生改变，可选择“只更新页码”单选按钮。如果有标题内容的改变，可选择“更新整个目录”单选按钮，也可按〈F9〉键进行更新。

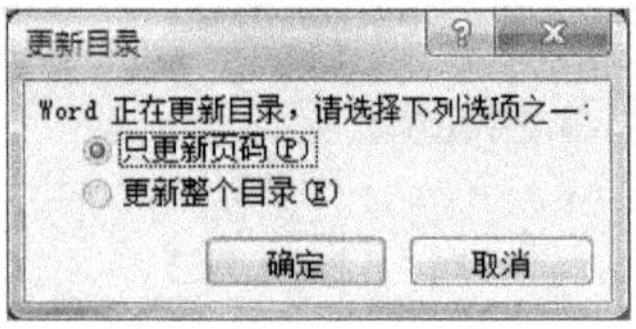

图 6-19 “更新目录”对话框

6.3 实例小结

通过对毕业论文排版的学习，我们对文档结构图的使用方法、页面设置、样式的创建和应用、图表的编辑、分节符的使用、页眉页脚的设置和目录的生成等 Word 2010 中这些操作有了深入的了解和掌握。在我们的日常工作中经常会遇到许多长文档，如毕业论文、企业的招标书以及员工手册等，有了以上的 Word 操作基础，对于此类长文档的排版和编辑就可以做到游刃有余。

在长文档中，如有某个多次使用的词语错误时，若逐一修改将花费大量时间，而且难免会出现遗漏，此时可以使用“开始”选项卡的“编辑”功能组中的“查找与替换”按钮统一进行修改。需要注意的是，在查找中可以使用通配符号“*”和“?”实现模糊查找。

6.4 经验技巧

6.4.1 排版技巧

1. 制作水印

Word 2010 具有添加文字和图片两种类型的水印的功能，而且能够随意设置大小、位置等。

水印制作方法如下。

1）单击“页面布局”→“页面背景”→“水印”按钮，从下拉列表中选择“自定义水印”，打开“水印”对话框。

2）在该对话框中选择“文字水印”选项，然后在“文字”栏选择合适的字句，或另外输入文字。若在“水印”对话框中选择“图片水印”选项，则需找到要作为水印图案的图片。

3）单击“确定”按钮，水印就会出现在文字后面。

2. 显示分节符

插入分节符之后，很可能看不到它。因为默认情况下，在最常用的“页面”视图模式下是看不到分节符的。这时，可以单击“开始”→“段落”→“”按钮，让分节符现出原形。

6.4.2 长文档技巧

1. 在 Word 中同时编辑文档的不同部分

一篇长文档在显示器屏幕上不能同时显示出来，但有时因实际需要又要同时编辑同一文档中的相距较远的几部分。怎样同时编辑文档的不同部分？

操作方法如下：

首先打开需要显示和编辑的文档，如果文档窗口处于最大化状态，就要单击文档窗口中的“还原”按钮，然后单击“视图”→“窗口”→“新建窗口”按钮，屏幕上立即会产生一个新窗口，显示的也是这篇文档，这时就可以通过窗口切换和窗口滚动操作，使不同的窗口显示同一文档的不同位置中的内容，以便阅读和编辑修改。

2. Word 2010 文档目录巧提取

在编辑完成有若干章节的一篇长 Word 2010 文档后，如果需要在文档的开始处加上章节的目录，该怎么办？如果对文档中的章节标题应用了相同的格式，比如定义的格式是黑体、二号字，那么有一个提取章节标题的简单方法。

操作方法如下。

1）单击“开始”→“编辑”→“查找”按钮，打开“查找和替换”对话框。

2）选择“查找内容”框，单击“格式”按钮，从列表中执行“字体”命令，在“中文字体”框中选择“黑体”，在“字号”框中单击“二号”，单击“确定”按钮。

3）单击“阅读突出显示”按钮。

此时，Word 2010 将查找所有指定格式的内容，对该例而言就是所有具有相同格式的章节标题了。然后选中所有突出显示的内容，这时就可以使用“复制”命令来提取它们，然后使用“粘贴”命令把它们插入文档的开始处了。

3. 在页眉中显示章编号及章标题内容

要想在 Word 文档中实现在页眉中显示该页所在章的章编号及章标题内容的功能，用户首先必须在文档中对章标题使用统一的章标题样式，并且对章标题使用多级符号进行自动编号，然后按照如下方法进行操作。

1）将视图切换到页眉和页脚视图方式。

2）单击“插入”→“文本”→“文档部件”按钮，从下拉列表中选择“域”选项，打开“域”对话框。从“类别”列表框中选择“链接和引用”，然后从“域名”列表框中选择“StyleRef”域。

3）先单击“域代码”按钮，再单击“选项”按钮，打开“域选项”对话框。单击“域专用开关”选项卡，从“开关”列表框中选择“\n”开关，单击“添加到域”按钮，将开关选项添加到“域代码”框中。

4）单击“样式”选项卡，从“名称”列表框中找到章标题所使用的样式名称，如“标题 1”样式名称，然后单击“添加到域”按钮。

5）单击“确定”按钮将设置的域插入页眉中，这时可以看到在页眉中自动出现了该页所在章的章编号及章标题内容。

4. 快速查找长文档中的页码

在编辑长文档时，若要快速查找到文档的页码，可单击“开始”→“编辑”→“查找”按钮，打开“查找和替换”对话框；再单击“定位”选项卡，在“定位目标”框中单击“页”，在“输入页号”框中键入所需页码，然后单击“定位”按钮即可。

5. 在长文档中快速漫游

单击选中“视图”→“显示/隐藏”→“导航窗格”复选框，然后单击导航窗格中要跳转的标题即可至文档中相应位置。导航窗格将在一个单独的窗格中显示文档标题，用户可通过文档结构图在整个文档中快速漫游并追踪特定位置。在导航窗格中，可选择显示的内容级别，调整文档结构图的大小。若标题太长，超出文档结构图宽度，不必调整窗口大小，只需将鼠标指针在标题上稍作停留，即可看到整个标题。

6.5 拓展练习

1）根据实例实现中的操作步骤，按照论文格式要求，对“论文原稿.docx”进行排版。

2）根据提供的“管理投标书.docx”文档进行排版，实现页眉和页脚、目录的插入，管理投标书排版后的效果如图 6-20 所示。

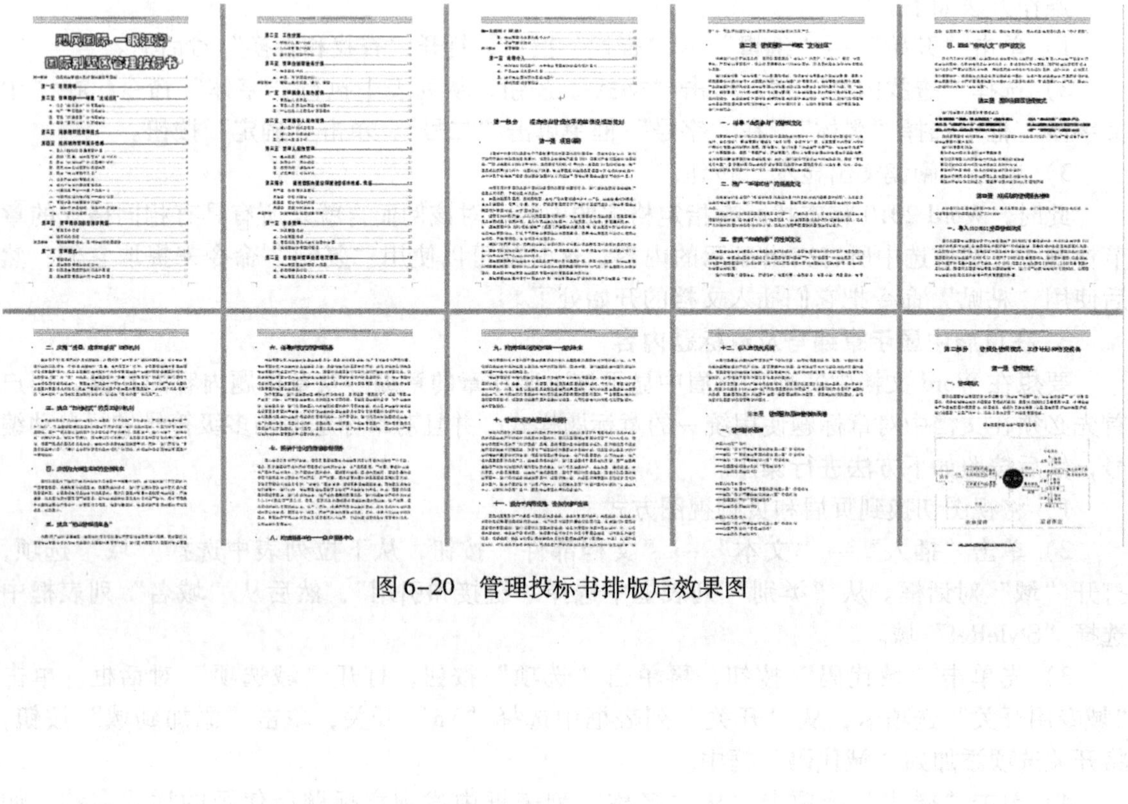

图 6-20 管理投标书排版后效果图

第 2 篇　Excel 篇

实例 7　员工档案制作

7.1　实例简介

7.1.1　实例需求与展示

优拓网络有限公司近期人员变动比较频繁，公司人数已增加到 100 人，需要重新制作员工档案，秘书部小李负责此项任务，员工挡案表如图 7-1 所示。

	A	B	C	D	E	F	G	H	I
1	企业员工档案								
2	工号	姓名	性别	年龄	学历	部门	进入企业时间	身份证号	联系电话
3	001	杨林	男	31	硕士	研发部	2001年3月1日	130224********2122	15900000001
4	002	何晓玉	女	30	硕士	广告部	2000年6月1日	440902********231X	13000000002
5	003	郭文	女	28	硕士	研发部	1999年8月1日	130224********54561	15200000003
6	004	杨彬	男	32	本科	广告部	2005年6月1日	223224********5894	18900000004
7	005	苏宇拓	男	34	硕士	销售部	2002年6月1日	320323********2459	15000000005
8	006	杨楠	女	25	大专	文秘部	2003年3月1日	223224********123X	15000000006
9	007	陈强	男	28	大专	采购部	1997年11月1日	132486********4218	14700000007
10	008	杨燕	女	28	本科	研发部	1999年12月1日	451268********532X	18700000008
11	009	陈蔚	女	29	硕士	采购部	1996年4月1日	510265********4972	15900000009
12	010	邱鸣	男	31	大专	广告部	2004年1月1日	130224********1582	18200000010

图 7-1　员工档案表

7.1.2　知识技能目标

涉及的主要知识点：创建空白 Excel 表格及保存、数据录入、数据有效性设置、表格的美化和表格打印。

知识技能目标：

- 掌握 Excel 工作簿的创建与保存。
- 掌握工作表的插入和重命名。
- 掌握单元格数据的录入。
- 掌握数据有效性的设置。
- 掌握数据表格美化。
- 掌握窗口的冻结。
- 掌握工作表的打印。

7.2　实例实现

在日常工作中，常常会遇到制作员工档案这样的信息表格。对于这样的表格，不仅要正确录入数据，还要对表格进行一定的美化，设置表格格式，使表格显得整齐美观。

7.2.1 新建 Excel 工作簿

新建 Excel 工作簿的方法与创建空白 Word 文档类似：执行“开始”→“程序”→“Microsoft Office”→“Microsoft Excel 2010”命令，启动 Excel 程序。

如果已经有打开的 Excel 文档，也可以通过“文件”选项卡中的“新建”→“空白工作簿”命令来创建，如图 7-2 所示。

图 7-2　利用“文件”选项卡新建空白工作簿

一个新建的空白工作簿，默认的名称是 Book1，每个工作簿默认包含 3 张工作表，分别是 Sheet1、Sheet2、Sheet3。

7.2.2 保存工作簿

在新建工作簿后要及时将其保存，以防因突然断电、计算机死机或计算机中毒等各种意外情况而造成数据丢失，操作步骤如下。

1）执行“文件”选项卡中的“保存”命令，打开“另存为”对话框，如图 7-3 所示。

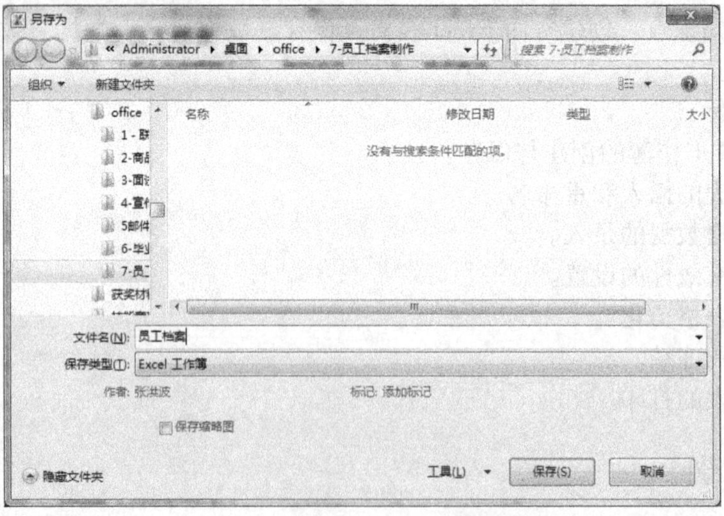

图 7-3　“另存为”对话框

2）指定保存路径，在“文件名”后的下拉列表中输入文件名称。单击“确定”按钮。

对于已经保存过的 Excel 工作簿，直接单击工具栏中的“保存”按钮即可。

7.2.3 数据录入

创建并保存好 Excel 工作簿后，就可以给数据表录入数据了，操作步骤如下。

1）单击 A1 单元格，输入文本“企业员工档案”，按〈Enter〉键，光标移动到 A2 单元格。

2）在单元格 A2 中输入列标题“工号”，然后按〈Tab〉键或方向键将光标移动到 B2，在其中输入“姓名”。

3）用相同的方法在 C2: H2 单元格区域中依次输入“性别”“年龄”“学历”等列标题。

4）对于“工号”列数据，由于其中的数据是有规律的序列，输入时可以用单元格的填充句柄快速录入所有连续的“工号”。

操作方法如下：

在 A3 单元格中输入“1001”，按〈Enter〉键，单击 A3 单元格，将鼠标移动到 A3 右下角，当光标由空心的十字指针变成实心的十字指针时，按住〈Ctrl〉键的同时向下拖动鼠标至 A102，松开鼠标和〈Ctrl〉键，即可在 A3: A102 内自动生成工号。

5）对于“姓名”“性别”“年龄”“部门”列的内容直接输入即可。

6）“进入企业时间”列的内容属于日期型数据。此类数据在输入前可先设定其单元格格式，操作方法如下：

拖动鼠标选择 G 列，选择“开始”选项卡，单击“数字”功能组右下角的“对话框启动器”按钮，打开“设置单元格格式”对话框，在“数字”选项卡的“分类”列表中选择“日期”选项，在“类型”列表框中选择符合要求的类型，如图 7-4 所示，单击“确定”按钮，在 G3 单元格中输入“2001 - 3 - 1”即可变成“2001 年 3 月 1 日”字样。用同样的方法输入其他日期。

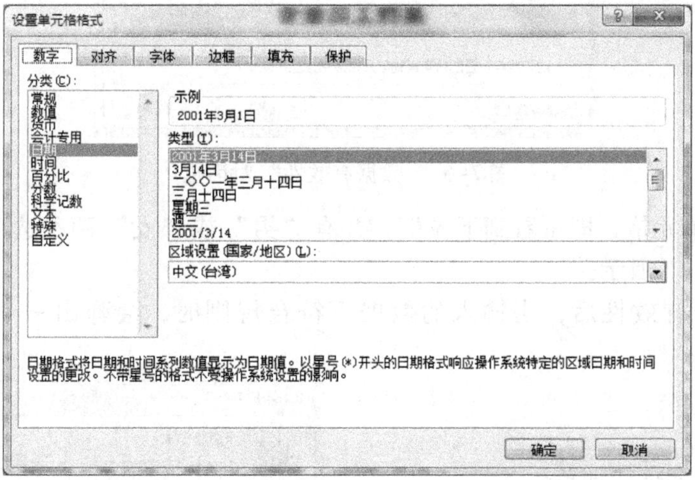

图 7-4 “设置单元格格式”对话框

7）对于“身份证号”和“联系电话”列中的数据，属于“数字文本”，可以通过两种方法进行输入。

方法一：在输入之前通过步骤7）中的方法将H列和I列的单元格格式由“数字”改为“文本”后进行输入。

方法二：先录入半角单引号“'”，再录入身份证号“130224198301012l2”，按〈Enter〉键，即可实现数值型文本的录入。

7.2.4 数据有效性设置

对于员工档案表中的“性别”列数据，可以为其设置数据有效性条件，以便在输入不符合规则的数据时，出现提示对话框。操作步骤如下。

1）选择C3:C102区域，切换到“数据”选项卡，在“数据工具”功能组中单击“数据有效性”按钮，如图7-5所示。弹出“数据有效性”对话框，如图7-6所示。

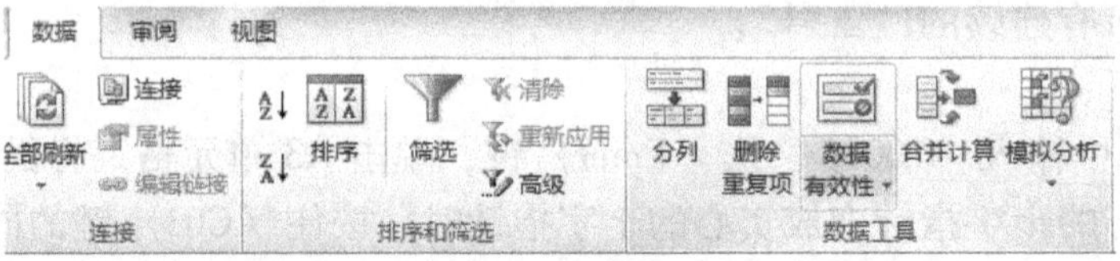

图7-5 选择“数据有效性”按钮

2）在对话框的“允许”下拉列表中选择“序列”，在“来源”文本框中输入“男，女”。单击“确定”按钮。注意：文本“男”和“女”之间应输入半角逗号。

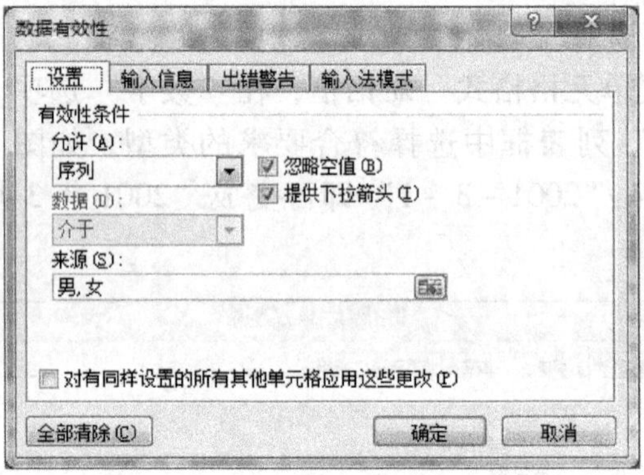

图7-6 “数据有效性”对话框

3）单击C3单元格，即可看到下拉框，并有“男”或“女”两种选项，设置数据有效性后的效果如图7-7所示。

4）设定数据有效性后，当输入的数据不符合规则时，会弹出一个提示对话框，如图7-8所示。

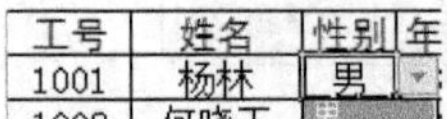

图7-7 设置数据有效性后的效果图

图7-8 弹出一个提示对话框

5）如果对对话框提示信息不满意，可以继续通过“数据有效性”对话框进行设置。如图 7-9 所示，切换到“出错警告”选项卡，设置“样式”为“警告”，在“错误信息”文本框中输入“数据输入不在范围之内，请重新输入！”单击“确定”按钮，返回工作表。

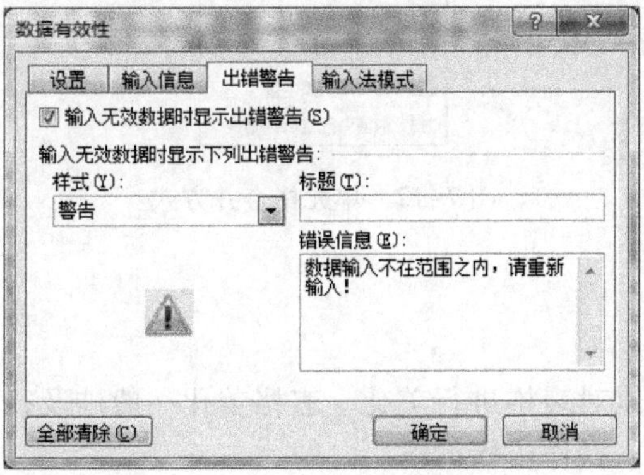

图 7-9　设置“出错警告”

6）此时，若在单元格中输入不符合规则的数据，就会弹出如图 7-10 所示的“提示”对话框。

图 7-10　“错误提示”对话框

7）单击“是”按钮，单元格中使用输入的数据，并可继续在其他单元格中输入数值；单击“否”按钮，可以更改数据；单击“取消”按钮，则取消该数据的输入。

7.2.5　单元格合并居中

通常表格标题放在整个数据表的中间，最简单的方法就是通过“合并后居中”来实现，操作步骤如下。

1）选择单元格区域 A1:H1。

2）切换到“开始”选项卡，在“对齐方式”功能组中单击“合并后居中”按钮，如图 7-11 所示，合并后的单元格内容会居中显示。

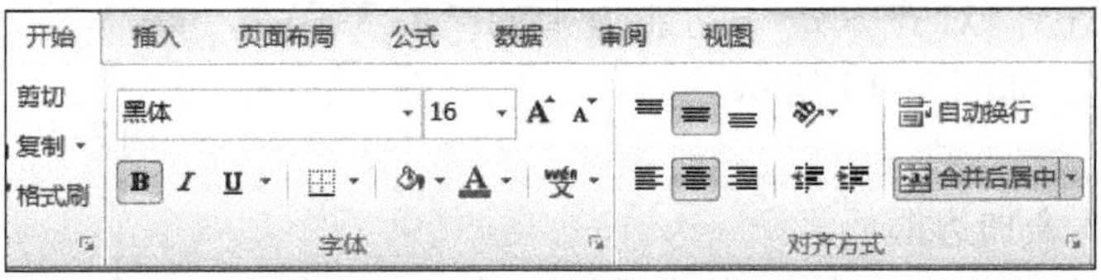

图 7-11　“合并后居中”按钮

注意：单击“合并后居中”右侧的下三角按钮，在弹出的下拉列表中提供了多种合并方式。如图 7–12 所示。

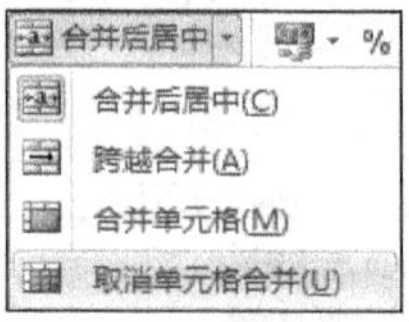

图 7–12　单元格合并方式

7.2.6　美化表格

数据录入完毕后，可以对表格进行美化。表格美化一般涉及行高、列宽的设置、对齐方式设置、边框和底纹设置。操作步骤如下。

（1）行高和列宽的设置

要求设置员工档案表的行高为 25 像素，列宽为“自动调整列宽”。

调整行高和列宽时，操作前必须先将相关单元格选中。按〈Ctrl + A〉组合键选中整个工作表，切换到“开始”选项卡，单击“单元格”功能组中的“格式”按钮，在下拉列表中选择“自动调整列宽”选项，如图 7–13 所示。再次单击“格式”按钮，在下拉列表中选择“行高”选项，在“行高”对话框的文本框中输入 25，如图 7–14 所示。

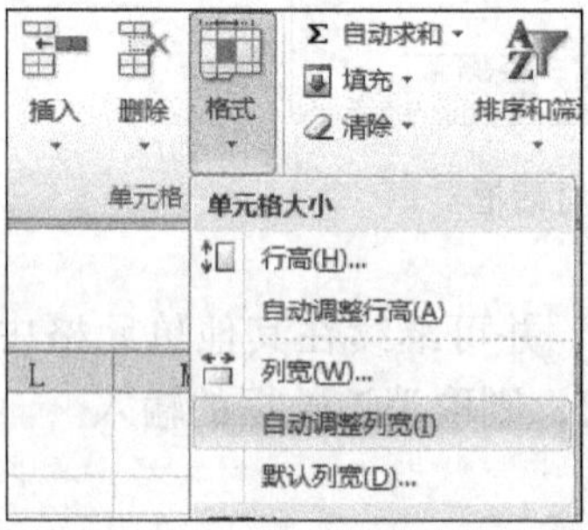

图 7–13　设置行高和列宽

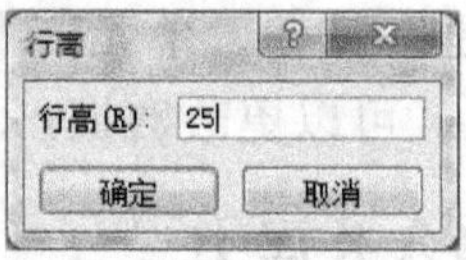

图 7–14　“行高”对话框

（2）对齐方式设置

要求对表格的内容水平居中，垂直居中。

对于需要设置对齐方式的单元格，操作前必须先将它们选中，按〈Ctrl + A〉组合键选中整个工作表，切换到“开始”选项卡，单击“对齐方式”功能组中的“水平居中/垂直居中”按钮，如图 7–15 所示。

图 7–15　设置对齐方式

（3）边框设置

要求对员工档案表加边框。

选择单元格区域 A2: I102，切换到“开始”选项卡，单击“字体”功能组中的“边框”按钮，在下拉列表中选择“所有框线”选项，如图 7–16 所示，为数据区域加上边框。

（4）底纹设置

要求为列标题设置底纹。

选择单元格区域 A2: I2，切换到“开始”选项卡，单击“字体”功能组中的“填充颜色”按钮，从下拉列表中选择“茶色，背景 2，深色 10%”选项，如图 7-17 所示，为标题行添加底纹。

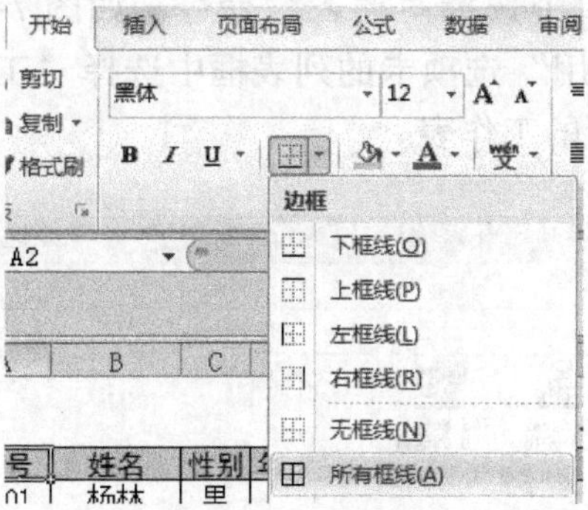

图 7-16　边框设置

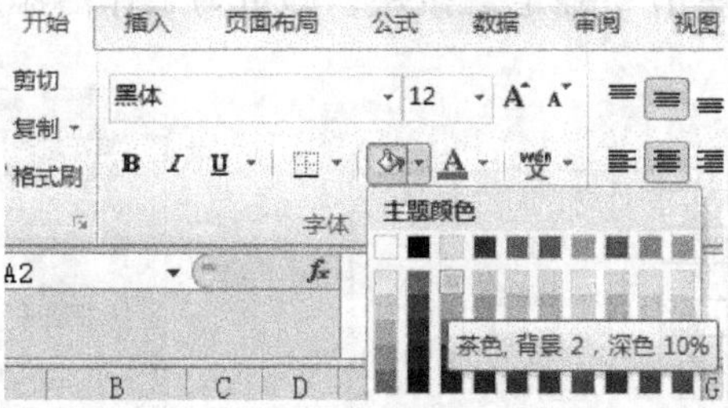

图 7-17　设置底纹

7.2.7　冻结窗口

拆分窗口是指将工作表窗口拆分为多个窗口，在每个窗口中均可显示工作表中的内容。冻结窗口是指将工作窗口中的某些行或列固定在可视区域内，使其不随滚动条的移动而移动。

对于员工档案表，有 100 条数据信息，在录入的时候随着数据录入的增加，表格前面的内容会随着滚动条移动，导致看不到列标题的情况，用冻结窗口可以很好地解决这个问题。操作步骤如下。

单击 A3 单元格，切换到“视图”选项卡，单击“窗口”功能组中的“冻结窗格”按钮，如图 7-18 所示。在下拉列表中选择“冻结拆分窗格”选项，即可实现对标题行的冻结，效果如图 7-19 所示。

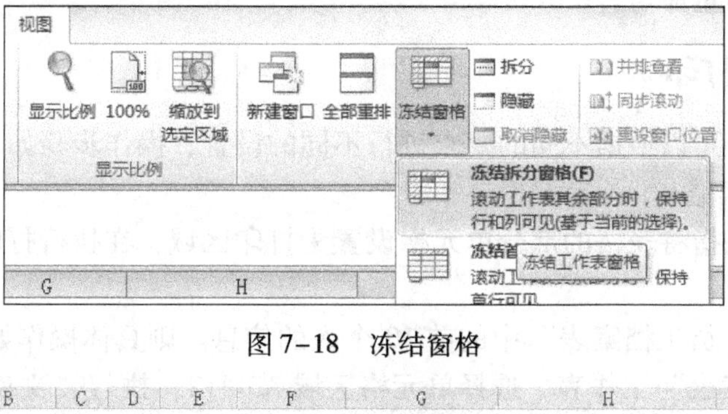

图 7-18　冻结窗格

	A	B	C	D	E	F	G	H	I
1	企业员工档案								
2	工号	姓名	性别	年龄	学历	部门	进入企业时间	身份证号	联系电话
3	1007	陈强	男	28	硕士	销售部	2001年3月1日	132486********4218	14700000101
4	1008	杨艳	女	28	大专	采购部	2000年6月1日	451268********532X	18700000102
5	1009	陈蔚	女	29	本科	广告部	1999年8月1日	510265********4972	15900000103
6	1010	邱鸣	男	31	硕士	销售部	2005年6月1日	130224********1582	18200000104

图 7-19　窗口冻结效果图

7.2.8 工作表的插入与重命名

（1）工作表的插入

创建工作簿后默认包含 3 张工作表，用户可以根据需要选择插入或添加工作表，操作方法如下。

用鼠标右键单击工作表标签，在弹出的快捷菜单中选择“插入”命令，如图 7-20 所示。打开“插入”对话框，如图 7-21 所示。在“常用”选项卡的列表框中选择“工作表”选项，单击“确定”按钮，即可为工作簿添加一张新的工作表。

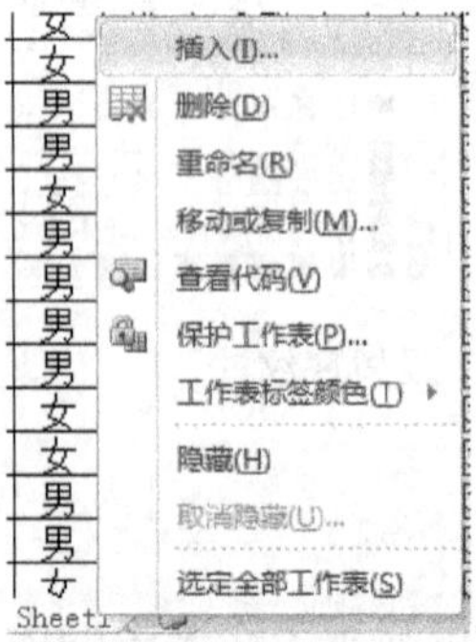

图 7-20 选择“插入”菜单

图 7-21 “插入”对话框

（2）工作表的重命名

工作簿中的工作表名称都以默认的形式显示，为了使工作表使用起来更加方便，可以重命名工作表，操作方法如下。

用鼠标右键单击需要重命名的工作表标签，在弹出的快捷菜单中选择“重命名”命令，如图 7-20 所示，此时工作表标签将呈黑底白字显示，直接输入新的名称“员工档案表”，即可完成对工作表的重命名。

7.2.9 工作表的打印

打印工作表时，可以根据不同的要求进行不同的设置，操作步骤如下。

（1）设置打印区域

设置打印区域是指将表格的部分单元格设置为打印区域，在执行打印操作时只打印该区域的表格内容。

如要求只打印“员工档案表”中的前 10 个人的信息。则具体操作如下：

打开“员工档案表”工作表，选择单元格区域 A3:I12，执行“文件”选项卡中的“打印”命令，在“设置”下拉列表中选择“打印选定区域”选项，则在“打印预览”中只出现前 10 个人的基本信息，如图 7-22 所示。

（2）设置打印标题

当表格内容较多时，为了使打印的表格内容更加便于查看，可以在每页表格的最上面显示表格的标题、表头等内容。

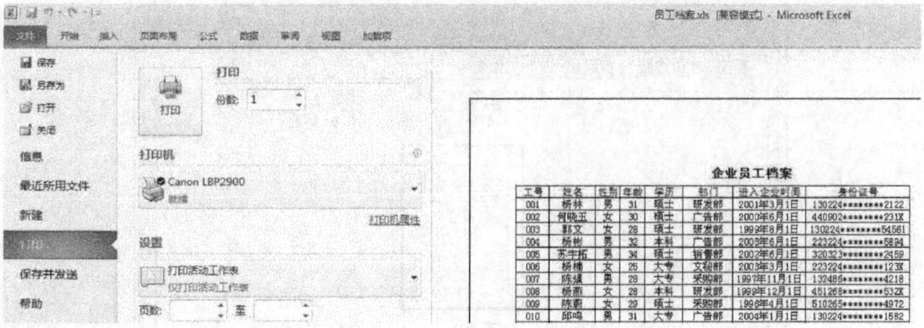

图 7-22　设置打印区域

如要求打印的“员工档案表”中的每一页都显示有标题和表头，则操作步骤如下。

打开“员工档案表”工作表，切换至“页面布局”选项卡，单击“页面设置”功能组中的“打印标题”按钮，弹出“页面设置”对话框，如图 7-23 所示。在“打印标题”栏中，单击“顶端标题行”文本框后的“收缩”按钮，缩小对话框。拖动鼠标左键，选择第 1、2 行单元格区域，单击“展开”按钮，返回“页面设置”对话框，此时“顶端标题行”文本框中显示选择的单元格区域，单击“确定”按钮，设置完成。

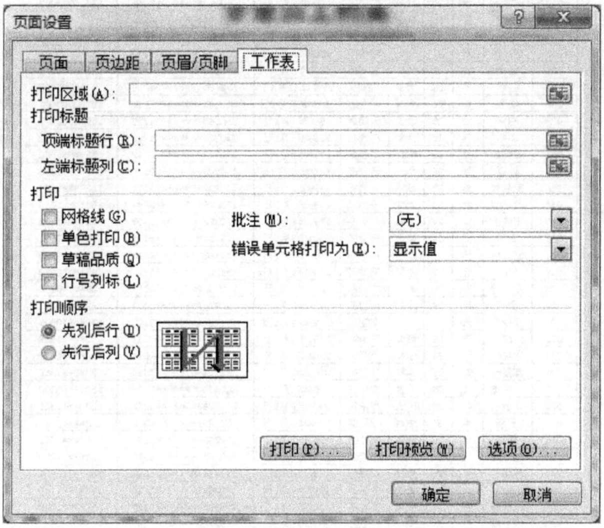

图 7-23　“页面设置”对话框

（3）设置页边距

当表格中的数据较多无法显示在一页上时，可以通过调整“页边距”来实现整页打印。

如要求将“员工档案表”中所有列的内容都显示在 A4 纸上，操作步骤如下。

打开“员工档案表”工作表，切换到“页面布局”选项卡，单击“页面设置”选项组中的“纸张大小”按钮，在“纸张大小”的下拉列表中选择“A4”，在“页面设置”功能组中单击“页边距”按钮，在下拉列表中选择“自定义页边距”选项，在弹出的“页面设置”对话框中，将左、右边距都设置为“0.1”，如图 7-24 所示。单击“打印预览”按钮，实现所有列显示在一张 A4 纸上，设置“页边距”后的效果如图 7-25 所示。

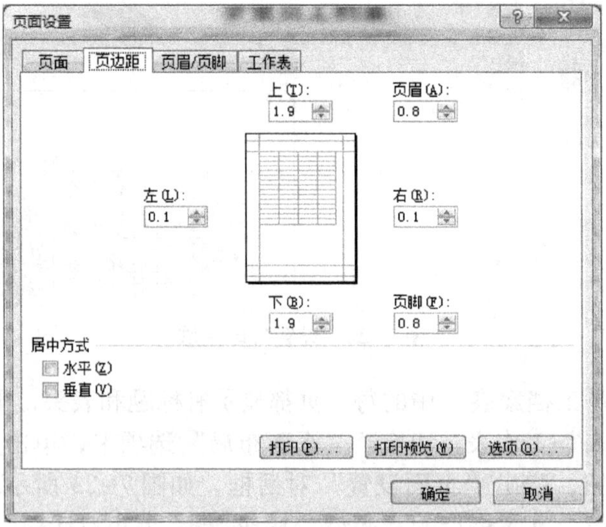

图 7-24　设置“页边距”

企业员工档案

工号	姓名	性别	年龄	学历	部门	进入企业时间	身份证号	联系电话
001	杨林	男	31	硕士	研发部	2001年3月1日	130224********2122	15900000001
002	何晓玉	女	30	硕士	广告部	2000年6月1日	440902********231X	13000000002
003	郭文	女	28	硕士	研发部	1999年8月1日	130224********4561	15200000003
004	杨彬	男	32	本科	广告部	2005年6月1日	223224********5894	18900000004
005	苏宇拓	男	34	硕士	销售部	2002年6月1日	320323********2459	15000000005
006	杨楠	女	25	大专	文秘部	2003年3月1日	223224********123X	15000000006
007	陈强	男	28	大专	采购部	1997年11月1日	132486********4218	14700000007
008	杨燕	女	28	本科	研发部	1999年12月1日	451268********532X	18700000008
009	陈蔚	女	29	硕士	采购部	1996年4月1日	510265********4972	15900000009
010	邱鸣	男	31	大专	广告部	2004年1月1日	130224********1582	18200000010
011	王耀华	男	33	本科	文秘部	2003年2月1日	130224********2122	159****0002
012	杜鹏	男	36	硕士	研发部	2000年10月1日	440902********231X	130****1356
013	孟永科	男	35	本科	销售部	1999年2月1日	130224********4561	152****1469
014	巩月明	女	32	大专	采购部	1999年1月1日	223224********5894	189****1853
015	田格艳	女	25	本科	广告部	1997年6月1日	320323********2459	150****4852
016	王琪	女	34	硕士	研发部	2001年3月1日	223224********623X	150****0801
017	董国株	男	27	本科	销售部	2000年7月1日	132486********4218	147****1469
018	张昭	男	29	本科	采购部	2006年4月1日	451268********532X	187****1568
019	龙丹丹	女	30	本科	广告部	2003年7月1日	510265********4972	159****0406
020	雷庭	男	28	本科	销售部	1999年1月1日	130224********1582	182****2351
021	程丹丹	男	25	硕士	文秘部	1999年1月1日	130224********2122	159****0001
022	刘健名	男	26	硕士	研发部	1997年6月1日	440902********231X	130****1358
023	苏红江	男	34	本科	市场部	2001年3月1日	130224********4561	152****1359
024	廖嘉一	女	33	本科	行政部	2000年7月1日	223224********5894	189****1353
025	刘用佳	女	25	大专	文秘部	2006年4月1日	320323********2459	159****0302
026	陈小永	男	30	硕士	市场部	2003年7月1日	223224********123X	130****1356
027	例繁	男	34	本科	行政部	1998年5月1日	132486********4218	152****1469
028	想兄	女	24	本科	文秘部	1997年7月1日	451268********532X	189****1858
029	熊亮用	男	29	硕士	市场部	2002年5月1日	510265********4972	150****4852
030	吴娜你	男	29	本科	研发部	1997年2月1日	130224********1582	150****0801
031	丁数琴	女	37	博士	财务部	1995年4月1日	130224********2122	147****1469
032	宋源沛	男	26	大专	文秘部	2004年7月1日	440902********231X	187****1568
033	柳小鑫	男	29	本科	行政部	2001年1月1日	130224********4561	159****0406
034	张华郡	女	34	大专	文秘部	2003年2月1日	223224********5894	182****2351
035	白中雪	女	23	大专	文秘部	1992年1月1日	320323********2459	159****0001
036	孙小民	男	40	本科	文秘部	2002年1月1日	223224********123X	130****1358
037	阮南贾	男	39	硕士	行政部	1999年4月1日	132486********4218	159****0002
038	罗小重	男	33	硕士	研发部	1994年8月1日	451268********532X	130****1336
039	王名梓	女	24	大专	市场部	2003年1月1日	510265********4972	152****1269
040	刘健名	男	25	本科	市场部	1994年4月1日	130224********1582	189****1853
041	苏红江	男	36	博士	研发部	1994年4月1日	130224********2122	150****4352
042	廖嘉一	男	39	本科	市场部	1998年7月1日	440902********231X	150****0301
043	刘用佳	男	34	硕士	研发部	2003年5月1日	130224********54561	147****1469
044	陈小永	男	26	本科	市场部	2003年4月1日	223224********5894	187****1448

图 7-25　设置“页边距”后的效果图

7.3　实例小结

本实例中通过员工档案表的制作，让我们学会了对于 Excel 工作簿的基本操作。实际操作中需要注意以下问题。

1）工作表的保存：〈Ctrl + S〉是保存工作簿的快捷键，为了防止突然断电等意外，也可以设置自动保存时间，方法参照 Word 文档的自动保存设置。

2）Excel 中的数据录入主要分为四种：文本、数值、日期、逻辑型。

对于数值和文本型数据直接录入即可，但是要注意数字型文本，如实例中的“身份证号”，此时需要预先设定单元格格式或在数字前加半角单引号。

对于日期型，数据年月日之间可以用“-”或“/”符号隔开，对于有规律的数据系列，可以利用数据填充的方法进行数据录入。

对于项目个数少而规范的数据，在录入时可以考虑设置数据录入的有效性。

3）对于表格的美化，既可以为表格添加边框和底纹，也可以通过执行“页面布局”→“页面设置”→“背景”命令，为表格添加背景图片。或是通过执行“插入”→“文本”→“艺术字”命令，为表格添加艺术字效果。

4）“插入”、“删除”、“重命名”、“设置工作表标签颜色”等操作可以通过用鼠标右键单击工作表标签实现。

5）打印工作表时，可以根据实际情况进行设置，打印前先进行预览，以查看所有的数据是否出现在同一页纸中。

7.4 经验技巧

7.4.1 录入技巧

1. 从 Word 表格文本中引入数据

要想将 Word 表格中的文本内容引入 Excel 工作表，可以通过执行“选择性粘贴”命令来实现，操作步骤如下。

先利用“复制”命令将 Word 表格文本内容添加到系统剪贴板中，然后在 Excel 工作表中定位到目标位置，选择“粘贴”下拉菜单中的“选择性粘贴”命令，再选择“方式”列表中的“文本”选项，最后单击“确定”按钮即可。

2. 输入“0”开头的数字

在 Excel 单元格中，输入一个以“0”开头的数据后，往往在显示时会自动把“0”消除。要保留数字开头的“0”，其实是非常简单的。只要在输入数据前先输入一个“'”（英文状态下的单引号），然后输入以“0”开头的数字即可。

3. 在常规格式下输入分数

当在单元格中输入如“2/5”“6/7”等形式的分数时，系统会自动将其转换为日期格式。要实现在“常规”模式下分数的输入，只要在输入分数前先输入“0 + 空格符”，再输入分数即可，如输入“0□2/3”（□表示空格）即可正确显示为“2/3”。

注意，利用此方法输入的分数的分母不能超过 99。否则，输入结果将被替换为分母小于或等于 99 的分数。如输入“2/101”，系统会将其转换为近似值“1/50”。

4. 在单元格中自动输入时间和日期

要让系统自动输入时间和日期，可以选中需输入的单元格，直接按下〈Ctrl + ;〉组合键可输入当前日期，直接按下〈Ctrl + Shift + ;〉组合键可输入当前时间。当然，也可以在单元格中先输入其他文字，再按以上组合键，如先输入文本“当前时间为:”，再按下〈Ctrl + Shift + ;〉组合键，就会在单元格中显示“当前时间为：10:15”。

以上方法美中不足的是，输入的时间和日期是固定不变的。如果希望日期、时间随当前系统自动更新，则可以利用函数来实现。输入函数“ = today( )”得到当前的系统日期，输入函数“ = now( )”得到当前的系统时间和日期。

5. 为不相连的单元格快速输入相同信息

如果要输入相同内容的单元格不连续，可以使用下面的方法来实现快速输入。

首先按住〈Ctrl〉键选择所有要输入相同内容的单元格，然后将光标定位到编辑栏中，输入需要的数据。输入完成后按住〈Ctrl〉键不放，再按下〈Enter〉键，这样输入的数据就会自动填充到所有选择的单元格了。

6. 在多个工作表中同时输入相同数据

如果要在不同的工作表中输入相同的内容，可以试试以下方法。

先按住〈Ctrl〉键，然后用鼠标单击左下角的工作表名称来选定多个工作表。这样所选择的工作表就会自动成为一个“成组工作表”。只要在任意工作表中输入数据，其他工作表也会出现相同的数据内容。如果要取消“成组工作表”模式，只要在任一工作表名称上单击鼠标右键，在弹出的菜单中选择“取消成组工作表”命令即可。

7.4.2 编辑技巧

1. 利用“填充句柄”快速输入相同数据

在编辑工作表时，有时整行或整列需要输入的数据都一样。显然，如果一个一个地输入数据实在太麻烦。利用鼠标拖曳“填充句柄”可以实现快速输入，操作步骤如下。

具体操作如下：

首先在第一个单元格中输入需要的数据，然后单击选中该单元格，再移动鼠标指针至该单元格右下角的填充句柄处，当指针变为黑色“ + ”字形时，按住鼠标左键，同时根据需要按行或者列方向拖曳鼠标，选中所有要输入相同数据的单元格，最后松开鼠标即可。注意，该方法只适用于输入的是文本信息。如果要重复填充时间或日期数据，使用上述方法填充的将是一个按升序方式产生的数据序列。这时可以先按住〈Ctrl〉键，再拖曳填充句柄，填充的数据就不会改变了。

2. 在连续单元格中自动输入等比数据序列

要在工作表中输入一个较大的等比序列，可以通过填充的方法来实现，操作步骤如下。

首先在第一个单元格中输入该序列的起始值，然后选择要填充的所有单元格，再单击“开始”→“编辑”→“填充”选项，从“填充”下拉列表中选择“序列”选项。在弹出的“序列”对话框中，选择“类型”栏中的“等比序列”单选按钮，再在“步长”文本框中输入等比序列的比值。然后在“终止值”文本框中输入一个数字，该数字不一定是该序列的最后值，可以比最后一个数稍大。最后单击“确定”按钮即可。这样系统自动按照要求将序列填充完毕。

3. 快速实现整块数据的移动

在工作中常常需要移动单元格中的数据，直接采用拖曳的方法，比“粘贴”操作更快捷，操作步骤如下。

首先选择要移动的数据（注意必须是连续的区域），然后移动鼠标到边框处，当鼠标指针变成四箭头形状时，按住〈Shift〉键的同时按下鼠标左键，拖曳鼠标至目的区域（可以从鼠标指针右下方的提示框中获知是否到达目标位置），松开鼠标左键即完成移动。

7.5 拓展练习

1）创建如图7-26所示的名称为“学生成绩单”的Excel工作簿，输入数据并进行以下设置。

A	B	C	D	E	F	G	H
学生成绩汇总表							
序号	学号	姓名	高数	英语	电工	三论	实训
1	31012101	王小丽	90	87	76	80	良
2	31012102	李芳	71	66	82	***57***	中
3	31012103	孙燕	83	***55***	93	79	良
4	31012104	李雷	83	80	85	91	优
5	31012105	刘明	***51***	70	87	62	及格
6	31012106	赵利	88	***42***	63	77	良
7	31012107	王一鸣	94	61	84	***52***	不及格
8	31012108	李大鹏	76	80	70	85	中
9	31012109	郑亮	89	92	96	93	优
10	31012110	孙志	78	94	89	90	良

图7-26　练习效果图

① 将标题“学生成绩汇总表”合并居中，黑体，20号，加粗。

② 将列标题的字体设置为宋体、12号、加粗显示，文本水平、垂直居中，底纹设置为黄色。

③ 将表格数据设置为宋体，12号，水平、垂直居中。

④ 设置表格行高为25像素，列宽为最适合列宽。

⑤ 为数据表添加边框线，其中外框线为双实线，内框内为单实线。

⑥ 将不及格的成绩用加粗、倾斜、红色显示。提示：通过“开始”→“样式”→“条件格式”实现。

⑦ 以“学生成绩表”对工作表进行重命名。

2）王海是某公司的销售部的经理助理，现在要统计分析当年各业务员的销售情况，以便了解业务员的销售能力，调整他们的业务范围和职位。现在，王海将这一年四季度的各业务员的销售业绩录入到Excel工作簿文档“销售业绩报表.xlsx”中。效果如图7-27所示。

请根据下列要求帮助王海对该销售业绩报表进行整理和分析。

① 将标题行进行合并居中。

全年销售业绩

业务编号	姓名	第一季度	第二季度	第三季度	第四季度	平均销售量	总销售量
130207	江娟	456	654	716	449	569	2275
130302	乐娟	578	715	897	564	689	2754
130101	李金娜	451	482	695	642	568	2270
130102	李丽	659	862	896	985	851	3402
130201	刘德发	235	186	458	225	276	1104
130105	钱多多	486	258	695	865	576	2304
130301	邱雅培	266	698	654	984	651	2602
130306	石磊	659	458	248	247	403	1612
130103	孙德标	325	456	587	745	528	2113
130202	谭鱼头	856	951	248	476	633	2531
130203	王罕华	563	486	978	156	546	2183
130206	王辉	689	928	856	651	781	3124
130304	王强	652	951	479	149	558	2231
130305	王杉	413	413	643	565	509	2034
130205	王尚强	745	753	987	941	857	3426
130106	徐柏盍	953	321	632	669	644	2575
130204	徐婷婷	541	394	285	894	529	2114
130107	许如云	916	496	548	648	652	2608
130303	杨静	789	879	967	758	848	3393

图 7-27　销售业绩表

② 对工作表“全年销售业绩”中的数据列表进行格式化操作：将第 1 列“业务编号”列设为文本，将所有销售量列设为保留整数数值；适当加大行高列宽，改变字体、字号，设置对齐方式，增加适当的边框和底纹，使工作表更加美观。

③ 利用“条件格式”功能进行下列设置：将第一季度和第二季度中低于500 的“销售量”以一种文本颜色表示，其他两季度中高于900 的“销售量”用另一种文本颜色表示。

实例 8　学生成绩统计与分析

8.1　实例简介

8.1.1　实例需求与展示

软件技术 1 班的期末考试成绩已经出来了，现需要对同学们的成绩进行统计与分析，要求：

- 计算考试成绩的平均分。
- 统计不同分数段学生数以及最高、最低分，效果如图 8-1 所示。
- 使用学校规定的公式，计算每位同学必修课程的加权平均成绩。
- 按照德、智、体分数以 2:7:1 的比例计算每名学生的总评成绩，并进行排名，效果如图 8-2 所示。

学生成绩汇总表

序号	学号	姓名	高数	英语	电工	三论	实训	实训成绩转换	平均成绩
1	31012101	王小丽	90	87	76	80	良	85	83.89
2	31012102	李芳	71	66	82	57	中	75	66.89
3	31012103	孙燕	83	55	93	79	良	85	76.78
4	31012104	李雷	83	80	85	91	优	95	86.56
5	31012105	刘明	51	70	87	62	及格	65	64.44
6	31012106	赵利	88	42	63	77	良	85	71.00
7	31012107	王一鸣	94	61	84	52	不及格	55	67.22
8	31012108	李大鹏	76	80	70	85	中	75	79.11
9	31012109	郑亮	89	92	96	93	优	95	92.44
10	31012110	孙志	78	94	89	90	良	85	87.56

课程名称	学分值
高数	4
英语	4
电工	2
三论	6
实训	2
总学分	18

学生平均成绩分段统计		
分数段	人数	比例
90分以上	1	10.00%
80-89分	3	30.00%
70-79分	3	30.00%
60-69分	3	30.00%
0-59分	0	0.00%
总计	10	100.00%
最高分	92.44	
最低分	64.44	

图 8-1　求平均分及分段统计效果图

	A	B	C	D	E	F	G	H
1	软件技术1班学生总评成绩及排名							
2	序号	学号	姓名	德育	智育	文体	总评	排名
3	1	31012101	王小丽	93.83	83.89	90.00	86.49	4
4	2	31012102	李芳	88.11	66.89	86.00	73.04	7
5	3	31012103	孙燕	84.14	76.78	86.00	79.17	6
6	4	31012104	李雷	99.56	86.56	98.00	90.30	2
7	5	31012105	刘明	79.30	64.44	91.00	70.07	9
8	6	31012106	赵利	76.21	71.00	81.00	73.04	8
9	7	31012107	王一鸣	71.37	67.22	71.00	68.43	10
10	8	31012108	李大鹏	85.46	79.11	80.00	80.47	5
11	9	31012109	郑亮	92.51	92.44	73.00	90.51	1
12	10	31012110	孙志	100.00	87.56	85.00	89.79	3

图 8-2　计算学生总评、排名后的效果图

8.1.2 知识技能目标

涉及的知识点主要有：公式与函数的使用、相对引用和绝对引用、工作表的复制和移动。

知识技能目标：

- 掌握 Excel 中公式的使用。
- 掌握相对引用和绝对引用。
- 掌握常用函数的使用。
- 掌握工作表的复制和移动。

8.2 实例实现

Excel 具有强大的计算功能，借助于其中丰富的公式和函数，可以大大方便对工作表中数据的分析和处理。本实例中对学生成绩的统计与分析就是一个典型的案例。需要注意的是，Excel 中的公式遵循一个特定的语法，在输入公式或函数前必须先输入一个等号。

8.2.1 利用 IF 函数转换成绩

IF 函数是 Excel 中常用的函数之一。它根据逻辑计算的真假值，以返回不同的结果。可以使用 IF 函数对数值和公式进行条件检测。

IF 函数语法：IF(Logical_test,Value_if_true,Value_if_false)

参数说明：Logical_test 表示计算结果为 TRUE 或 FALSE 的任意值或表达式，Value_if_true 是 Logical_test 为 TRUE 时返回的值，Value_if_false 是 Logical_test 为 FALSE 时返回的值。

IF 函数中包含 IF 函数的情况叫做 IF 函数的嵌套。

利用 IF 函数将实训成绩由五级制转换为百分制，具体操作如下。

1）打开实例 7 习题中的“学生成绩单”工作簿，并将 Sheet1 工作表重命名为“原始成绩数据”。

2）按住〈Ctrl〉键的同时拖动工作表标签，创建该工作表的副本，并将其重命名为“课程成绩”。

3）在“课程成绩”工作表的“实训”列后添加列标题“实训成绩转换”，如图 8-3 所示。

三论	实训	实训成绩转换

图 8-3 添加“实训成绩转换”列

4）将光标移至 I3 单元格，并输入公式“=IF(H3="优",95,IF(H3="良",85,IF(H3="中",75,IF(H3="及格",65,55))))”，按〈Enter〉键，将序号为“1”的学生的实训成绩转换成百分制。

5）将鼠标移到 I3 单元格右下角，当鼠标变成黑色实心指针时，按住鼠标左键向下拖动至 I12 单元格，松开鼠标，利用控制句柄，将其他学生的实训成绩转换成百分制，如图 8-4 所示。

序号	学号	姓名	高数	英语	电工	三论	实训	实训成绩转换
学生成绩汇总表								
1	31012101	王小丽	90	87	76	80	良	85
2	31012102	李芳	71	66	82	57	中	75
3	31012103	孙燕	83	55	93	79	良	85
4	31012104	李雷	83	80	85	91	优	95
5	31012105	刘明	51	70	87	62	及格	65
6	31012106	赵利	88	42	63	77	良	85
7	31012107	王一鸣	94	61	84	52	不及格	55
8	31012108	李大鹏	76	80	70	85	中	75
9	31012109	郑亮	89	92	96	93	优	95
10	31012110	孙志	78	94	89	90	良	85

图 8-4　用 IF 函数转换后的效果图

8.2.2　利用公式计算平均成绩

公式是对单元格中的数据进行处理的等式，用于完成算术、比较或逻辑等运算。Excel 中的公式遵循一个特定的语法，即最前面是等号，后面是运算数和操作。每个运算数可以是数值、单元格区域的引用、标志、名称或函数。

按照学校的计算公式，学生的平均成绩是由每门课的成绩乘以对应的学分，相加求和之后除以总学分得到。操作步骤如下。

1）在单元格 A15、B15 中分别输入文本“课程名称”和“学分值”。

2）选择 D2: H2 单元格区域，按〈Ctrl + C〉组合键，将其复制到剪贴板中。

3）用鼠标右键单击 A16 单元格，从快捷菜单中选择“选择性粘贴”命令，打开“选择性粘贴”对话框，选择“转置”复选框，如图 8-5 所示。单击“确定”按钮，将课程名称粘贴到单元格 A16 开始的列中连续的单元格区域，之后将这些单元格的填充颜色去掉，并在相应的单元格中输入学分。

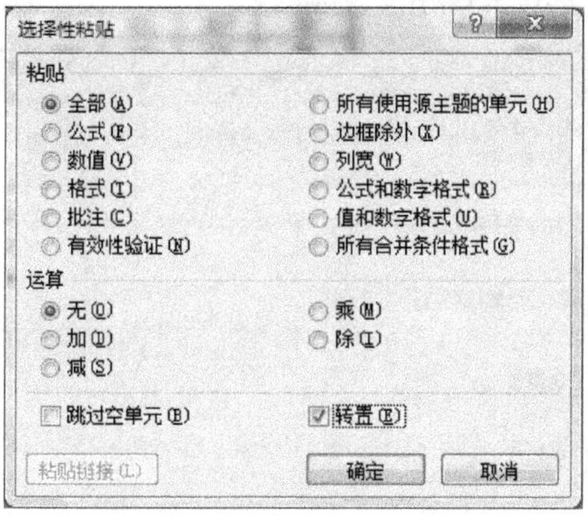

图 8-5　“选择性粘贴”对话框

4）在 A21 单元格中输入文本“总学分”，然后将光标置于单元格 B21 中，切换到“公式”选项卡，在“函数库”功能组中单击“自动求和”按钮，如图 8-6 所示。在 B21 单元格中显示“ = SUM(B16:B20)”，按〈Enter〉键，实现用 SUM 求总学分。

5）选中单元格区域 A15: B21，切换到“开始”选项卡，通过“字体”功能组中的“边框”按钮实现对此单元格区域添加边框，并设置其中的内容“居中”对齐，结果如

图 8-7 所示。

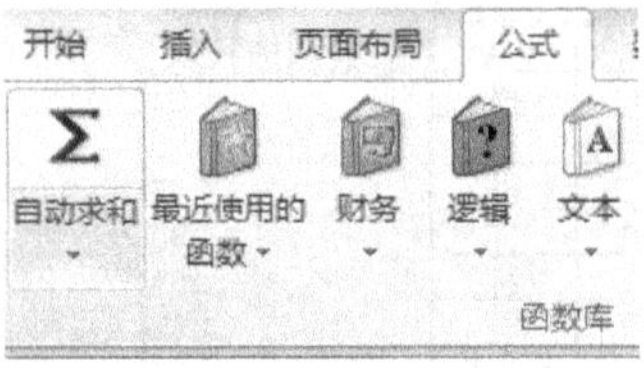

图 8-6 “自动求和”按钮

15	课程名称	学分值
16	高数	4
17	英语	4
18	电工	2
19	三论	6
20	实训	2
21	总学分	18

图 8-7 课程学分表

6）单击 J2 单元格并在其中输入文本“平均成绩”，按〈Enter〉键后 J3 单元格被选中，根据学生平均成绩计算公式，在其中输入公式“=(D3 * $B$16 + E3 * $B$17 + F3 * $B$18 + G3 * $B$19 + I3 * $B$20)/$B$21”，按〈Enter〉键，计算出序号为“1”的学生的平均成绩。输入过程中可单击选中课程成绩、学分值所在的单元格，并将对学生的相对引用改为绝对引用。（注：此处用了 Excel 中的相对引用与绝对引用，详见小结。）

7）利用控制句柄，计算出所有学生的平均成绩。

8）选中单元格区域 A1: J1，单击“开始”→“对齐方式”→“合并后居中”按钮，实现表格标题的居中操作。

9）选中单元格区域 A2: J12，单击“开始”→“字体”→“边框”按钮，选择“所有线框”为表格添加边框。

10）选中单元格区域 J3: J12，单击“字体”功能组右下角的按钮，打开“设置单元格格式”对话框，切换到“数字”选项卡，选择“分类”列表框中的“数值”选项，其他设置保持默认值，单击“确定”按钮，将平均成绩保留两位小数。

11）选中单元格区域 D3: G12，切换到“开始”选项卡，单击“样式”功能组中的“条件格式”按钮，从下拉列表中选择“清除规则”→“清除所选单元格的规则”选项，如图 8-8 所示，将考试成绩中的条件格式删除。

图 8-8 “清除规则”命令

12）选中单元格区域 A2: J12，单击两次“对齐方式”组中的“居中对齐”按钮，使表格内容居中，如图 8-9 所示。

学生成绩汇总表									
序号	学号	姓名	高数	英语	电工	三论	实训	实训成绩转换	平均成绩
1	31012101	王小丽	90	87	76	80	良	85	83.89
2	31012102	李芳	71	66	82	57	中	75	66.89
3	31012103	孙燕	83	55	93	79	良	85	76.78
4	31012104	李雷	83	80	85	91	优	95	86.56
5	31012105	刘明	51	70	87	62	及格	65	64.44
6	31012106	赵利	88	42	63	77	良	85	71.00
7	31012107	王一鸣	94	61	84	52	不及格	55	67.22
8	31012108	李大鹏	76	80	70	85	中	75	79.11
9	31012109	郑亮	89	92	96	93	优	95	92.44
10	31012110	孙志	78	94	89	90	良	85	87.56

图 8-9　表格内容格式化后效果图

8.2.3　利用 COUNTIF 函数统计分段人数

COUNTIF 函数是用来统计某个单元格区域中符合指定条件的单元格数目的函数。

COUNTIF 函数的语法：COUNTIF（Range，Criteria）

参数说明：Range 表示要计算其中非空单元格数目的区域（为了便于公式的复制，最好采用绝对引用）；Criteria 表示以数字、表达式或文本形式定义的条件。

分段统计考试成绩的人数及比例，有助于班主任开展工作。操作步骤如下。

1）在 D15 开始的单元格区域建立统计分析表，并为该区域添加边框、设置对齐方式，如图 8-10 所示。

2）单击 F17 单元格，切换到“公式”选项卡，单击“插入函数”按钮，打开“插入函数”对话框，在“选择函数”列表框中选择“COUNTIF”选项，如图 8-11 所示。单击“确定”按钮，打开“函数参数”对话框，将对话框中“Range”框内显示的内容修改为“$J$3: $J$12”，接着在“Criteria”框中输入条件“" >=90"”，如图 8-12 所示。单击“确定”按钮，统计出 90 分以上的人数。

学生平均成绩分段统计		
分数段	人数	比例
90分以上		
80-89分		
70-79分		
60-69分		
0-59分		
总计		
最高分		
最低分		

图 8-10　分段统计表

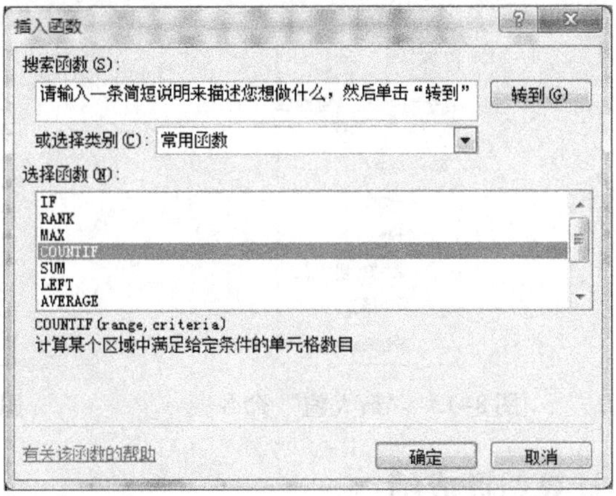

图 8-11　“插入函数”对话框

3）利用填充句柄将 F17 单元格中的公式复制到 F18 单元格，将公式中的“ >=90”改为“ >=80”，在公式后添加“ -COUNTIF($J$3: $J$12," >=90")，按〈Enter〉键，统计出平均分在 80 ~ 89 之间的人数。

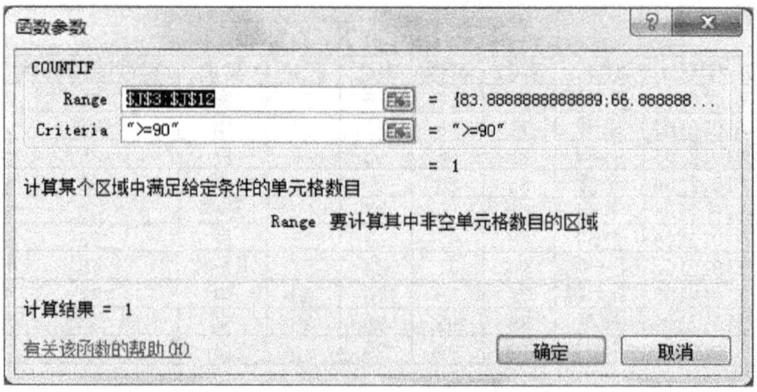

图 8-12　设置 COUNTIF 函数参数

4）将 F19、F20、F21 单元格中的公式分别设置为“ = COUNTIF($J$3: $J$12," >= 80") - COUNTIF($J$3: $J$12," >= 90")” “ = COUNTIF($J$3: $J$12," >= 60") - COUNTIF($J$3: $J$12," >= 70")”“ = COUNTIF($J$3: $J$12," < 60")”，统计各分数段的人数。

5）单击 F22 单元格，按〈Alt + Enter〉组合键，利用求和的快捷键求出总计。

6）单击 G17 单元格，在其中输入公式“ = E17/$E$22”，按〈Enter〉键统计出 90 分以上所占的比例。

7）利用控制句柄，自动填充其他分数段的比例数据。

8）选中单元格区域 G17: G22，切换到“开始”选项卡，单击“数字”功能组中的“数字格式”按钮，从下拉列表中选择“百分比”选项。单击“确定”按钮，数值均以百分比形式显示。

9）将光标移到 F23 单元格中，单击“公式”→“函数库”→“自动求和”下的箭头，在下拉列表中选择“最大值”选项，如图 8-13 所示。拖动鼠标选中平均成绩所在的单元格区域 J3: J12，按〈Enter〉键计算出平均成绩的最高分。

10）用同样的方法在 F24 单元格中求出平均成绩最低分，设置对齐效果后，如图 8-14 所示。

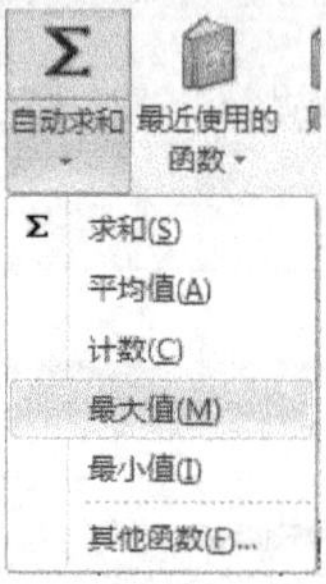

图 8-13　“最大值”命令

学生平均成绩分段统计		
分数段	人数	比例
90分以上	1	10.00%
80-89分	3	30.00%
70-79分	3	30.00%
60-69分	3	30.00%
0-59分	0	0.00%
总计	10	100.00%
最高分	92.44	
最低分	64.44	

图 8-14　分段统计效果图

8.2.4　计算总评成绩

学生的总评成绩是由德、智、体三方面的成绩以 2∶7∶1 的比例计算的。学生的德育分数是以 100 分为基础，根据学生的出勤、参加集体活动、获奖等情况，以班级制定的加、减分规则积累获得。为了班级之间具有参照性，需要以班级德育分数最高的学生为 100 分，然后按比例换算得到其他同学的分数。操作步骤如下。

1）打开工作簿文件“学生学期总评.xlsx”。

2）用鼠标右键单击E列，从快捷菜单中选择“插入”命令，在德育和文体之间插入一空列。

3）单击E2单元格，输入文本“德育换算分数”，在E3单元格中输入公式“=D3/MAX($D$3:$D$12)*100”，按〈Enter〉键，换算出该学生的德育分数。

4）利用控制句柄，自动填充其他学生换算后的德育分数。

5）用鼠标双击“学生学期总评”工作簿中的Sheet2工作表，将其重命名为“总评及排名”，并在A1单元格中输入文本“软件技术1班学生总评成绩及排名”。

6）将工作表“德育文体分数”中单元格区域A2:C12的内容复制到工作表“总评及排名”中以A2单元格开始的区域。

7）在D2:H2单元格区域中依次输入文本“德育”“智育”“文体”“总评”“排名”。

8）选择“德育文体分数”工作表中的E3:E12单元格区域（即德育换算分数），按〈Ctrl+C〉组合键进行复制，用鼠标右键单击“总评及排名”工作表中的D3单元格，在弹出的快捷菜单中选择粘贴选项中的“值”按钮，如图8-15所示。实现德育分数的复制。

图8-15　粘贴选项

9）选择“学生成绩单”工作簿中“课程成绩”工作表的单元格区域J3:J12，用同样的方法，将数值复制到“学生学期总评”工作簿中“总评及排名”工作表的以E3单元格开始的区域。

10）将工作表“德育文体分数”中的文体分数复制到工作表“总评及排名”中单元格F3开始的区域。

11）在工作表“总评及排名”的单元格G3中输入公式“=D3*0.2+E3*0.7+F3*0.1”，按〈Enter〉键，计算出序号为“1”的学生的总评成绩。

12）利用控制句柄，填充其他学生的总评成绩。

8.2.5　利用RANK函数排名

RANK函数的功能是返回某数字在一列数字中相对于其他数值的大小排位。

RANK函数的语法：RANK(number, ref, order)

参数说明：number是需要排名次的单元格名称或数值；ref是引用单元格（区域）；order是排名的方式，1表示由小到大，即升序，0表示由大到小，即降序。

学生总评成绩出来之后就可以利用RANK函数对其进行排序了，操作步骤如下。

1）单击H3单元格，单击“名称框”右侧的插入函数按钮fx，如图8-16所示。

2）在弹出的“插入函数”对话框中选择函数“RANK”，单击“确定”按钮，如图8-17所示，打开“函数参数”对话框。

3）在对话框中分别输入各参数，当光标位于number参数框时，单击单元格G3选中序号为“1”的学生的总评成绩；之后将光标移至ref参数框，选定区域G3:G12，并按〈F4〉键将其修改为绝对引用；最后将光标移至order参数框，输入“0”，如图8-18所示。单击“确定”按钮，计算出序号为“1”的学生排名。

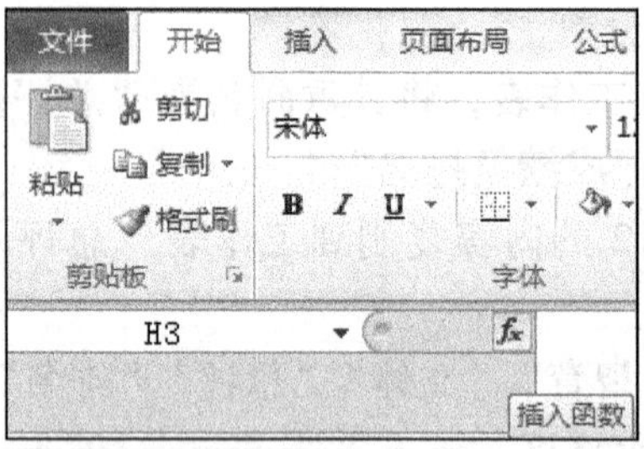

图 8-16 “插入函数”按钮

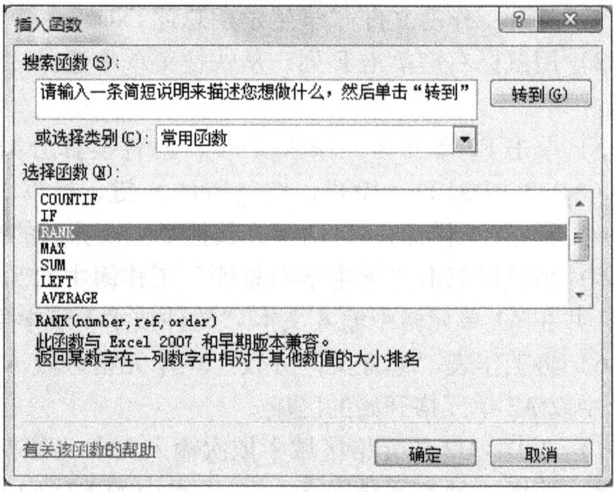

图 8-17 “插入函数”对话框

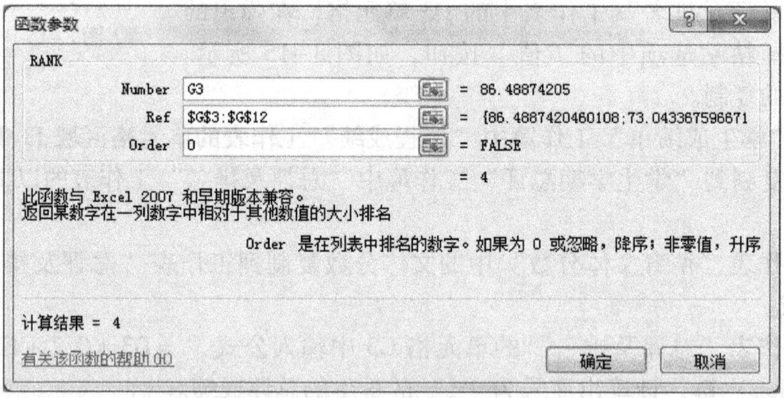

图 8-18 “函数参数”对话框

4）利用控制句柄填充其他学生的排名。

5）将 A1:H1 单元格进行合并居中，并设置文本字体为“黑体”，20 号字。

6）选中单元格区域“A2:H12”，为其设置边框，并将其中的内容“居中”对齐。

7）选中单元格区域“D3:G12”，为其设置数字格式，将数值保留两位小数。效果如图 8-2 所示。

8.3 实例小结

本实例中通过对学生考试成绩的统计与分析，让我们学到了 Excel 中公式和函数的使用、选择性粘贴、相对引用和绝对引用等。实际操作中需要注意以下问题。

1）选择性粘贴：在 Excel 2010 中，除了能够复制选中的单元格，还可以利用“选择性粘贴”进行有选择的复制，在“选择性粘贴”对话框的不同栏目的粘贴方式如下。

- “粘贴”栏：用于设置粘贴“全部”还是“公式”等选项。
- “运算”栏：如果选择了除“无”之外的单选按钮，则复制单元格中的公式或数值将与粘贴单元格中数值进行相应的运算。

- “跳过空单元”复选框：选中后，可以使目标区域单元格的数值不被复制区域的空白单元格覆盖。
- “转置”复选框：用于实现行、列数据的位置转换。

2）关于公式要注意以下几点：

- 公式以“=”开始，后面是用于计算的表达式。
- 公式输入完毕后，按〈Enter〉键或单击编辑栏中的“输入”按钮，即可在输入公式的单元格中显示出计算结果，公式内容显示在编辑栏中。
- 公式中的英文字母不区分大小写，运算符必须是半角符号；在输入公式时，可以使用鼠标直接选中参与计算的单元格，从而提高输入公式的效率。
- 编辑公式与编辑数据的方法相同。如果要删除公式中的某些项，可以在编辑栏中用鼠标选定它们，然后按〈Delete〉键。如果要替换公式中的某些部分，选定后进行修改即可。

3）相对引用、绝对引用和混合引用。

- 相对引用是指复制或移动公式时，引用单元格的行号、列标会根据目标单元格所在的行号、列标的变化自动进行调整。
- 绝对引用是指复制或移动公式时，不论目标单元格在什么位置，公式中引用单元格的行号和列标均保持不变。其表示方法是在列标和行号的前面都加上符号“$”，即表示为“$列标$行号”的方法。
- 混合引用是指在公式复制或移动时，引用单元格的行号或列标中只有一个进行自动调整，而另一个保持不变，其表示方法是在行号或列标二者之一前面加上符号“$”，即表示为“$列标行号”或“列标$行号”的方法。
- 将光标移至要转换引用方式的单元格地址，然后反复按〈F4〉键，可以在单元格地址引用的几种表示方法之间转换。
- 如果要引用其他工作表的单元格，则应在引用地址之前说明单元格所在的工作表名称，其形式为“工作表名!单元格地址”。

4）常见函数举例。

- SUM：一般格式是 SUM(计算区域)，功能是计算各参数的和，参数可以是数值或是对含有数值的单元格区域的引用。
- SUMIF：一般格式是 SUMIF(条件判断区域,条件,求和区域)，用于根据指定条件对若干单元格求和。其中，条件可以用数字、表达式、单元格引用或文本形式定义。
- SUMIFS：一般格式是 SUMIFS(求和区域,条件判断区域 1,条件 1,条件判断区域 2,条件 2,…)，用于根据多个指定条件对若干单元格求和。
- ABS：一般格式是 ABS(数字)，用于返回数字的绝对值。其中，数字是需要计算其绝对值的实数。
- INT：一般格式是 INT(数字)，功能是将数字向下取整为最接近的整数。其中，数字是需要进行向下舍入取整的实数。
- ROUND：一般格式是 ROUND(数字,位数)，功能是返回按指定位数进行四舍五入的数值。

- TRUNC：一般格式是 TRUNC(数字,[取整精度数字])，功能是将数字的小数部分截去，返回整数。其中［取整精度数字］为可选参数，用于指定取整精度的数字，默认为0。
- VLOOKUP：一般格式是 VLOOKUP(要查找的值,查找区域,数值所在列,匹配方式)，功能是按列查找，最终返回该列所需查询列序所对应的值。其中，匹配方式是一个逻辑值，如果为 TRUE 或 1，函数将查找近似匹配值，如果为 FALSE 或 0，则返回精确匹配。
- IF：一般格式是 IF(条件,为真时返回值,为假时返回值)，功能是执行真假判断，根据逻辑计算的真假值，返回不同的结果。
- NOW：一般格式是 NOW()，功能是返回系统当前的日期和时间。
- TODAY：一般格式是 TODAY()，功能是返回系统当前的日期。
- YEAR：一般格式是 YEAR(日期值)，功能是返回日期值中的年份。其中，日期值的格式为“年/月/日”或“年-月-日”的形式。
- AVERAGE：一般格式是 AVERAGE(计算区域)，功能是计算各参数的算术平均值。
- AVERAGEIF：一般格式是 AVERAGEIF(条件判断区域,条件,求平均值区域)，功能是用于根据指定条件对若干单元格计算算术平均值。
- COUNT：一般格式是 COUNT(计算区域)，功能是统计区域中包含数字的单元格的个数。
- COUNTIF：一般格式是 COUNTIF(计算区域,条件)，功能是统计区域内符合指定条件的单元格数目。其中，计算区域表示要计数的非空区域，空值和文本值将被忽略。
- MAX：一般格式是 MAX(计算区域)，功能是返回一组数值中的最大值。
- MIN：一般格式是 MIN(计算区域)，功能是返回一组数值中的最小值。
- RANK：一般格式是 RANK(查找值,参照的区域,排序方式)，功能是返回某数字在一组数字中相对其他数值的大小排名，当参数“排序方式”省略时，名次基于降序排列。
- LEN：一般格式是 LEN(文本串)，功能是统计字符串中的字符个数。
- LEFT：一般格式是 LEFT(文本串,截取长度)，功能是从文本的开始返回指定长度的子串。
- RIGHT：一般格式是 RIGHT(文本串,截取长度)，功能是从文本的尾部返回指定长度的子串。
- MID：一般格式是 MID(文本串,起始位置,截取长度)，功能是从文本的指定位置返回指定长度的子串。

5）在 Excel 表格中输入公式或函数后，其运算结果有时会显示为错误的值，要纠正这些错误值，必须先了解出现错误的原因，才能找到解决的方法。常见的错误值有以下几种。

- ####：出现该错误值的常见原因是单元格列宽不够，无法完全显示单元格中的内容或包含负的日期时间值，解决方法是调整单元格列宽或应用正确的数字格式、保证日期与时间公式的准确性。
- #VALUE!：当使用的参数或操作数值类型错误，以及公式自动更正功能无法更正公式时都会出现该错误值。解决方法是确认公式或函数所需的运算符和参数是否正确，并查看公式引用的单元格中是否为有效数值。

- #NULL!：当指定两个不相交的区域的交集时，将出现该错误值，产生错误值的原因是使用了不正确的区域运算符，交集运算符是分隔公式中引用的空格字符。解决方法是检查在引用连续单元格时，是否用英文状态下冒号分隔引用的单元格区域中的第一个和最后一个单元格，如未分隔或引用不相交的两个区域，请使用联合运算符（逗号“,”）将其分隔开来。
- #N/A：当公式中没有可用数值，以及 HLOOPUP、LOOPUP、MATCH 或 VLOOKUP 函数的 lookup_value 参数不能赋予适当的值时，将产生该错误值。遇到此情况时，可在单元格中输入“#N/A”，公式在引用这类单元格时将不进行数值计算，而是返回#N/A 或检查 lookup_value 参数值的类型是否正确。
- #REF!：当删除了其他公式所引用的单元格，或将已移动的单元格粘贴到其他公式所引用的单元格中，将出现该错误值，解决方法是更改公式，或在删除和粘贴单元格后恢复工作表中的单元格。

8.4 经验技巧

8.4.1 函数编辑技巧

1. 巧用 IF 函数清除 Excel 工作表中的“0”

有时，引用的单元格区域内没有数据，Excel 仍然会计算出一个结果“0”，这使得报表非常不美观。怎样才能去掉这些无意义的“0”呢？

利用 IF 函数可以有效地解决这个问题。

形如公式“=IF(SUM(B1:C1),SUM(B1:C1),“”)”所表示的含义为，如果单元格区域 B1:C1 内有数值且求和为真，其中的数值将被进行求和运算。否则，如果单元格区域 B1:C1 内没有任何数值或求和为假，那么存放计算结果的单元格显示为一个空白单元格。

2. 批量求和

对数字求和是经常遇到的操作。除传统的输入求和公式并复制外，对于连续区域求和可以采取如下方法：

假定求和的连续区域为 $m\times n$ 的矩阵，并且此区域的右侧一列和下面一行为空白，用鼠标将此区域选中并包含其右边一列或下面一行，也可以两者同时选中，单击“开始”→“编辑”→“∑自动求和”按钮，则在选中区域的右边一列或下面一行自动生成求和公式，并且系统能自动识别选中区域中的非数值型单元格，求和公式不会产生错误。

3. 对相邻单元格的数据求和

要将单元格区域 B2:B5 的数据之和填入单元格 B6 中，操作方法如下。

选定单元格 B6 并输入“=”，再双击“开始”选项卡中的求和符号“∑”；接着，选中 B2:B5 区域，这时在编辑栏和 B6 单元格中可以看到公式“=SUM(B2:B5)”，单击编辑栏中的“√”（或按〈Enter〉键）确认，公式建立完毕。此时，如果在 B2:B5 单元格区域中任意输入数据，它们的和立刻会显示在单元格 B6 中。

同样，如果要将单元格区域 B2: D2 的数据之和填入单元格 E2 中，也可采用类似的操作，但横向操作时要注意：对建立公式的单元格（该例中的 E2），一定要在“设置单元格格式”对话框中的“水平对齐”下拉列表中选择“常规”选项，以确保单元格内显示的公式不影响旁边的单元格。

如果要将单元格区域 C2: C5、D2: D5、E2: E5 的数据之和分别填入单元格 C6、D6 和 E6 中，则可以采取简捷的方法将公式复制到单元格 C6、D6 和 E6 中：先选取已建立公式的单元格 B6，按〈Ctrl + C〉组合键，再选中 C6: E6 单元格区域，按〈Ctrl + V〉组合键，即可将单元格 B6 中已建立的公式相对复制到单元格 C6、D6 和 E6 中。

4. 对不相邻单元格的数据求和

要将单元格 B2、C5 和 D4 中的数据之和填入单元格 E6 中，操作如下。

选定单元格 E6 并输入“ = ”，用鼠标双击求和按钮“∑”；接着单击单元格 B2，键入“,”，单击单元格 C5，键入“,”，单击单元格 D4，这时在编辑栏和单元格 E6 中可以看到公式“ = SUM(B2,C5,D4)”，按〈Enter〉键确认后，公式建立完毕。

5. 求和函数的快捷输入法

求和函数“SUM”可能是工作表中使用最多的函数了。有什么好办法来快速输入呢?

其实，“SUM”函数不必每次都直接输入，可以单击“开始”选项卡中的“∑”符号按钮来快速输入。当然，还有更快捷的键盘输入法，即先选择单元格，然后按下〈Alt + = 〉组合键即可。此时，不但可以快速输入函数名称，还能智能地确认函数的参数。

6. 快捷输入函数参数

系统提供的函数一般有多个参数，如何在输入函数时快速地查阅它的各个参数功能呢?

可以利用组合键来实现：

先在编辑栏中输入函数，然后按下〈Ctrl + A〉组合键，系统就会自动弹出该函数的参数输入选择框，可以直接利用鼠标单击来选择各个参数。

7. 在函数中快速引用单元格

在使用函数时，常常需要用单元格名称来引用该单元格中的数据。如果要引用的单元格太多、太散的话，那么逐个输入就会很麻烦。遇到这种情况时，可以试试下面的方法。

在编辑栏中直接输入如“ = SUM( )”的函数，然后将光标定位至小括号内，接着按住〈Ctrl〉键，在工作表中利用鼠标选择所有参与运算的单元格。此时，所有被选择的单元格都自动填入函数中，并用“,”自动分隔开。输入完成后按〈Enter〉键结束即可。

8. 快速找到所需的函数

函数应用是 Excel 中经常要使用的。可是，如果对系统提供的函数不是很熟悉，有什么办法可以快速找到需要的函数呢?

假如需要利用函数对数据进行排序操作，可以先单击编辑栏中的“插入函数”按钮，在对话框的“搜索函数”项下面直接输入所需的函数的功能，如直接输入“排序”两个字。然后单击“转到”按钮，对话框中就会列出几个用于排序的函数。单击某个函数，对话框中就会显示该函数的具体功能，如果觉得不够详细，还可以单击“有关该函数的帮助”链接来查看更详细的描述。

8.4.2 公式编辑技巧

1. 利用公式设置加权平均

加权平均在财务核算和统计工作中经常用到，并不是一项很复杂的计算，关键是要理解加权平均值其实就是总量值（如金额）除以总数量得出的单位平均值，而不是简单地将各个单位值（如单价）平均后得到的那个单位值。在 Excel 中可设置公式解决（其实就是一个除法算式），分母是各个量值之和，分子是相应的各个数量之和，其结果就是这些量值的加权平均值。

2. 用记事本编辑公式

在工作表中编辑公式时，需要不断查看行列的坐标。当公式很长时，编辑栏所占据的屏幕面积越来越大，可能刚好将列坐标遮挡住，非常不方便。能否用其他方法编辑公式呢？

打开记事本，在里面编辑公式，屏幕位置、字体大小不受限制，还有滚动条，其结果又是纯文本格式，可以在编辑后直接粘贴到对应的单元格中而无须转换，既方便又避免了以上不足。

3. 防止编辑栏显示公式

有时可能不希望让其他用户看到自己的公式，即单击选中包含公式的单元格，在编辑栏不显示公式。为防止编辑栏中显示公式，可按以下方法设置：

用鼠标右键单击要隐藏公式的单元格区域，从快捷菜单中选择“设置单元格格式”命令，切换到“保护”选项卡，选中“锁定”和“隐藏”复选框，然后单击“审阅”→“更改”→“保护工作表”选项，打开“保护工作表”对话框，选中“保护工作表及选定内容”复选框，单击“确定”按钮后，用户将不能在编辑栏或单元格中看到已隐藏的公式。

4. 在绝对与相对单元引用之间切换

当在 Excel 中创建一个公式时，该公式可以使用相对单元引用，即相对于公式所在的位置引用单元，也可以使用绝对单元引用，引用特定位置上的单元。公式还可以混合使用相对单元和绝对单元。绝对引用由 $ 后跟列标或行号表示，例如，$B$1 是对第一行 B 列的绝对引用。借助公式工作时，通过使用下面这个捷径，可以轻松地将行和列的引用从相对引用变到绝对引用，反之亦然，即选中包含公式的单元格，在公式栏中选择想要改变的引用，按下〈F4〉键切换。

5. 快速查看所有工作表公式

只需一次简单的键盘敲击，即可显示出工作表中的所有公式，包括 Excel 用来存放日期的序列值，操作方法为：要想在显示单元格值或单元格公式之间来回切换，只需按下〈Ctrl + `〉组合键。

6. 不输入公式直接查看结果

当要计算工作表中的数据时，一般利用公式或函数得到结果。假如仅仅只是想查看一下结果，并不需要在单元格中建立记录数据，有什么办法实现吗？

可以选择要计算结果的所有单元格，然后看看编辑窗口最下方的状态栏上，是不是自动显示了“求和 = ?”的字样？如果还想查看其他运算结果，只需移动鼠标指针到状态栏任意区域，然后用鼠标右键单击，在弹出的快捷菜单中选择要进行相应运算操作的命令，在状态栏即可会显示相应的计算结果，这些操作包括均值、计数、计数值和求和等。

7. 在公式中引用其他工作表单元格数据

公式中一般可以用单元格符号来引用单元格的内容，但通常位于同一个工作表中。如果要在公式中引用其他工作表中的单元格，该如何实现呢？

要引用其他工作表的单元格可以使用以下方法来表示：

工作表名称 + “!” + 单元格名称。如要将 Sheet1 工作表中的 A1 单元格的数据和 Sheet2 工作表中的 B1 单元格的数据相加，可以表示为“ = Sheet1 ! Al + Sheet2 ! B1”。

8.5 拓展练习

1）打开“原始成绩册”工作簿，按照如图 8-19 所示的效果，进行以下设置。

2014年下期高一·一班成绩册

学号	姓名	语文	数学	英语	物理	化学	合计	排名
001	李凤	120	140	99	123	67	549	3
002	蒋强	78	50	120	110	90	448	11
003	王东	64	80	56	50	50	300	18
004	谢静	113	50	59	86	56	364	14
005	李好	140	113	102	104	140	599	1
006	张玉	120	120	105	90	102	537	5
007	梦娜	65	40	90	80	56	331	15
008	李小琴	78	50	50	40	90	308	17
009	罗玉	95	56	80	79	89	399	12
010	王玉龙	96	40	50	50	56	292	19
011	张成	78	120	110	102	98	508	7
012	杨洋	102	50	89	105	50	396	13
013	伍锐	105	102	98	89	78	472	10
014	杨伟	41	45	80	70	50	286	20
015	胡乐	89	111	105	90	92	487	8
016	余新科	120	78	87	95	96	476	9
017	刘琴	120	89	114	108	102	533	6
018	李小小	111	120	104	105	100	540	4
019	杨阳	93	50	70	48	56	317	16
020	蔡琴	96	123	110	120	110	559	2
语文成绩最高分		140						
总成绩最低分		286						

图 8-19 练习效果图 1

① 添加“合计”“排名”两列，并分别利用 SUM、RANK 函数求出每位同学的总成绩和排名。

② 在表格下方添加“语文成绩最高分”“总成绩最低分”两行内容，利用 MAX、MIN 函数分别求出最高分和最低分。注意：两个函数的参数不同。

③ 对表格进行格式化设置。

2）王莉供职于一家电器商场，现要对本季度各产品的销售情况进行统计。请你根据电器销量表（“Excel. xlsx”文件），按照如下要求完成统计和分析工作。

① 请在“电器销量”工作表的“季度平均销量”列中，使用 AVERAGE 函数完成季度平均销量的计算；在“季度总销量”列中，使用 SUM 函数完成总销量的统计。

② 请对“电器销量”工作表进行格式调整，通过套用表格格式的方法将所有的电器销量记录调整为一致的外观格式，并将“季度平均销量”和“季度总销量”列所包含的单元

格调整为“数值数字格式（包含两位小数）”。

③ 运用公式计算工作表“电器销量”中 H 列的销售额，要求在公式中通过 VLOOKUP 函数自动在工作表“电器价格”中查找相关商品的单价。效果如图 8-20 所示。

	A	B	C	D	E	F	G	H
1	分店	产品名称	1月销量	2月销量	3月销量	季度总销量	季度平均销量	季度总销售额
2	分店4	料理机	95	34	70	199.00	66.33	45770
3	分店2	电风扇	90	52	70	212.00	70.67	10600
4	分店3	空气净化器	72	52	73	197.00	65.67	137900
5	分店3	剃须刀	71	54	93	218.00	72.67	61040
6	分店2	电饼铛	79	55	81	215.00	71.67	25800
7	分店4	空气净化器	73	56	91	220.00	73.33	154000
8	分店1	电饭煲	52	60	70	182.00	60.67	58240
9	分店2	电火锅	70	60	52	182.00	60.67	20020
10	分店3	豆浆机	70	60	52	182.00	60.67	69160
11	分店4	电话机	81	64	96	241.00	80.33	13255
12	分店3	电火锅	73	64	82	219.00	73.00	24090
13	分店4	剃须刀	60	64	69	193.00	64.33	54040
14	分店2	空气净化器	72	65	83	220.00	73.33	154000
15	分店2	料理机	94	66	83	243.00	81.00	55890
16	分店3	加湿器	88	68	89	245.00	81.67	68600
17	分店4	面包机	94	68	71	233.00	77.67	69900
18	分店4	微波炉	64	68	80	212.00	70.67	74200
19	分店2	咖啡机	85	69	81	235.00	78.33	183300
20	分店1	电烤箱	81	71	94	246.00	82.00	147600
21	分店1	面包机	90	73	95	258.00	86.00	77400
22	分店2	电饭煲	64	75	96	235.00	78.33	75200
23	分店3	电饭煲	66	75	95	236.00	78.67	75520
24	分店4	电热毯	96	75	64	235.00	78.33	23500
25	分店3	饮水机	55	75	89	219.00	73.00	78840
26	分店4	电饭煲	69	76	34	179.00	59.67	57280
27	分店1	微波炉	49	79	72	200.00	66.67	70000
28	分店3	微波炉	60	79	88	227.00	75.67	79450
29	分店4	电火锅	76	80	94	250.00	83.33	27500

图 8-20　练习效果图 2

实例9　销售图表制作

9.1　实例简介

9.1.1　实例需求与展示

宏宇家电销售中心2014年前三个季度的家电销售情况已出炉。公司秘书部小孙需要把前三季度的销售情况做个汇总，并制成直观性比工作表更强的柱状图，如图9-1所示。后来她又添加了第四季度的销售数据，并将图表修改为折线图，如图9-2所示。对图表做适当的格式化处理后，打印出来进行上报，以利于公司高层制定下一阶段的促销、进货等日常运作安排。

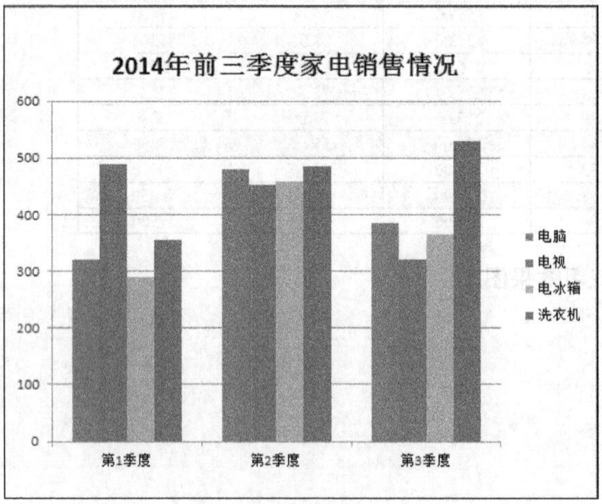

图9-1　制作的柱状图

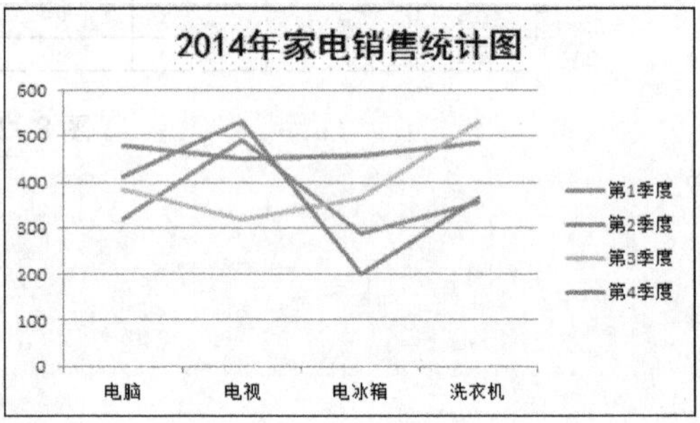

图9-2　上报的折线图

9.1.2　知识技能目标

涉及的主要知识点：图表的创建、图表中数据的添加、更改图表类型、图表的打印。

知识技能目标：

- 掌握图表的创建与编辑。
- 掌握更改图表类型。
- 掌握设置图表选项。
- 掌握美化图表标题。
- 掌握图表的打印。

9.2 实例实现

图表是一种很好地将对象属性数据直观、形象地“可视化”的手段。在日常工作中，常常会遇到分析销售情况、分析学生成绩等情况，采用图表分析会更加直观。

9.2.1 创建销售统计柱形图

在创建图表之前，先创建一个新的工作簿并进行相关的格式设置。操作步骤如下。

1）新建 Excel 工作簿“2014 年家电销售情况统计表 . xlsx”，在工作表 Sheet1 中输入数据，对表格进行居中、添加边框等相关设置，如图 9-3 所示。

2014年前三季度家电销售情况			
类别	第1季度	第2季度	第3季度
电脑	320	480	385
电视	490	452	320
电冰箱	289	458	365
洗衣机	355	486	530

图 9-3 “家电销售统计表”工作表

2）将单元格区域 A2: D6 选中，切换到“插入”选项卡，单击“图表”功能组中的“柱形图”按钮，从下拉列表中选择“簇状柱形图”选项，图表在工作表中创建完成，如图 9-4 所示。

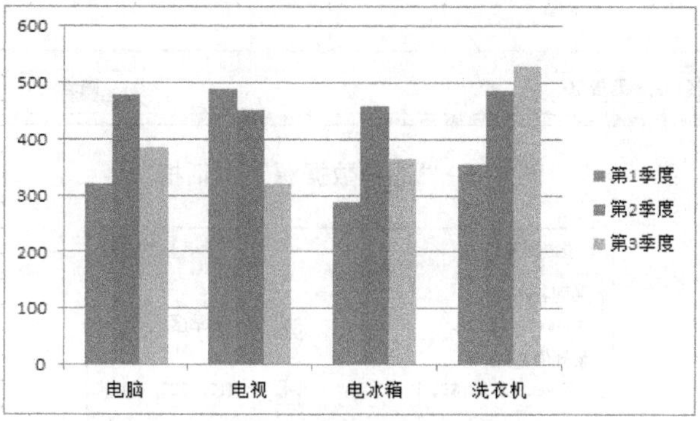

图 9-4 初步制作的销售统计柱形图

3）单击图表，切换到“布局”选项卡，单击“标签”功能组中的“图表标题”按钮，从下拉列表中选择“图表上方”选项，用鼠标在文字“图表标题”中单击，重新输入标题文本“2014 年前三季度家电销售情况”。

4）将鼠标指针移动到图表的边框上，当指针变为十字形箭头时，拖动鼠标到合适的位置。

9.2.2 向图表中添加数据

小孙正在制作图表的时候，部门主管又将第 4 季度的销售数据传给了她，要求她将这些数据也反映到图表中，小孙对工作表进行了重新编辑，如图 9-5 所示，并将数据追加到了图表中。操作步骤如下。

2014年家电销售情况				
类别	第1季度	第2季度	第3季度	第4季度
电脑	320	480	385	410
电视	490	452	320	530
电冰箱	289	458	365	200
洗衣机	355	486	530	365

图 9-5　添加数据后的工作表

1）用鼠标右键单击图表的图表区，从快捷菜单中选择“添加数据”命令，打开“选择数据源”对话框，如图 9-6 所示。

2）单击“列系名称”折叠按钮，选择单元格 E2，单击“系列值”折叠按钮，选择 E3∶E6 单元格区域，如图 9-7 所示。依次单击“确定”按钮，完成图表中的数据添加。

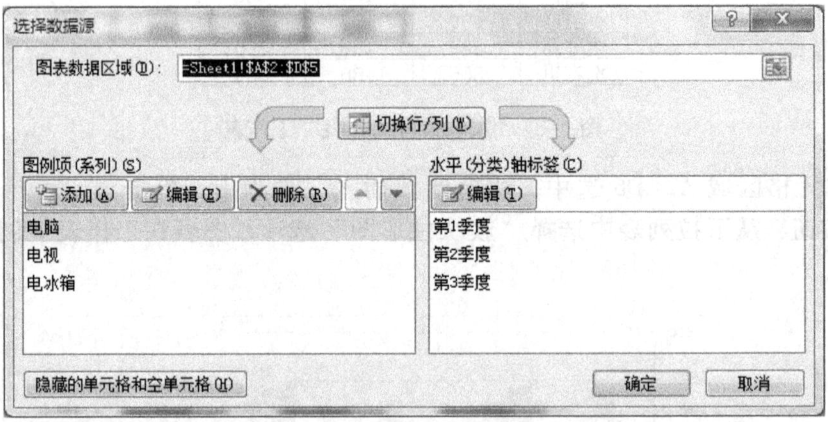

图 9-6　“选择数据源”对话框

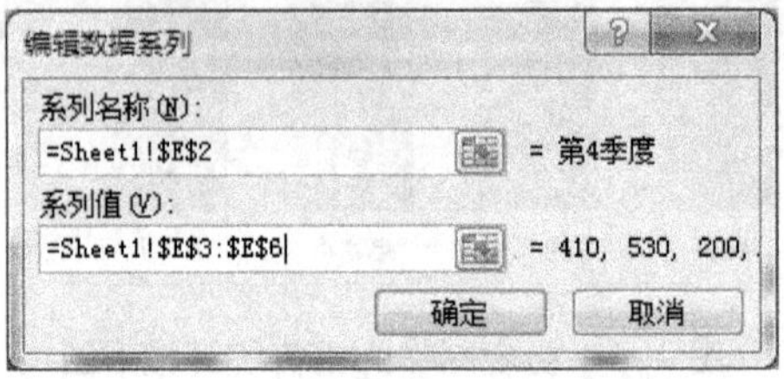

图 9-7　“编辑数据系列”对话框

9.2.3　图表格式化

（1）设置图表标题

先将图表标题修改为“2014 年家电销售情况”，用鼠标右键单击图表标题，在弹出的快捷菜单中选择“字体”命令，打开“字体”对话框，在“字体”选项卡中设置西文、中文字体均为“黑体”，大小为 18，加粗，如图 9-8 所示。单击“确定”按钮，完成对图表标题字体的设置。

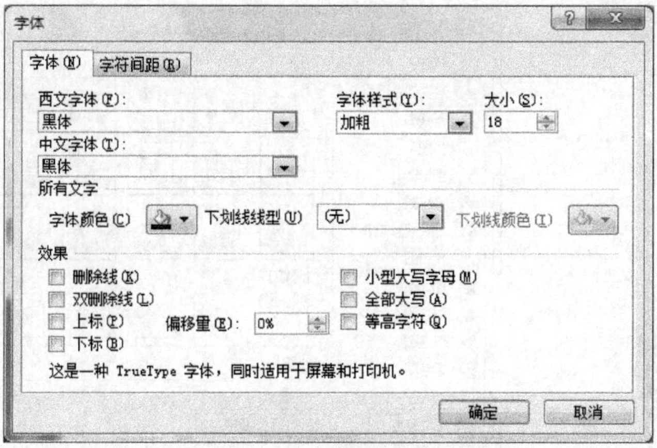

图 9-8　设置图表标题的字体

用鼠标右键单击图表标题，在弹出的快捷菜单中选择“设置图表标题格式”命令，打开“设置图表标题格式”对话框，如图 9-9 所示。对图表标题进行填充设置，效果如图 9-10 所示。

图 9-9　“设置图表标题格式”对话框

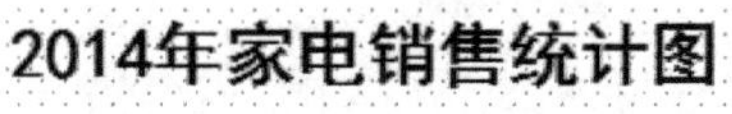

图 9-10　设置填充后效果图

（2）更改图表类型

当统计数据较多时，图表的直观性下降，如将图表的类型修改为折线图，则能更好地反映数据的变化趋势。操作步骤如下。

选中图表，在“图表工具”的“设计”选项卡中，单击“类型”功能组中的“更改图表类型”按钮，如图 9-11 所示。打开“更改图表类型”对话框，如图 9-12 所示。在“图表类型”列表框中选择“折线图”选项，接着从右侧列表框“折线图”中选择“折线图”选项。单击“确定”按钮，实现图表类型的转换。

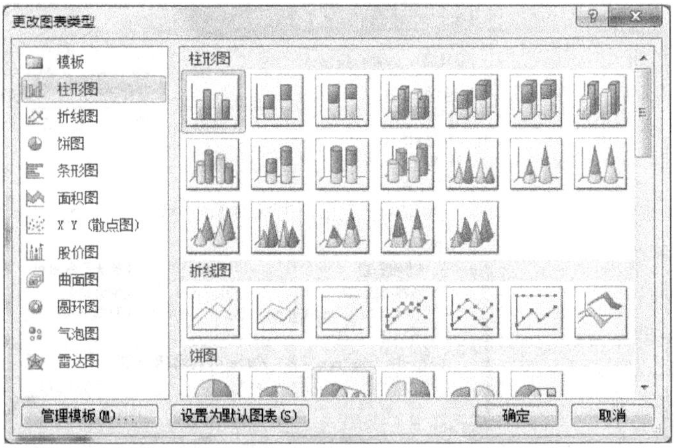

图 9–11 “更改图表类型”按钮

图 9–12 “更改图表类型”对话框

(3) 交换统计图表的行和列

要显示每一种家电销售情况的趋势，须将图表中的行和列进行交换。操作方法如下。

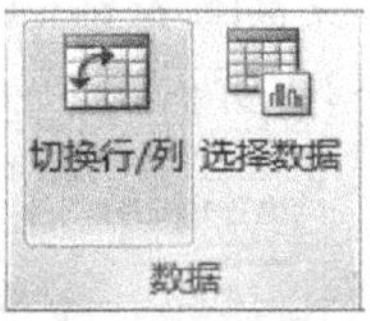

图 9–13 “切换行/列”按钮

单击图表，在“图表工具”的“设计”选项卡中，单击“数据”功能组中的“切换行/列”按钮，如图 9–13 所示，即可实现图表中行与列的互换效果，如图 9–2 所示。

9.2.4 图表打印

如需单独打印图表，操作步骤如下。

1）单击表格中的图表，切换至“文件”选项卡，选择“打印”命令，如图 9–14 所示。

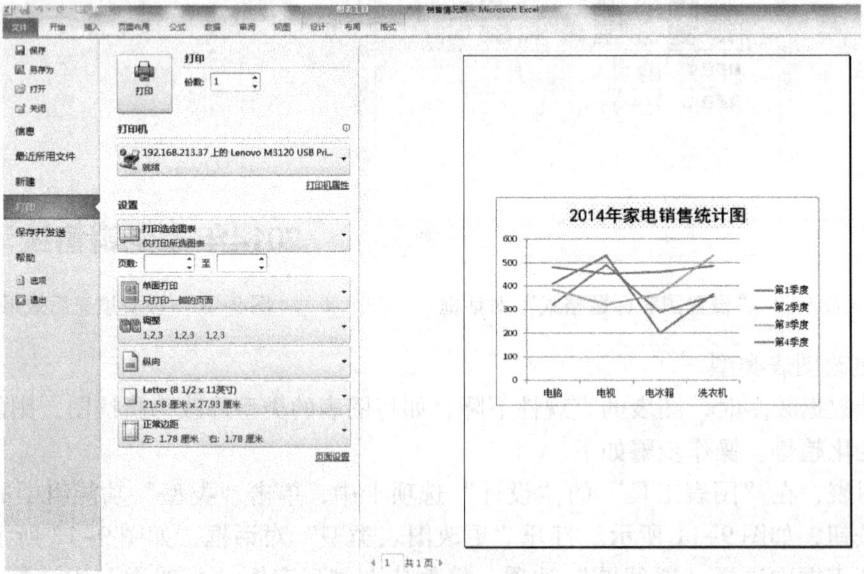

图 9–14 打印设置

2）单击“页面设置”链接，弹出“页面设置”对话框，切换至“页眉/页脚”选项卡，单击“自定义页脚”按钮，如图9-15所示。打开“页脚”对话框，在“左”文本框中输入公司名称，在“中”文本框内输入“制作人：小孙”，在“右”文本框内输入“制作日期:”，然后单击“插入日期”按钮，结果如图9-16所示。依次单击“确定”按钮，完成页面设置。

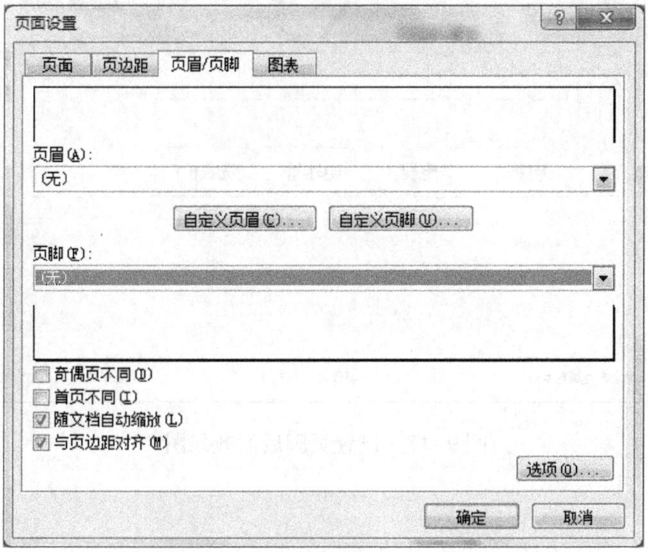

图9-15 “页面设置”对话框

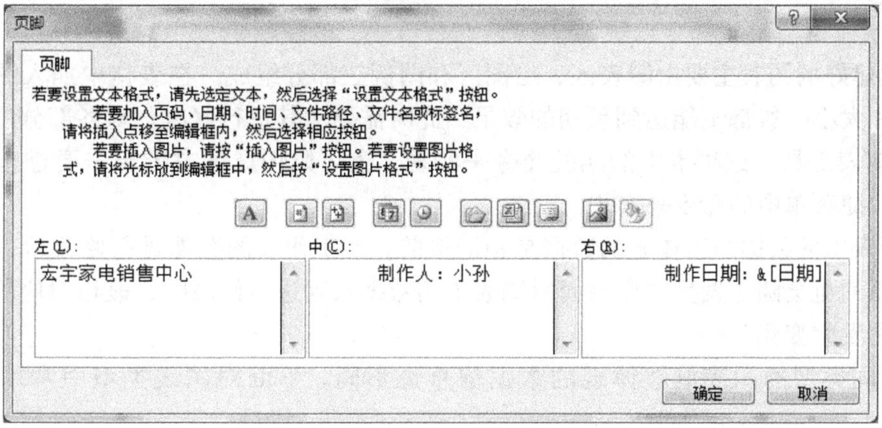

图9-16 设置页脚

3）设置完成后，效果如图9-17所示。

4）如需打印整个工作表，则单击工作表的任意单元格，从“文件”选项卡中选择“打印”命令即可。

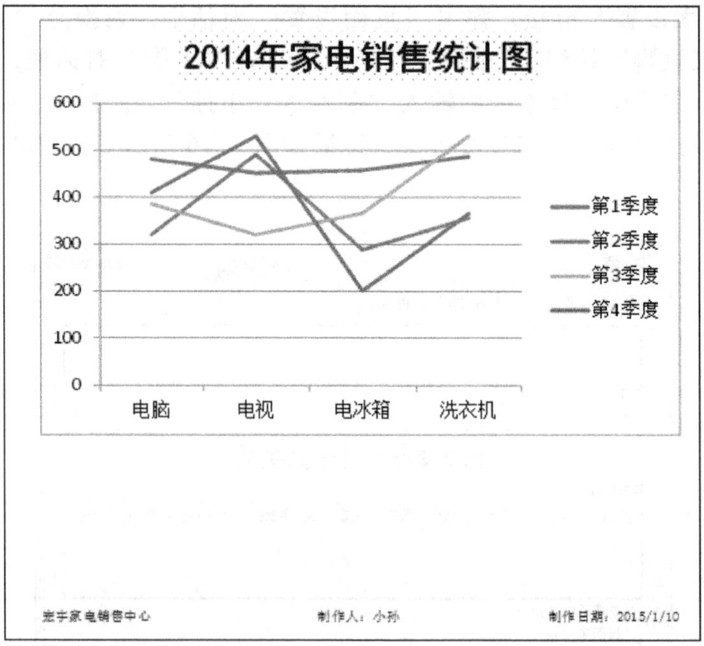

图 9-17　设置页脚后的效果图

9.3　实例小结

本实例主要通过 Excel 图表的制作，学习图表的相关操作。操作中需要注意以下几点：

1）创建好的图表主要由图表区、绘图区和图例三部分组成。在表格中插入图表后，默认的位置和大小一般都不能达到预期的效果，此时需要对其进行修改。对各部分的操作既可以通过“图表工具”选项卡中的相关命令来实现，也可以用鼠标右键单击要进行修改的部分，使用快捷菜单中的命令来实现。

2）图表中的数据与工作表的数据是相链接的，对工作表的数据进行修改后，图表中对应的数据系列也会随之发生改变；而对图表中的数据系列进行修改时，表格对应单元格的数据也会随之发生变化。

3）不同类型的图表能够体现的数据信息也不同。下面对图表类型中常用类型进行介绍。

- 柱形图：它是最常用的图表类型之一，用来显示一段时间内数据的变化或者描述项目之间数据的比较。
- 条形图：用来描绘各项目之间数据的差别情况，强调在特定时间点上分类轴和数据值的比较。
- 折线图：用于以等时间间隔显示数据的变化趋势，强调的是时间性和变动性。
- 饼图：用于显示数据系列中的项目和该项目数据总和的比例关系。
- XY 散点图：可以显示单个或多个数据系列的数据在某种间隔条件下的变化趋势。

- 面积图：用于显示每个数值的变化值，强调数据随时间变化的幅度。
- 圆环图：用于显示数据系列相对于中心点以及相对于彼此数据类别间的变化。
- 雷达图：用于比较若干数据系列的聚合值。
- 曲面图：以平面来显示数据变化趋势，相同的颜色或图案用于表示在同一取值范围内的区域。
- 气泡图：它在散点图的基础上附加了数据系列，气泡图中的两个轴都是数据轴。
- 股价图：用于描绘股票的走势。
- 圆柱图、圆锥图、棱锥图：这3种类别基本相同，可看作是“三维柱形图”和“三维条形图”的变形，每一种图表又有7种子类型，与柱形图和条形图的子类型基本一致。

9.4 经验技巧

1. 将单元格中的文本链接到图表文本框

如果希望在图表文本框中显示某个单元格中的内容，同时还要保证它们的修改保持同步，只要将该单元格与图表文本框建立链接关系即可，具体操作如下：

首先单击选中该图表文本框，然后在系统的编辑栏中输入一个“=”符号，再单击选中需要链接的单元格，最后按下〈Enter〉键即可。此时图表中会自动生成一个文本框，内容就是刚才选中的单元格中的内容。如果下次要修改该单元格的内容，图表中文本框的内容也会相应地被修改。

2. 利用组合键直接在工作表中插入图表

有比用选项卡命令按钮插入图表更快捷的方式吗？

当然有，那就是利用组合键。先选择要创建图表的单元格区域，然后按下〈Alt + F1〉组合键，即可快速建立一个图表。

3. 重新设置系统默认的图表

当用组合键创建图表时，系统总是给出一个相同类型的图表。要修改系统的默认图表类型，可以执行以下操作：

首先选择一个创建好的图表，然后单击鼠标右键，在弹出的菜单中选择“更改图表类型”命令，再在弹出的对话框中选择一种目标图表类型即可。

4. 轻松调整图表布局

在工作表中插入图表后，还可进行布局调整，操作方法如下：

选中图表，单击“设计”→“图表布局”→“快速布局”按钮，在弹出的下拉列表中选择需要的布局选项即可。

5. 快速设置图表样式

可以为图表轻松套用Excel 2010提供的多种内置图表样式，操作方法如下：

选中图表，选择“设计”→“图表样式”组中的样式即可。

6. 快速调整图例位置

默认情况下，图例位于图表区域的右侧，用户可根据需要调整图例的位置，操作方法如下：

选中图例，单击鼠标右键，在弹出的快捷菜单中选择“设置图例格式”命令，弹出“设置图例格式”对话框，在右侧的“图例位置”选项区中选中“底部”“靠上”“靠左”等单选按钮即可。

7. 直接为图表增加新的数据系列

如果不重新创建图表，要为该图表添加新的单元格数据系列，该如何实现？

可以用鼠标右键单击图表，在快捷菜单中选择“选择数据“命令，打开“选择数据源”对话框，单击“添加”按钮，选择目标数据源区域即可。

9.5 拓展练习

1）制作万达汽车有限公司 2014 年汽车销量图表，效果如图 9-18 所示。要求如下。

① 创建空白工作簿，在 Sheet1 工作表中输入数据，并进行格式化设置。

② 创建“二维柱形图”中的“簇状柱形图”。

③ 为创建的图表添加标题，并将标题字体设置为“宋体”，字号为 16，字体颜色为“红色”。

④ 为图表区进行“形状填充”，样式为“纹理”→“羊皮纸”。

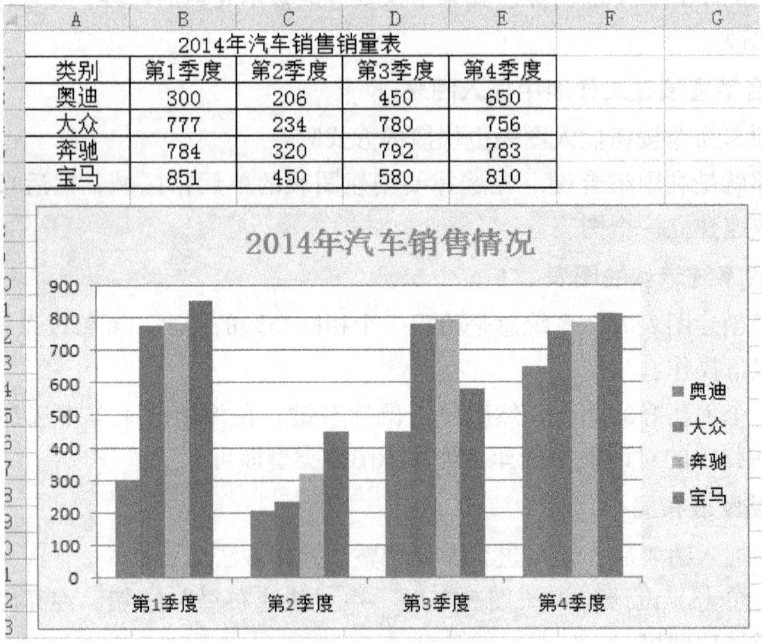

2014年汽车销售销量表

类别	第1季度	第2季度	第3季度	第4季度
奥迪	300	206	450	650
大众	777	234	780	756
奔驰	784	320	792	783
宝马	851	450	580	810

图 9-18　汽车销售效果图

2）根据“招聘费用预算表.xlsx”制作饼图，如图 9-19 所示。

要求：用 SUM 函数计算总费用，之后插入饼图。

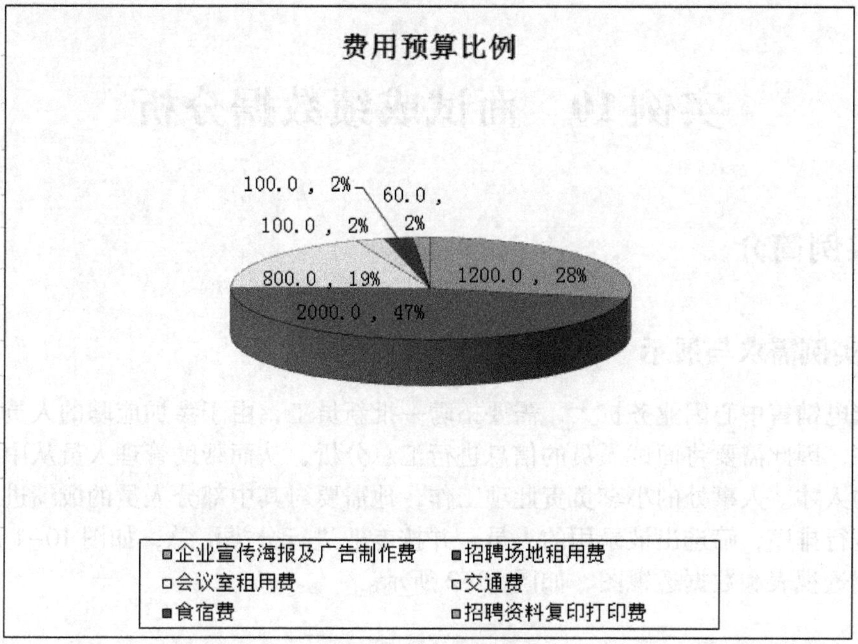

图 9-19　费用预算饼图

实例 10　面试成绩数据分析

10.1　实例简介

10.1.1　实例需求与展示

宏宇家电销售中心因业务扩大，需要招聘一批新员工，由于参加应聘的人员众多，且能力参差不齐，因此需要将面试人员的信息进行汇总分析，从而帮助管理人员从中挑选出适合企业发展的人才。人事处的小李负责此项工作，他需要对其中部分人员的成绩进行修改，之后对数据进行排序，筛选出被录用的人员，并按专业进行分类汇总，如图 10–1 所示。最后制作出数据透视表和数据透视图，如图 10–2 所示。

	A	B	C	D	E	F	G	H	I
1	面试人员汇总表								
2	序号	姓名	性别	出生年月	专业	应聘职位	笔试成绩	面试成绩	总成绩
3	16	罗杉杉	男	1985/6/8	中文专业	行政主管	32.73	49.58	82.31
4	4	喻刚	男	1988/3/20	中文专业	行政主管	35.00	49.00	84.00
5	2	田蓉	女	1999/6/13	中文专业	行政主管	43.00	47.00	90.00
6	20	罗乐	男	1988/3/1	中文专业	总经理助理	46.44	46.18	92.62
7	1	陈少华	男	1988/3/26	中文专业	文案专员	45.00	43.00	88.00
8	14	菜谢华	男	1988/9/15	中文专业	行政主管	49.63	40.71	90.34
9	19	巩新松	男	1985/12/6	中文专业	行政主管	30.69	35.34	66.03
10	22	章昭平	男	1988/3/29	中文专业	行政主管	36.96	33.17	70.13
11	24	程蕊	女	1984/3/9	中文专业	行政主管	29.13	32.30	61.43
12					中文专业 最大值		49.63	49.58	
13	12	杨丽华	女	1988/5/6	文秘专业	文案专员	44.17	43.37	87.54
14	25	曾洋洋	女	1986/2/15	文秘专业	文案专员	48.26	41.05	89.31
15	21	谢琴琴	女	1989/5/6	文秘专业	行政主管	39.95	39.15	79.10
16	26	周前梅	女	1985/3/6	文秘专业	文案专员	42.72	38.55	81.27
17	17	王洋	男	1987/2/11	文秘专业	总经理助理	47.10	37.07	84.17
18	13	沈圆	女	1987/10/29	文秘专业	总经理助理	27.78	37.00	64.78
19	27	郑悦	女	1987/2/16	文秘专业	文案专员	42.46	36.30	78.76
20	6	白静	女	1988/5/21	文秘专业	文案专员	33.05	34.57	67.62
21	23	宋杰新	男	1987/2/4	文秘专业	总经理助理	37.25	30.05	67.30
22	18	田莉	女	1988/3/27	文秘专业	总经理助理	29.46	30.05	59.51

图 10–1　面试人员分类汇总统计图

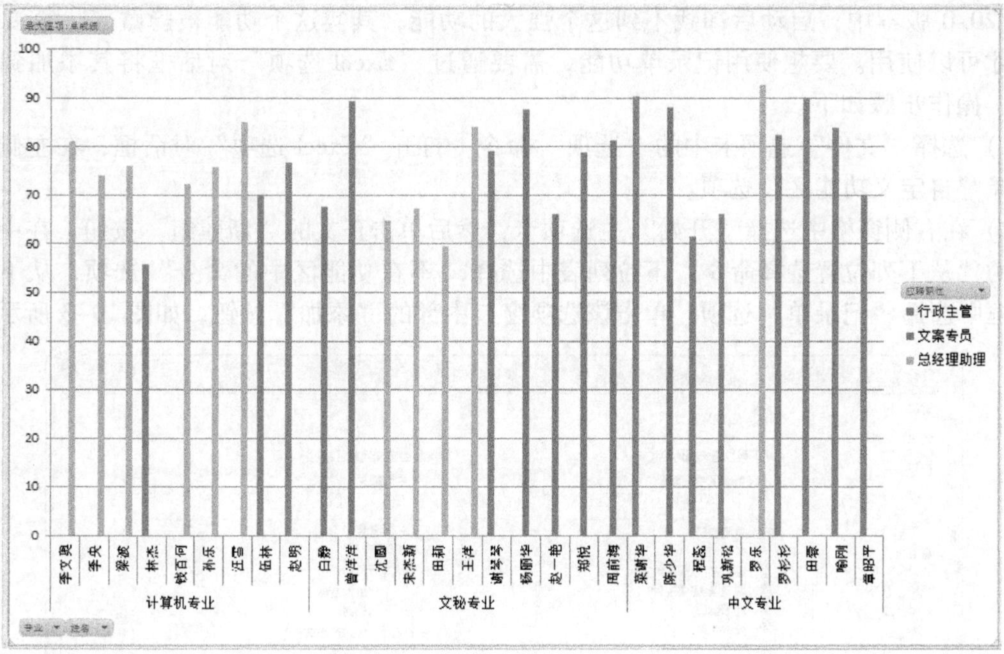

图 10-2　数据透视图

10.1.2　知识技能目标

涉及的知识点主要有：记录单的使用、排序、筛选、分类汇总、数据透视表和数据透视图。

知识技能目标：

- 掌握数据记录单的使用。
- 掌握数据的排序。
- 掌握数据的筛选。
- 掌握数据的分类汇总。
- 掌握数据透视表、数据透视图的创建。

10.2　实例实现

Excel 具有强大的数据管理功能，通过它能轻松地完成复杂的数据管理、统计工作，特别是在处理庞大数据量的表格时该功能显得尤为重要。

10.2.1　利用记录单管理数据

在大型工作表中，向一个数据量较大的工作表中插入一行新记录的过程中，有许多时间白白花费在来回切换行和列的位置上，在对数据进行修改、查询时将会非常不方便，而 Excel 的“记录单”功能可以帮助用户在一个小窗口中完成输入数据的工作，不必在长长的工作表中进行输入，使用记录单操作工作表中的数据记录相对更方便、快捷。但在

Excel 2010 版本中，启动后却找不到这个强大的功能，其实这个功能被隐藏了，需要手动打开才可以使用。要想使用记录单功能，需要通过“Excel 选项”对话框将其添加到功能组中，操作步骤如下。

1）选择“文件”选项卡中的“选项”命令，打开“Excel 选项”对话框，在左侧窗格中选择“自定义功能区”选项。

2）在右侧窗格中选择“开始”主选项卡，然后单击正文的“新建组”按钮，在中间窗格中的“从下列位置选择命令”下拉列表中选择“不在功能区中的命令”选项，从下面的列表框中选择“记录单”选项，单击该选项窗口中部的“添加”按钮，如图 10-3 所示。

图 10-3 “Excel 选项”对话框

3）单击“确定”按钮，“记录单”功能按钮被添加到“开始”选项卡中，如图 10-4 所示。

图 10-4 添加“记录单”后的效果

记录单添加完成以后就可以利用记录单进行数据管理。操作步骤如下。

1）打开“面试人员成绩表 .xlsx”工作簿，在“Sheet1”工作表中选择包含数据信息的任意单元格，然后单击“开始”选项卡中的“记录单”按钮，打开“记录单”对话框。

2）在打开的“记录单”对话框中单击右侧的“条件”按钮，打开 Criteria 查找对话框，在“姓名”文本框中输入关键字“王洋”，然后按〈Enter〉键将该条记录的所有数据信息显示出来，如图 10-5 所示。

3）将插入点定位到“笔试成绩”文本框中，利用〈Delete〉键将原始成绩删除，然

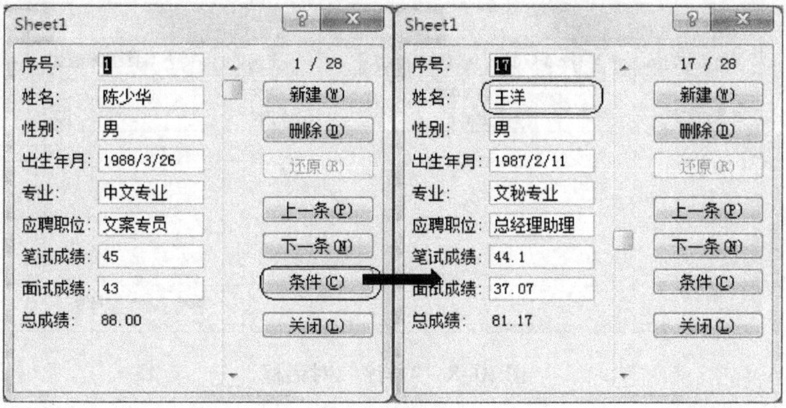

图 10-5　查找要修改的记录

后重新输入新的笔试成绩“47.1”，单击“新建”按钮，完成对王洋的笔试成绩的修改。

4）在打开的“新建记录”对话框中输入新添加记录的相关数据，如图 10-6 所示，然后按〈Enter〉键将记录添加到工作表中。

5）单击“新建记录”对话框中的“关闭”按钮，返回表格中查看修改和添加记录后的效果。

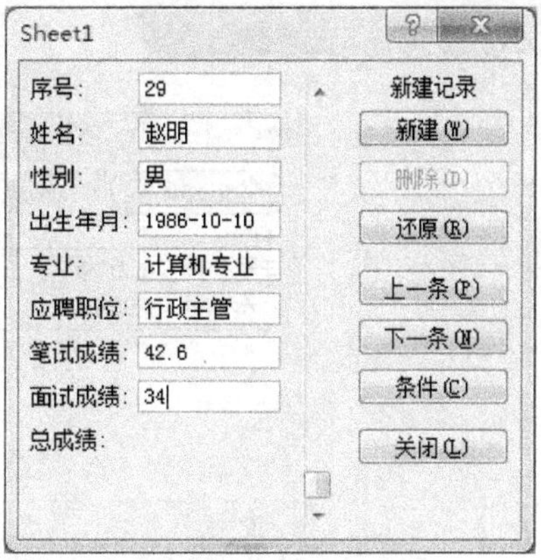

图 10-6　添加新记录

10.2.2　数据排序

排序是指按指定的字段值重新调整记录的顺序，这个指定的字段称为排序关键字。通常数字由小到大、文本按照拼音字母顺序、日期从最早的日期到最晚的日期的排序称为升序，反之称为降序。另外，若要排序的字段中含有空白单元格，则该行数据总是排在最后。排序分为简单排序和高级排序。简单排序的操作很简单，单击需要排序的列中的任意单元格，然后切换到“数据”选项卡，单击“排序和筛选”功能组中的“升序”或“降序”按钮即可，如图 10-7 所示。

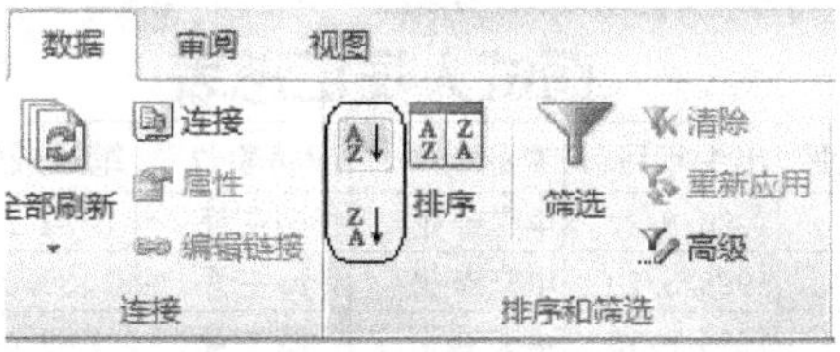

图 10-7　排序按钮

本实例中，当表格中出现相同的数据时，简单排序无法满足实际要求，需要通过高级排序的方式对表格中的“面试成绩”进行降序排列，操作步骤如下。

1）选择需要排序的单元格区域 A3:I31，切换到“数据”选项卡，单击“排序和筛选”功能组中的“排序”按钮，打开“排序”对话框，如图 10-8 所示。

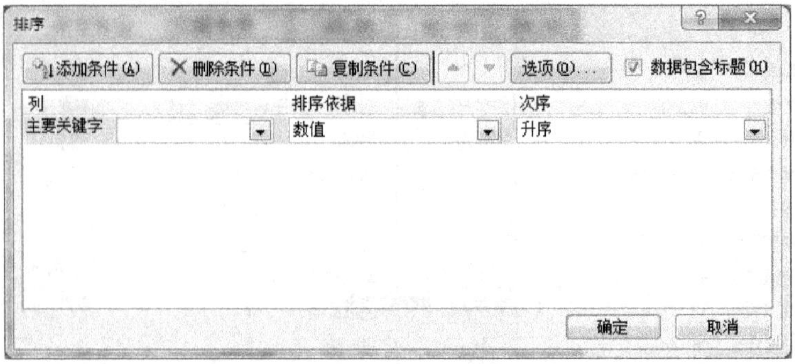

图 10-8 “排序”对话框

2）单击“添加条件”按钮，在“主要关键字”下拉列表中选择“面试成绩”选项，然后在“次序”栏所在的下拉列表中选择“降序”选项；在“次要关键字”下拉列表中选择“笔试成绩”选项，然后在“次序”栏所在的下拉列表中选择“降序”选项，如图 10-9 所示。

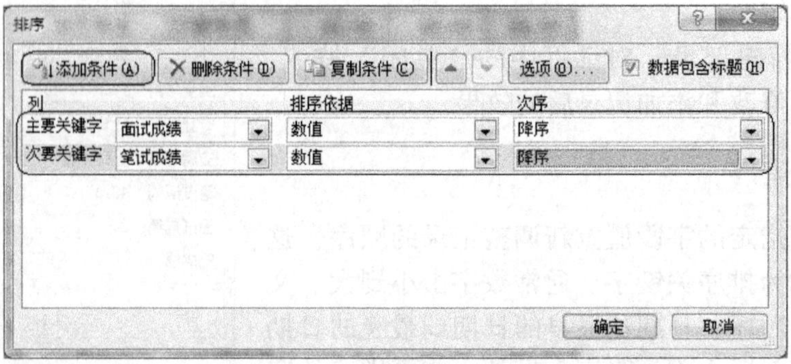

图 10-9 设置排序关键字

3）返回工作表后，面试成绩将按降序方式进行排列，当遇到相同数据时，再根据笔试成绩进行降序排列，效果如图 10-10 所示。

面试人员汇总表

序号	姓名	性别	出生年月	专业	应聘职位	笔试成绩	面试成绩	总成绩
16	罗杉杉	男	1985/6/8	中文专业	行政主管	32.73	49.58	82.31
4	喻刚	男	1988/3/20	中文专业	行政主管	35.00	49.00	84.00
2	田蓉	女	1999/6/13	中文专业	行政主管	43.00	47.00	90.00
5	汪雪	女	1989/9/30	计算机专业	总经理助理	38.00	47.00	85.00
20	罗乐	男	1988/3/1	中文专业	总经理助理	46.44	46.18	92.62
11	钱百何	男	1985/11/5	计算机专业	总经理助理	28.03	44.27	72.30
12	杨丽华	女	1988/5/6	文秘专业	文案专员	44.17	43.37	87.54
28	伍林	男	1988/9/4	计算机专业	行政主管	26.96	43.08	70.04
1	陈少华	男	1988/3/26	中文专业	文案专员	45.00	43.00	88.00

图 10-10 排序后效果

10.2.3 数据筛选

数据筛选是指隐藏不希望显示的数据，而只显示指定条件的数据行的过程。Excel 提供的自动筛选和高级筛选功能，能快速而方便地从大量数据中查询出需要的信息。

本实例中要求筛选出总成绩在 80 分以上的面试人员，操作步骤如下。

1）单击数据区域的任意单元格，切换到“数据”选项卡，单击“排序和筛选”功能组中的“筛选”按钮，表格中每个标题右侧将显示“自动筛选”按钮，如图 10-11 所示。

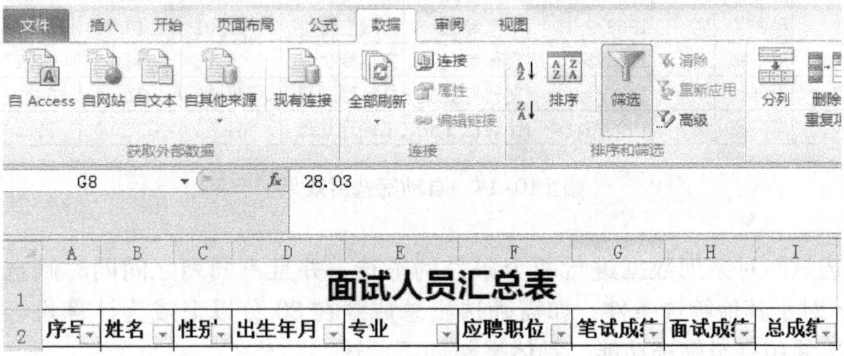

图 10-11 “自动筛选”按钮

2）单击“总成绩”右侧的下拉按钮，从下拉菜单中选择“数字筛选”→“大于或等于”命令，如图 10-12 所示。打开“自定义自动筛选方式”对话框，在“大于或等于”右侧的下拉列表中输入 80，如图 10-13 所示。单击“确定”按钮，实现对总成绩的自动筛选，效果如图 10-14 所示。

图 10-12 自动筛选命令

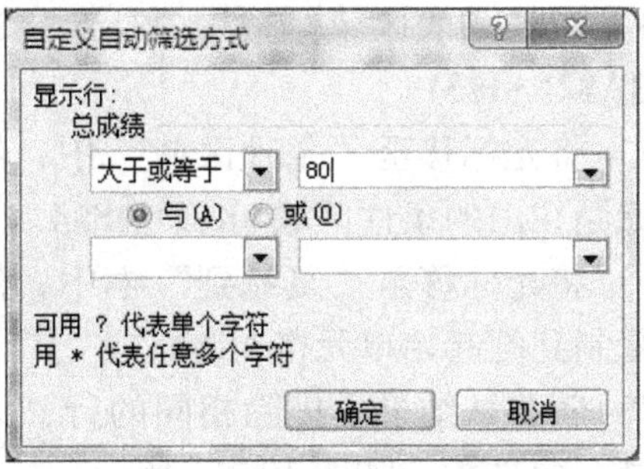

图 10-13 “自定义自动筛选方式”对话框

面试人员汇总表								
序号	姓名	性别	出生年月	专业	应聘职位	笔试成绩	面试成绩	总成绩
16	罗杉杉	男	1985/6/8	中文专业	行政主管	32.73	49.58	82.31
4	喻刚	男	1988/3/20	中文专业	行政主管	35.00	49.00	84.00
2	田蓉	女	1999/6/13	中文专业	行政主管	43.00	47.00	90.00
5	汪雪	女	1989/9/30	计算机专业	总经理助理	38.00	47.00	85.00
20	罗乐	男	1988/3/1	中文专业	总经理助理	46.44	46.18	92.62
12	杨丽华	女	1988/5/6	文秘专业	文案专员	44.17	43.37	87.54
1	陈少华	男	1988/3/26	中文专业	文案专员	45.00	43.00	88.00
25	曾洋洋	女	1986/2/15	文秘专业	文案专员	48.26	41.05	89.31
14	菜谢华	男	1988/9/15	中文专业	行政主管	49.63	40.71	90.34
26	周前梅	女	1985/3/6	文秘专业	文案专员	42.72	38.55	81.27
17	王洋	男	1987/2/11	文秘专业	总经理助理	47.10	37.07	84.17
3	李文奥	男	1999/5/14	计算机专业	总经理助理	44.00	37.00	81.00

图 10-14　自动筛选后效果

自动筛选只能对某列数据进行两个条件的筛选，并且不同列之间同时筛选时，只能是“与”关系。对于其他筛选条件，如需筛选出总成绩在 80 分以上或为计算机专业的面试人员，此时就要使用高级筛选功能，具体操作如下所述。

1）将单元格区域 A2: I2 复制到单元格区域 K2: S2。在 O3 单元格输入“计算机专业”，在 S4 单元格输入“ >=80”，即可建立起条件区域，如图 10-15 所示。

序号	姓名	性别	出生年月	专业	应聘职位	笔试成绩	面试成绩	总成绩
				计算机专业				
								>=80

图 10-15　指定高级筛选条件

2）单击数据区域任意单元格，切换到“数据”选项卡，在“排序和筛选”功能组中单击“高级筛选”按钮，打开“高级筛选”对话框。

3）在“方式”栏内选中“将筛选结果复制到其他位置”单选按钮。（如选择“在原有区域显示筛选结果”单选按钮，则不用指定“复制到”区域。）

4）在“列表区域”框中，指定要进行高级筛选的数据区域 $A$2: $I$31。

5）将光标移至“条件区域”中，然后拖动鼠标指定包括列标题在内的条件区域 $K$2: $S$4。

6）将光标移至“复制到”框中，然后用鼠标单击筛选结果复制到的起始单元格 $K$6。

7）若要从结果中排除相同的行，请选择“选择不重复的记录”复选框，如图 10-16 所示。

图 10-16　“高级筛选”对话框

8）单击“确定”按钮，完成高级筛选，结果如

图 10-17 所示。

序号	姓名	性别	出生年月	专业	应聘职位	笔试成绩	面试成绩	总成绩
16	罗杉杉	男	1985/6/8	中文专业	行政主管	32.73	49.58	82.31
4	喻刚	男	1988/3/20	中文专业	行政主管	35.00	49.00	84.00
2	田蓉	女	1999/6/13	中文专业	行政主管	43.00	47.00	90.00
5	汪雪	女	1989/9/30	计算机专业	总经理助理	38.00	47.00	85.00
20	罗乐	男	1988/3/1	中文专业	总经理助理	46.44	46.18	92.62
11	钱百何	男	1985/11/5	计算机专业	总经理助理	28.03	44.27	72.30
12	杨丽华	女	1988/5/6	文秘专业	文案专员	44.17	43.37	87.54
28	伍林	男	1988/9/4	计算机专业	行政主管	26.96	43.08	70.04
1	陈少华	男	1988/3/26	中文专业	文案专员	45.00	43.00	88.00
25	曾洋洋	女	1986/2/15	文秘专业	文案专员	48.26	41.05	89.31
7	李央	男	1985/2/15	计算机专业	总经理助理	33.10	40.89	73.99
14	菜谢华	男	1988/9/15	中文专业	行政主管	49.63	40.71	90.34
26	周前梅	女	1985/3/6	文秘专业	文案专员	42.72	38.55	81.27
17	王洋	男	1987/2/11	文秘专业	总经理助理	47.10	37.07	84.17
3	李文奥	男	1999/5/14	计算机专业	总经理助理	44.00	37.00	81.00
29	赵明	男	1986/10/10	计算机专业	行政主管	42.60	34.00	76.60
9	梁波	男	1986/8/12	计算机专业	总经理助理	42.36	33.60	75.96
10	孙乐	男	1984/6/25	计算机专业	总经理助理	42.41	33.33	75.74
15	林杰	男	1986/8/25	计算机专业	行政主管	27.83	27.97	55.80

图 10-17　高级筛选的结果

10.2.4　按专业汇总面试成绩

分类汇总是指根据指定的类别将数据以指定的方式进行统计，进而快速将大型表格中的数据汇总与分析，获得所需的统计结果。注意：在插入分类汇总前需要将数据区域按关键字排序。操作步骤如下。

1）切换到“数据”选项卡，单击“排序和筛选”功能组中的“筛选”按钮，取消上一步的自动筛选状态。

2）单击 E2 单元格，然后单击“排序和筛选”功能组中的“降序”按钮。

3）单击“分级显示”功能组中的“分类汇总”按钮，如图 10-18 所示。弹出“分类汇总”对话框。

4）在“分类字段”下拉列表框中选择“专业”选项，在“汇总方式”下拉列表框中选择“最大值”选项，在“选定汇总项”列表框中只选中“面试成绩”和“笔试成绩”复选框，如图 10-19 所示。

5）单击“确定”按钮，实现对面试成绩表按“专业”分类汇总出“笔试成绩”和“面试成绩”的最大值，效果如图 10-1 所示。

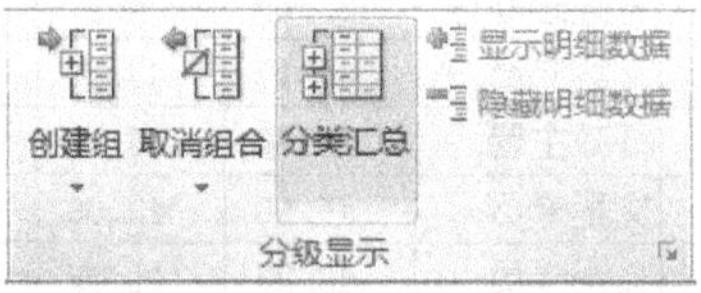

图 10-18 “分类汇总”按钮

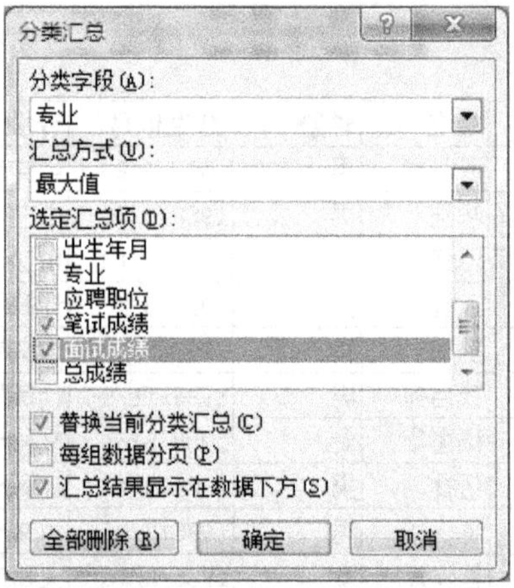

图 10-19 “分类汇总”对话框

10.2.5 创建数据透视表和数据透视图

数据透视表是一种对大量数据快速汇总和建立交叉表的交互式表格，用户可以转换行以查看数据源的不同汇总结果，可以显示不同页面以筛选数据，还可以根据需要显示区域中的明细数据。

数据透视图是以图形形式表示的数据透视表，它既可以像数据透视表一样更改其中的数据，还可以将数据以图表的形式直观地表现出来。

本实例中的数据透视表与数据透视图的创建，操作步骤如下。

1）单击数据区域的任意单元格，切换到“插入”选项卡，在“表格”功能组中单击“数据透视表”按钮，打开“创建数据透视表”对话框，如图 10-20 所示。

2）单击“确定”按钮，进入数据透视表设计环境。从“选择要添加到报表的字段”列表框中将“专业”和“姓名”字段拖到行字段区域，“应聘职位”字段拖到列字段，“总成绩”字段拖到“数值”区域。

3）在工作表中单击文本“求和项：总成绩”所在的单元格，切换到“选项”选项卡，在“活动字段”功能组中单击“字段设置”按钮，打开“值字段设置”对话框。

4）切换至“值汇总方式”选项卡，选中“汇总方式”列表框中的“最大值”选项，如图 10-21 所示。

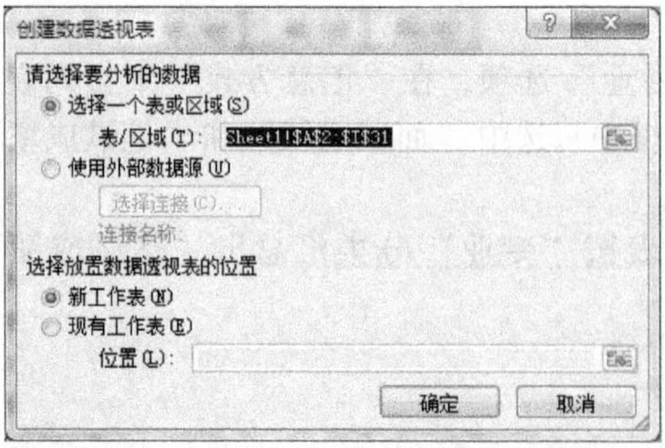

图 10-20 “创建数据透视表”对话框

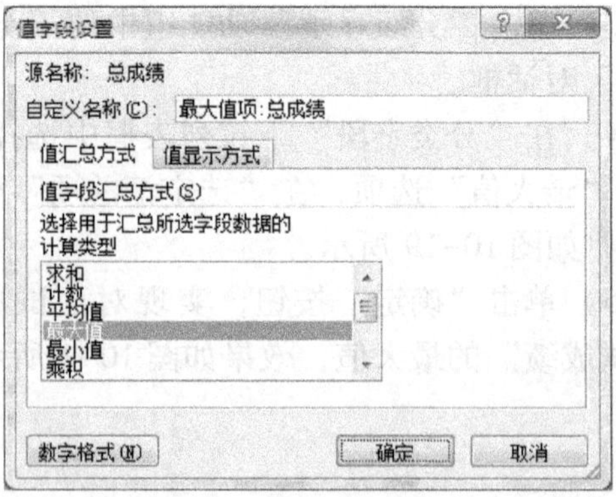

图 10-21 “值字段设置”对话框

5）单击“确定”按钮，完成数据透视表设置，效果如图 10-22 所示。

最大值项:总		应聘职位			
专业	姓名	行政主管	文案专员	总经理助理	总计
⊟计算机专业	李文奥			81	81
	李央			73.99	73.99
	梁波			75.96	75.96
	林杰	55.8			55.8
	钱百何			72.3	72.3
	孙乐			75.74	75.74
	汪雪			85	85
	伍林	70.04			70.04
	赵明	76.6			76.6
计算机专业 汇总		76.6		85	85
⊟文秘专业	白静		67.62		67.62
	曾洋洋		89.31		89.31
	沈圆			64.78	64.78
	宋杰新			67.3	67.3
	田莉			59.51	59.51
	王洋			84.17	84.17
	谢琴琴	79.1			79.1
	杨丽华		87.54		87.54
	赵一艳		66.18		66.18
	郑悦		78.76		78.76
	周前梅		81.27		81.27
文秘专业 汇总		79.1	89.31	84.17	89.31
⊟中文专业	菜谢华	90.34			90.34
	陈少华		88		88
	程蕊	61.43			61.43
	巩新松	66.03			66.03
	罗乐			92.62	92.62

图 10-22　数据透视表创建效果

6）选择数据透视表中的任意单元格，然后切换到“数据透视表工具”的“选项”选项卡，单击“工具”功能组中的“数据透视图”按钮，如图 10-23 所示。

7）在弹出的“插入图表”对话框中选择“簇状柱形图”选项，单击“确定”按钮，将在表格中插入数据透视图表。

8）单击“数据透视图工具”→“设计”→“位置”中的“移动图表”按钮，弹出“移动图表”对话框，如图 10-24 所示。单击“选择放置图表的位置”中的“新工作表”单选按钮，单击“确定”按钮，则数据透视图创建完成。

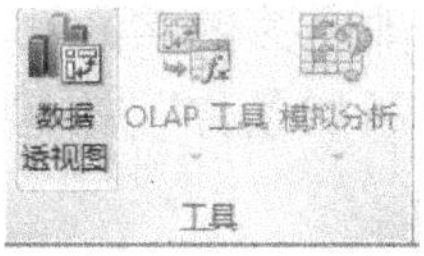

图 10-23　“数据透视图”按钮

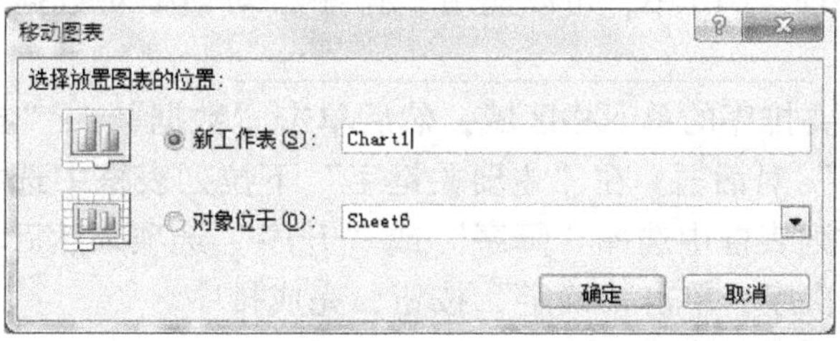

图 10-24　“移动图表”对话框

10.3　实例小结

本实例主要通过 Excel 数据的统计分析，学习了数据分析的基本功能。操作中需要注意以下几点。

1）在“记录单”对话框中，除了可以添加、修改和查找记录外，还可以删除无用记录，方法如下：

选择除标题外其他含有数据的单元格，然后打开“记录单”对话框，单击右侧的“上一条”或“下一条”按钮，切换到要删除的记录后，单击“删除”按钮，最后在打开的提示对话框中单击“确定”按钮，即可成功删除所选的记录。

2）排序时，可以通过“排序”对话框中的“选项”按钮进行“自定义排序”。

3）对于筛选，一定要注意自动筛选和高级筛选的区别。

- 自动筛选实现的效果，可以用高级筛选来实现，反之则不一定能实现。
- 自动筛选不用设定条件区域，高级筛选则必须设定条件区域。
- 多条件自动筛选时，不同字段各条件之间是“与”的关系，多条件高级筛选时，条件之间的关系可以是“与”也可以是“或”关系。要注意，如果条件在同一行，则条件之间的关系是“与”关系；如果条件不在同一行，则条件之间是“或”关系。

4）对工作表中的数据进行分类汇总操作后，在工作表的左上角会自动显示“分级”按钮123，单击该按钮可以控制汇总数据的显示方式。其中，单击1按钮，可隐藏分类后的所有数据，只显示分类汇总后的总计记录；单击2按钮则只显示进行汇总的分类字段和选定的汇总项中的相关数据；单击3按钮则显示所有分类数据。

5）对于数据透视表或数据透视图中无用字段可以将其删除，方法如下：

将“数据透视表字段列表”窗格中的某个字段拖曳至窗格以外的区域即可删除。

10.4 经验技巧

1. 快速对单列进行排序

选定要进行排序的任意数据单元格，单击“数据”→“排序和筛选”选项中的“升序”或“降序”按钮，可以快速地对单列数据按升序或降序进行排序。

2. 快速对多列进行排序

在 Excel 2010 中，可以使用“排序”对话框对数据表中的多列数据进行排序，操作方法如下。

选择要排序的单元格区域，然后单击“数据”→“排序和筛选”→“排序”按钮，打开“排序”对话框。在“主要关键字”下拉列表框中选择第一排序关键字的选项，在“次序”下拉列表框中选择“降序”或“升序”选项，然后单击“添加条件”按钮，添加次要关键字和次序，单击“确定”按钮，完成排序。

3. 自动筛选前 10 个

有时可能想对数值字段使用自动筛选来显示数据清单里的前 n 个最大值或最小值，解决方法如下：

使用“前 10 个”自动筛选。当在自动筛选的数值字段下拉列表中选择“前 10 个”选项时，将出现“自动筛选前 10 个”对话框。这里所谓的“前 10 个”是个一般术语，并不仅局限于前 10 个，可以选择最大或最小和定义任意的数字，比如根据需要选择 8 个、12 个等。

4. 在工作表之间使用超链接

首先需要在被引用的其他工作表中相应的部分插入书签，然后在引用工作表中插入超链接。

在插入超链接时，可以先在“插入超级链接”对话框的“链接到文件或 URL”设置栏中输入目标工作表的路径和名称，再在“文件中有名称的位置”设置栏中输入相应的书签名，也可以通过“浏览”方式进行选择。完成上述操作之后，一旦使用鼠标左键单击工作表中带有下画线的文本，即可实现 Excel 自动打开目标工作表并转到相应的位置处。

5. 快速链接网上的数据

可以用以下方法快速建立与网上工作簿数据的链接，操作方法如下：

首先，打开 Internet 上含有需要链接数据的工作簿，并在工作簿中选定数据；然后，单击“开始”→“剪贴板”→“复制”选项；接着，打开需要创建链接的工作簿，在需要显示链接数据的区域中，单击左上角单元格；最后，单击“开始”→“剪贴板”→“粘贴”→“粘贴链接”选项即可。若想在创建链接时不打开 Internet 工作簿，可单击需要链接处的单元格，然后键入等号（=）和 URL 地址及工作簿位置，如 http://www.js.com/[fi1e1.xlsx]。

6. 跨表操作数据

设有名称为 Sheet1、Sheet2 和 Sheet3 的 3 张工作表，现要用 Sheet1 工作表的 D8 单元格的内容乘以 40%，再加上 Sheet2 工作表的 B8 单元格内容乘以 60%，作为 Sheet3 的 A8 单元格的内容，则应该在 Sheet3 的 A8 单元格中输入公式“ = Sheet1!D8 * 40% + Sheet2!B8 * 60%”。

7. 查看 Excel 中相距较远的两列数据

在 Excel 中，若要将距离较远的两列数据（如 A 列与 Z 列）进行对比，通过不停地移动表格窗内的水平滚动条分别查看，这样的操作非常麻烦，而且容易出错。利用下面这个小技巧，可以将一个数据表“变”成两个，让相距较远的数据同屏显示。

把鼠标指针移到工作表底部水平滚动条右侧的方块上，鼠标指针便会变成一个双向的光标；把这个方块拖到工作表的中部，整个工作表被一分为二，出现了两个数据框，其中的数据都是当前工作表内的内容。这样便可以让一个数据框中显示 A 列数据，另一个数据框中显示 Z 列数据，从而轻松地进行比较。

8. 利用选择性粘贴命令完成一些特殊的计算

如果工作表中有大量数字格式的数据，并且希望将所有数字取负，可使用选择性粘贴命令，操作方法如下：

在一个空单元格中输入“ -1”，选择该单元格，选择“开始”→“剪贴板”→“复制”选项，选择目标单元格。选择“开始”→“剪贴板”→“粘贴”→“选择性粘贴”选项，在“选择性粘贴”对话框中，选中粘贴栏下的数值和运算栏下的“乘”，单击“确定”按钮，所有数字将与 -1 相乘。使用该方法也可以将单元格中的数值缩小 1000 或更大倍数。

10.5 拓展练习

1）打开“员工考勤表”工作簿，对工作表“员工考勤表”进行数据统计。

① 筛选出需要提醒的员工信息，需要提醒的条件：月迟到次数超过两次，或者缺席天数多于 1 天，或者有早退的现象。结果如图 10-25 所示。

序号	时间	员工姓名	所属部门	迟到次数	缺席天数	早退次数
0002	2015年1月	郭文	秘书处	10	0	1
0003	2015年1月	杨林	财务部	4	3	0
0004	2015年1月	雷庭	企划部	2	0	2
0005	2015年1月	刘伟	销售部	4	1	0
0006	2015年1月	何晓玉	销售部	0	0	4
0007	2015年1月	杨彬	研发部	2	0	8
0008	2015年1月	黄玲	销售部	1	1	4
0009	2015年1月	杨楠	企划部	3	0	2
0010	2015年1月	张琪	企划部	7	1	1
0011	2015年1月	陈强	销售部	8	0	0
0012	2015年1月	王兰	研发部	0	0	3
0013	2015年1月	田格艳	企划部	5	3	4
0014	2015年1月	王林	秘书处	7	0	1
0015	2015年1月	龙丹丹	销售部	0	4	0
0016	2015年1月	杨燕	销售部	1	0	1
0017	2015年1月	陈蔚	销售部	8	1	4
0018	2015年1月	邱鸣	研发部	6	0	5
0019	2015年1月	陈力	企划部	0	1	4
0020	2015年1月	王耀华	秘书处	0	0	1
0021	2015年1月	苏宇拓	企划部	6	0	0
0022	2015年1月	田东	企划部	3	0	0
0023	2015年1月	杜鹏	研发部	5	1	1
0024	2015年1月	徐琴	企划部	1	0	3
0025	2015年1月	孟永科	企划部	5	0	4
0026	2015年1月	巩月明	企划部	3	3	1
0028	2015年1月	何小鱼	研发部	1	0	5
0029	2015年1月	王琪	秘书处	0	2	0

图 10-25　筛选结果图 1

② 筛选出需要经理约谈的员工信息，需要约谈的条件：迟到次数大于 6 次并且早退次数大于两次，或者缺席天数多于 3 天并且早退次数大于 1 次。结果如图 10-26 所示。

序号	时间	员工姓名	所属部门	迟到次数	缺席天数	早退次数
0017	2015年1月	陈蔚	销售部	8	1	4

图 10-26　筛选结果图 2

③ 按照所属部门，对员工考勤情况分类汇总，汇总出各部门的出勤情况，效果如图 10-27 所示。

2）打开“销售业绩表”工作簿，利用数据透视表汇总出各种产品在不同地点的销售量占全部销售量的百分比，统计出不同产品按时间、地点分类的销售件数，效果如图 10-28 和图 10-29 所示。

3）王芳负责本公司的销售统计工作，此次需要对各分店的前 4 季度的销售情况进行统计分析，并将结果提交给部门经理。打开“图书销售情况表 . xlsx”工作簿，帮助王芳完成

	A	B	C	D	E	F	G
1	企业员工月度出勤考核						
2	序号	时间	员工姓名	所属部门	迟到次数	缺席天数	早退次数
3	0003	2015年1月	杨林	财务部	4	3	0
4				**财务部 汇总**	4	3	0
5	0002	2015年1月	郭文	秘书处	10	0	1
6	0014	2015年1月	王林	秘书处	7	0	1
7	0020	2015年1月	王耀华	秘书处	0	0	1
8	0027	2015年1月	吉晓庆	秘书处	2	0	0
9	0029	2015年1月	王琪	秘书处	0	2	0
10	0031	2015年1月	张昭	秘书处	1	0	1
11				**秘书处 汇总**	20	2	4
12	0004	2015年1月	雷庭	企划部	2	0	2
13	0009	2015年1月	杨楠	企划部	3	0	2
14	0010	2015年1月	张琪	企划部	7	1	1
15	0013	2015年1月	田格艳	企划部	5	3	4
16	0019	2015年1月	陈力	企划部	0	1	4
17	0021	2015年1月	苏宇拓	企划部	6	0	0
18	0022	2015年1月	田东	企划部	3	0	0
19	0024	2015年1月	徐琴	企划部	1	0	3
20	0025	2015年1月	孟永科	企划部	5	0	4
21	0026	2015年1月	巩月明	企划部	3	3	1
22	0030	2015年1月	曾文洪	企划部	0	0	4
23				**企划部 汇总**	35	8	25
24	0005	2015年1月	刘伟	销售部	4	1	0
25	0006	2015年1月	何晓玉	销售部	0	0	4
26	0008	2015年1月	黄玲	销售部	1	1	4
27	0011	2015年1月	陈强	销售部	8	0	0
28	0015	2015年1月	龙丹丹	销售部	0	4	0

图 10-27　分类汇总效果图

以下操作：

① 将“sheet1”工作表命名为“图书销售”，将“sheet2”工作表命名为“图书价格”。

② 在“分店”列左侧插入一个空列，输入列标题“序号”，并以 001，002，003…的方式向下填充该列到最后一个数据行。

③ 将工作表标题跨列合并后居中并适当调整其字体、加大字号，并改变字体颜色。适当加大数据表行高和列宽，设置对齐方式及销售额数据列的数值格式（保留两位小数），并为数据区域增加边框线。

求和项:销售件数	
销售地点	汇总
安化	24.90%
东江	20.41%
黑坝	12.86%
两水	6.53%
陇南	21.43%
武都	13.88%
总计	100.00%

图 10-28　数据透视表 1

④ 将工作表“图书价格”中的区域 B3: C5 定义为名称“平均”。运用公式计算工作表“图书销售”中 F 列的销售额，要求在公式中通过 VLOOKUP 函数自动在工作表“图书价格”中查找相关图书的单价，并在公式中引用所定义的名称“平均”，如图 10-30 所示。

⑤ 为工作表“图书销售”中的销售数据创建数据透视表，放置在名称为“透视表”的新工作表中，要求针对各类图书比较各分店每个季度的销售额。其中，图书名称为报表筛选字段，分店为行标签，季度为列标签，并对销售额求和。最后对数据透视表进行格式设置，使其更加美观。

⑥ 根据生成的数据透视表，在透视表下方创建簇状柱形图，图表中仅对 3 个分店各季度英语的销售额进行比较，如图 10-31 所示。

⑦ 保存“图书销售情况表 . xlsx”文件。

求和项:销售件		销售地点						
销售产品	销售日期	安化	东江	黑坝	两水	陇南	武都	总计
短脉冲激光器	2014/3/28	5					5	10
	2014/4/12				7			7
	2014/5/1		7					7
	2014/5/26					8		8
	2014/6/6		12	7				19
	2014/6/7		3			5		8
短脉冲激光器 汇总		5	22	7	7	13	5	59
飞秒激光器	2014/4/12	8	4					12
	2014/4/13	4						4
	2014/6/6					4	4	8
飞秒激光器 汇总		12	4			4	4	24
光波导放大器	2014/3/28		5					5
	2014/4/8	5	4					9
	2014/4/12	9			5			14
	2014/5/26					5		5
	2014/6/6	5						5
	2014/6/7					4	4	8
光波导放大器 汇总		19	9		5	9	4	46
光电传感器	2014/4/5	7						7
	2014/5/1					4	7	11
	2014/6/2		7	7				14
光电传感器 汇总		7	7	7		4	7	32
光电发射机	2014/3/28		4		4	5		13
	2014/4/5	5	5					10
	2014/4/8			3				3
	2014/4/17					5	5	10
	2014/5/26			4				4

图 10-29　数据透视表 2

某书店销售情况表

序号	分店	图书名称	季度	数量	销售额(元)
001	第3分店	大学语文	3	111	3196.80
002	第3分店	大学语文	2	119	3427.20
003	第1分店	高等数学	2	123	4526.40
004	第2分店	英语	2	145	6090.00
005	第2分店	英语	1	167	7014.00
006	第3分店	高等数学	4	168	6182.40
007	第1分店	高等数学	4	178	6550.40
008	第3分店	英语	4	180	7560.00
009	第2分店	英语	4	189	7938.00
010	第2分店	高等数学	1	190	6992.00
011	第2分店	高等数学	4	196	7212.80
012	第2分店	高等数学	3	205	7544.00
013	第2分店	英语	1	206	8652.00
014	第2分店	高等数学	2	211	7764.80
015	第3分店	高等数学	3	218	8022.40
016	第2分店	大学语文	1	221	6364.80
017	第3分店	大学语文	4	230	6624.00
018	第1分店	高等数学	3	232	8537.60
019	第1分店	英语	3	234	9828.00
020	第1分店	大学语文	4	236	6796.80
021	第3分店	高等数学	2	242	8905.60

图 10-30　计算销售额结果

图书名称	英语				
求和项:销售额(元)	列标签				
行标签	1	2	3	4	总计
第1分店	14490	17304	9828	11676	53298
第2分店	15666	6090	18942	7938	48636
第3分店		12978	11676	7560	32214
总计	30156	36372	40446	27174	134148

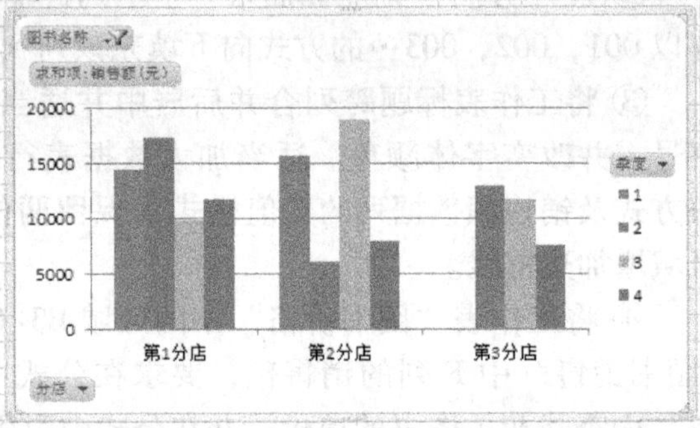

图 10-31　数据透视表和数据透视图效果

第 3 篇 PowerPoint 篇

实例 11 培训类演示文稿制作

11.1 实例简介

11.1.1 实例需求与展示

培训中心刘老师接到邀请，将在计算机应用技术国家级师资培训项目中做“微课开发技术”的项目培训。现在需要制作“微课开发技术”培训汇报的 PPT 演示文稿。

完成后的 PPT 演示文稿效果如图 11-1 所示。

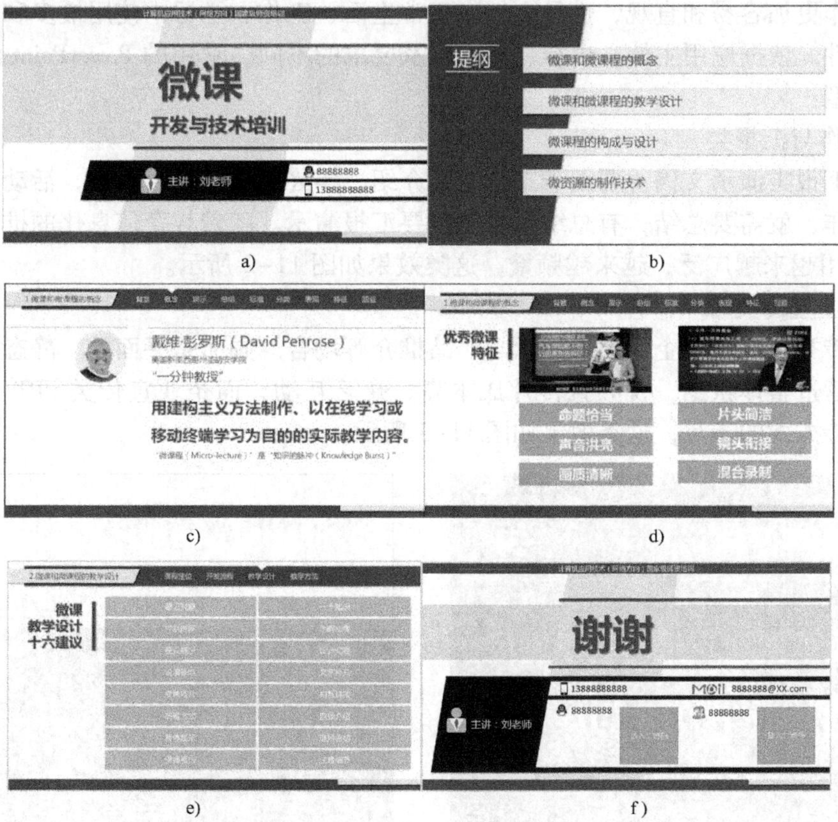

图 11-1 PPT 演示文稿效果图

a）封面页效果图 b）过渡页 c）内容页一 d）内容页二 e）内容页三 f）结尾页

11.1.2 知识技能目标

涉及的主要知识点：PPT 的需求分析与策划、页面布局（比例的选择）、文本的插入、图像的插入、图形的绘制与设置等。

知识技能目标：

- PPT 的需求分析与策划的方法。
- 掌握页面布局的方法。
- 掌握插入文本的方法。
- 掌握插入图像的方法。
- 掌握绘制与编辑图形的方法。

11.2 实例实现

11.2.1 需求分析与策划

1. 定位分析

微软的 PowerPoint 2010 是用来设计、制作信息展示领域的各种电子演示文稿，它使演示文稿的制作更加容易和直观，也是人们在日常生活、工作、学习中使用最多和最广泛的幻灯片演示软件。依据应用主体、内容、目的以及要求的不同，常用的 PowerPoint 演示文稿有以下几种类型：

（1）工作与汇报类

工作与汇报类演示文稿主要用于工作进度介绍、年终总结、项目总结、活动总结和学习总结。有工作，就需要总结；有总结，自然需要汇报演示。随着教育信息化的推进，工作汇报类 PPT 应用越来越广泛、越来越频繁，这类效果如图 11-2 所示。

（2）企业宣传类

企业宣传类主要用于企业形象展示与产品推介等场合。画册是平面的、静态的，缺乏时效性，难以营造整体氛围，视频宣传片成本高、缺乏互动，而企业宣传类 PPT 正好弥补了以上两种宣传方式的不足，这类效果如图 11-3 所示。

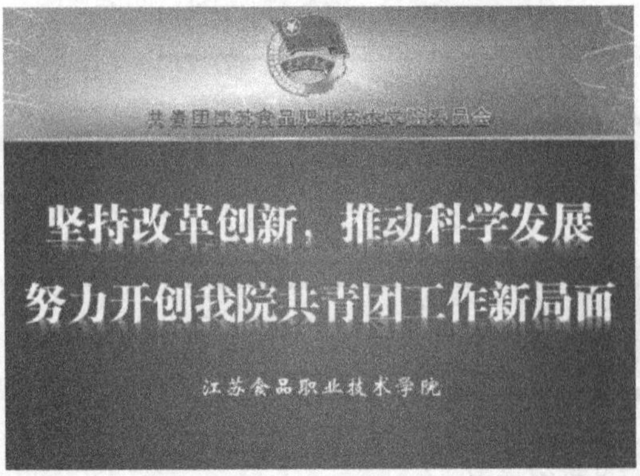

图 11-2 工作与汇报类

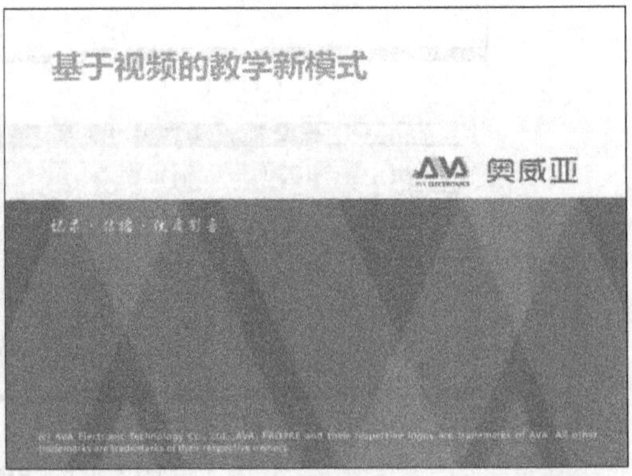

图 11-3 企业宣传类

（3）教学课件类

教学课件类 PPT 可以帮助学生更好地融入课堂氛围，吸引学习者关注课堂教学知识，帮助增进学生对教学知识的理解，从而更好地实现教学的目的，这类 PPT 效果如图 11-4 所示。

（4）项目答辩类

项目答辩类 PPT 是政府机关、企事业单位、高等学校、科研院所进行项目答辩时的必备工具，可以向受众清晰地介绍项目背景、建设目标、建设内容、进度安排和经费预算等，这类效果如图 11-5 所示。

图 11-4　教学课件类

图 11-5　项目答辩类

根据分析，本实例属于工作与汇报类演示文稿，所以本实例内容应该清晰准确，设计简洁大方。切勿出现文字杂糅冗余，风格花里胡哨，这样不但让 PPT 没有主次之分本末倒置，还会让受众人群对整个项目失去信心。

2. 受众分析

做好一个优秀的 PPT 演示文稿，除了考虑项目的定位之外还要考虑演示文稿的受众人群，常用的受众分析方法如下。

（1）受众的心理分析

许多 PPT 初学者很多时候容易满足于自己的一招一式，期待着受众也能给予同样的赞许。事实上，绝大多数时候汇报者却得不到受众的赞许，主要有以下三点原因：

1）演示是一项枯燥的工作。

做演示是一项工作，听演示同样辛苦。观众需要听那些专业的术语，需要分析那些复杂的数据，还要费尽心思对汇报者的演示进行点评，就像对待许多工作一样，很多人宁愿选择逃避。所以，观众总是找借口不到现场，找借口中途离开，找借口敷衍了事，或者在现场发呆、聊天、打瞌睡、玩手机等。

2）对于演示大家并不陌生。

PPT 演示闯入人们的生活已经十几年了，即使小学生也早已对其司空见惯了，很多受众听过各类汇报、看过各类演示、做过各类 PPT 文档。绝不能有靠简单和粗陋的 PPT 蒙混过关的心理，当大家完成了自己的 PPT 作品时，不要沾沾自喜，请再修改、再完善和再努力一步，只有这样，汇报者才能真正得到受众的喝彩和赞许。

3）控制好演示时间很关键。

现代社会的工作节奏、生活节奏正逼着人们跑步前进。也许受众在听我们演示的同时，他还在回味刚刚召开的会议，还在思考接下来进行的工作，还在琢磨周末的全家旅行，还在担心着本月的工作指标，还在心里抱怨着我们在浪费他的宝贵时间……但他还要静静地坐在那里倾听我们的演示。所以，即使我们的演示再精彩、内容再深刻、思路再清晰，也请尽量压缩演示时间。

因此，PPT 的设计在每个方面都要考虑到听众的感受，分析听众的心态与价值观，并针对听众的个性特点、心理特点，制作合理的 PPT。

（2）受众者的个性分析

每一次演示汇报，受众者都会参差不齐，当我们无法满足他们所有的需求时，抓住决策者就是我们演示的关键。以下是总结从业者多年 PPT 制作经验，完成的受众者分析表，当然只是相对而言，可能有偏颇之处，仅供参考。

受众者年龄背景分析见表 11-1。

表 11-1　年龄背景

	年轻人	年长者
色彩	清淡	浓重
质感	简洁	立体
文字	少	多
结构	跳跃	连贯
画面	活泼	严谨
风格	多变	统一
速度	快	慢

受众者知识背景分析见表 11-2。

表 11-2　职业背景

	政府官员	国内老板	欧美老板	学校师生
色彩	浓重	浓重	清淡	浓重
质感	立体	立体	简洁	立体
文字	多	多	少	多
结构	连贯	连贯	连贯	跳跃
画面	严谨	严谨	活泼	活泼
风格	统一	统一	统一	多变
速度	慢	快	快	慢

受众者知识背景分析见表 11-3。

表 11-3　知识背景

	学历一般	学历较高
色彩	浓重	清淡
质感	立体	简洁
文字	多	少

（续）

	学历一般	学历较高
结构	跳跃	连贯
画面	活泼	严谨
风格	多变	统一
速度	慢	快

受众者文化背景分析见表 11-4。

表 11-4　文化背景

	东　方	西　方
色彩	浓重	清淡
质感	立体	简洁
文字	多	少
结构	跳跃	连贯
画面	活泼	严谨
风格	多变	统一
速度	慢	快

通过分析，本实例的受众人群为国内年龄跨度 25～45 岁之间的高校教师，再加上本实例的定位分析，在设计 PPT 的时候还要兼顾到以上条件限制，因此对本实例的设计有了以下要求。

- 画面：严谨风格适合工作汇报类 PPT。
- 风格及结构：针对工作汇报类 PPT 的思维方式为逻辑性思维，因此统一的风格更具逻辑性。在结构设计上也要遵循逻辑性，PPT 以连贯的结构为主。
- 颜色及质感：针对本项目专业性较强，以深蓝为用色主色调更显专业性，在色块加上少许阴影更显立体质感，但不能过分强调质感而加入很多艺术效果。
- 文字：以解释型文字为主，但也要做到主次分明。通过设置不同颜色或不同字号加以区分文字主次。PPT 文字篇幅不宜太长，否则听众会抓不住内容关键信息，因此选取文字内容需要对文字进行提炼。

11.2.2　内容策划

PPT 设计者通常拿到的文字材料都是长篇大论，如果把这些文字资料都通过 PPT 展现出来，那就会显得繁冗、逻辑混乱以及缺乏重点。所以设计者有必要对文字材料及相关资料进行总结提炼，这实际上就是一个去粗取精、去伪存真、由表及里、由外及内的过程。

为此，建议大家先设计好 PPT 演示的框架结构，再对框架中具体内容进行阐述。

1. 寻找思维线索

寻找思维线索的作用在于对整个文字材料各个部分有一个系统的把握，突出重点。

（1）工作汇报的一般思路

（2）企业宣传的一般思路

（3）教学课件的一般思路

（4）项目答辩的一般思路

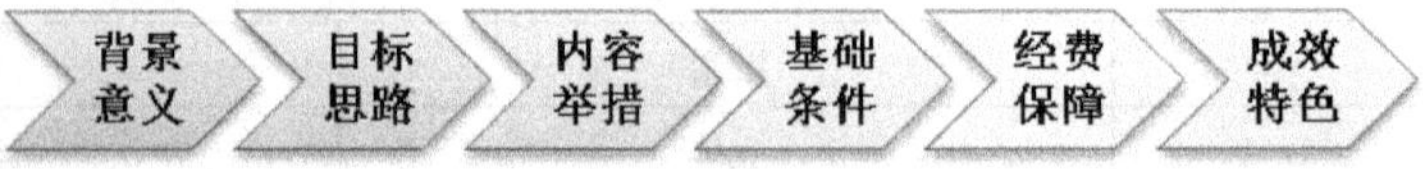

2. 设计框架结构

在正式设计 PPT 之前，设计者要对材料进行梳理，并在心里或纸上绘出 PPT 的结构草图。做 PPT 就像盖楼房，坚实的框架是整个 PPT 的基础，框架图则能把整个 PPT 的结构清晰呈现。

常用的框架模式主要有以下几种形式。

（1）说明式

说明式结构多用于工作汇报、项目答辩、产品介绍、课题研究等 PPT 演示。主要针对一个物品、现象、原理、逐步分析，从不同角度进行解释，一般采用树状结构，其特点在于中规中矩、结构清晰。图 11-6 所示为说明式 PPT 框架。

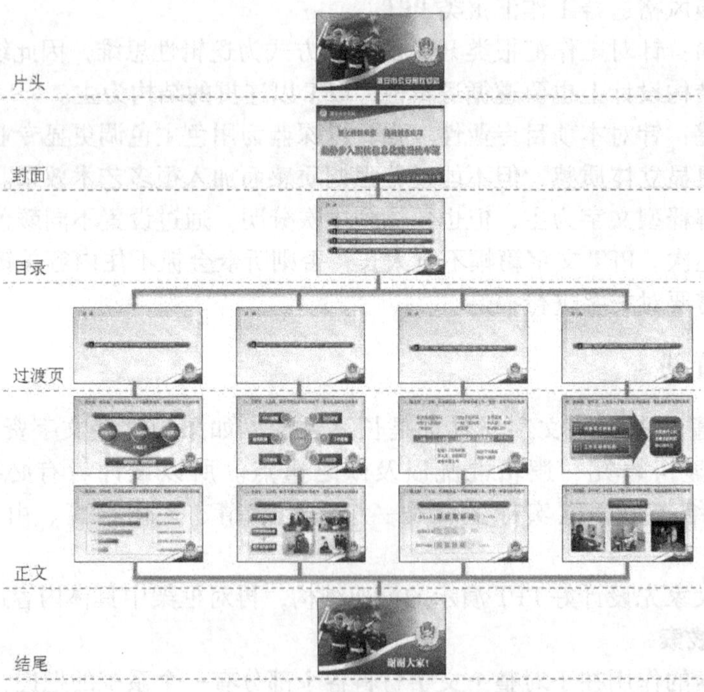

图 11-6　说明式 PPT 框架图

（2）罗列式

罗列式结构主要用于成果展示、休闲娱乐等，一般内容比较单一，无须目录，在封面或序言后直接把内容按一定顺序（如时间、地点、重要性和关联性等）罗列出来。如图 11-7 所示为罗列式 PPT 框架。

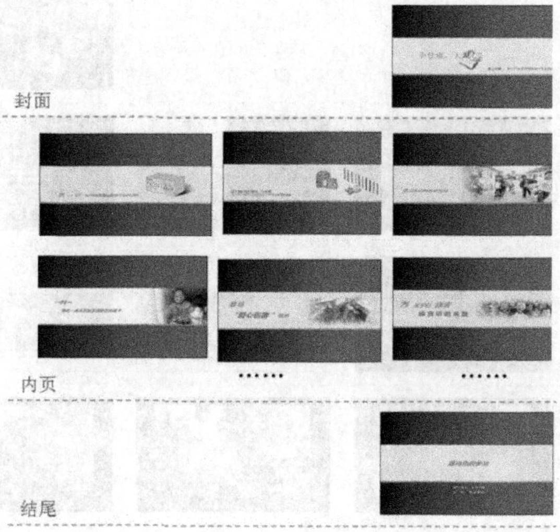

图 11-7　罗列式 PPT 框架图

（3）故事式

故事式结构主要针对一些轻松、娱乐和煽情型 PPT 演示，多用于沙龙、晚会和聚会等场所。一般按照时间、地点、事件演变的线索或者演示者内心变化的线索进行。

故事式结构主要特点是不拘泥于形式，可以用过渡页，也可以一个故事接一个故事连续讲述；可以出现标题、解释性文字，也可以只用图片。图 11-8 所示为故事式 PPT 框架。

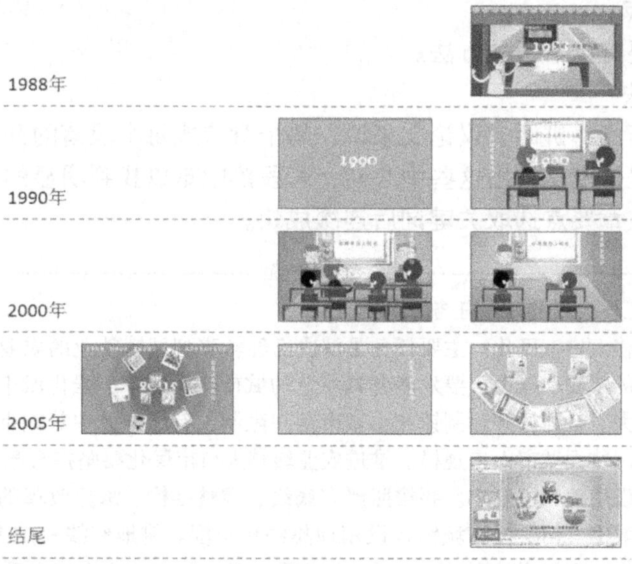

图 11-8　故事式 PPT 框架图

（4）抒情式

抒情式结构更加随心所欲，可以有感而发，也可以直抒胸臆。前者针对一件事先描述，再发表自己看法；后者开门见山，直接抒发自己的感情。图 11–9 所示为抒情式 PPT 框架。

图 11–9　抒情式 PPT 框架图

本实例采用“说明式框架”，逻辑清晰明了，针对“微课开发技术”中微课与微课程相关理论、微课的教学设计、微课的构成设计、微资源的制作技术等几个方面进行阐释说明。

3. 提炼核心观点

观点的提炼主要有以下两种方法。

（1）段落提炼法

对于大部分的新闻、讲话、议论文来说，每个章节或每个段落的开头或结尾都是整段文字的中心句。段落提炼就是找出这些中心句，若段落中难以找到明显的中心句，则需要对段落进行通读，依据文章要点选取关键词后连缀成句。

举例文章

例：《中央城镇化工作会议的六大任务》

第一，推进农业转移人口市民化。主要任务是解决已经转移到城镇就业的农业转移人口落户问题，努力提高农民工融入城镇的素质和能力。要发展各具特色的城市产业体系，强化城市间专业化分工协作，增强中小城市产业承接能力。全面放开建制镇和小城市落户限制，有序开放中等城市落户限制，合理确定大城市落户条件，严格控制特大城市人口规模。推进农业转移人口市民化要坚持自愿、分类、有序。

第二，提高城镇建设用地利用效率。要按照严守底线、调整结构、深化改革的思路，严控增量，盘活存量，优化结构，提升效率，切实提高城镇建设用地集约化程度。耕地红线一定要守住，红线包括数量，也包括质量。按照促进生产空间集约高效、生活空间宜居适度、生态空间山清水秀的总体要求，形成生产、生活、生态空间的合理结构。减少工业用地，适当增加生活用地特别是居住用地，切实保护耕地、园地、菜地等农业空间，划定生态红线。按照守住底线、试点先行的原则稳步推进土地制度改革。

第三，建立多元可持续的资金保障机制。要完善地方税体系，逐步建立地方主体税种，建立财政转移支付同农业转移人口市民化挂钩机制。建立健全地方债券发行管理制度。推进政策性金融机构改革。鼓励社会资本参与城市公用设施投资运营。

第四，优化城镇化布局和形态。全国主体功能区规划对城镇化总体布局做了安排，提出了“两横三纵”的城市化战略格局，要一张蓝图干到底。要在中西部和东北有条件的地区，依靠市场力量和国家规划引导，逐步发展形成若干城市群，成为带动中西部和东北地区发展的重要增长极。科学设置开发强度，尽快把每个城市特别是特大城市开发边界划定，把城市放在大自然中，把绿水青山保留给城市居民。

第五，提高城镇建设水平。城市建设水平是城市生命力所在。城镇建设，要实事求是确定城市定位，科学规划和务实行动，避免走弯路；要依托现有山水脉络等独特风光，让城市融入大自然，让居民望得见山、看得见水、记得住乡愁；要融入现代元素，更要保护和弘扬传统优秀文化，延续城市历史文脉；要融入让群众生活更舒适的理念，体现在每一个细节中。要加强建筑质量管理制度建设。在促进城乡一体化发展中，要注意保留村庄原始风貌，慎砍树、不填湖、少拆房，尽可能在原有村庄形态上改善居民生活条件。

第六，加强对城镇化的管理。要制定实施好国家新型城镇化规划，加强重大政策统筹协调，各地区要研究提出符合实际的推进城镇化发展意见。培养一批专家型的城市管理干部，用科学态度、先进理念、专业知识建设和管理城市。建立空间规划体系，推进规划体制改革，加快规划立法工作。城市规划要由扩张性规划逐步转向限定城市边界、优化空间结构的规划。城市规划要保持连续性。

-----------------------------------结束-----------------------------------

解析：这是一篇新闻稿，每个段落阐述一个观点（任务），每段的开头第一句都是该段的中心句。在PPT演示中，只需将中心句表现出来即可。对于论述中心句的论据需要演讲者进行阐述，PPT演示只是辅助演讲者的工具，并不是Word文档的另一种形式。

（2）关键字词提炼法

关键字词提炼相比段落提炼需要更精练的文字加以概括。提炼出的文字必须能够反映原段落或句子基本内容，原文的中心思想不能变。

-----------------------------------举例文章-----------------------------------

例：某购物网站用户购买商品步骤

1 登录网站

2 选择所在地

3 点击所需购买物品

4 拖曳物品到理想的位置

5 选择合适的物品尺寸

6 通过支付平台或者网银付款

7 确认收到物品，进行评价

-----------------------------------结束-----------------------------------

解析：这是某电子商务公司对外宣传演示文稿，通过剖析句子可以得出关键字：登、选、点、曳、择、买、评，用在PPT演示中，并随后加以解释，以便听众抓住要点，有初步感受后再加以阐述。

-----------------------------------举例文章-----------------------------------

例《微课教学设计的 16 条建议》

1 时刻谨记你的教学对象是谁。

2 一个微课程只说一个知识点。

3 课程尽量控制在 10 分钟之内。

4 不要轻易跳过教学步骤，即使很简单，很容易的内容。

5 要给学习者提示性信息。

6 问题的设计：基本问题、单元问题和核心问题。

7 对重要的基本概念，要说清楚是什么，还要说清楚不是什么。

8 用文字补充微课程不容易说清楚的地方。

9 在学习导航指导下看视频。

10 把微课程与相关资源和活动超链接起来。

11 明确评价方法和考试方式。

12 要介绍主讲老师本人的情况，让学生了解老师。

13 要与其他教学活动相配合：在微课程中适当位置设置暂停，或者在后续中提示，便于学生浏览。

14 要有一个简短的总结：概括要点帮助学习者梳理思路、强调重点和难点。

15 留心学习其他领域的设计经验、注意借鉴、模仿与创造。

16 在细节方面注意：颜色搭配、速度、画面简洁、录制环境安静。

---------------------------------结束---------------------------------

解析：这是本项目中的一项内容，通过对句子的剖析，大家可以归纳句子为四个字的词语：谨记对象，一个知识，控制时间，勿略步骤，提示信息，设计问题，说清概念，文字补充，受教观片，相互链接，明确方式，自我介绍，暂停提示，简短总结，借鉴模仿，注意细节。这些词语在 PPT 中显示，不仅高度凝练，让听众快速抓住重点，而且排列工整对仗，简洁美观。之后，演讲者再对词语加以解释，能让听众有更深刻的认识。

经过分析比较，本实例将主要介绍封面制作、过渡页制作、图文混排内容页制作、表格内容页制作，以及结尾封底页制作。主要训练内容：插入图形及编辑图形，插入表格及编辑表格，插入图片及编辑图片，简单图文排版及色块应用。

11.2.3 封面制作

PPT 封面设计通常由有两种形式：抽象式，具象式。

抽象式封面以文字表达为主再配上一些色块或线条装饰。此类设计适用于一些抽象的演示，例如：科技类、技术类等，图 11-10 所示为应用电子专业汇报 PPT 封面。

具象式封面以具有与演讲主题相对应图片搭配，能快速引起听众共鸣。此类设计适用于一些具象的演示，例如企业宣传类、产品介绍类等。图 11-11 所示为报关与国际货运专业汇报 PPT 封面。

根据分析，本实例从性质分析较为抽象，因此只需将演讲主题作为 PPT 封面再加上少许线条装饰即可。

为了能让听众快速抓住演讲主题，需要将关键字放大或者改变字体颜色，因此封面图形结构设计如图 11-12 所示，最终效果如图 11-1a 所示。

下面将介绍封面制作方法，旨在掌握插入图形编辑图形以及色块运用。

图 11-10　抽象式封面

图 11-11　具象式封面

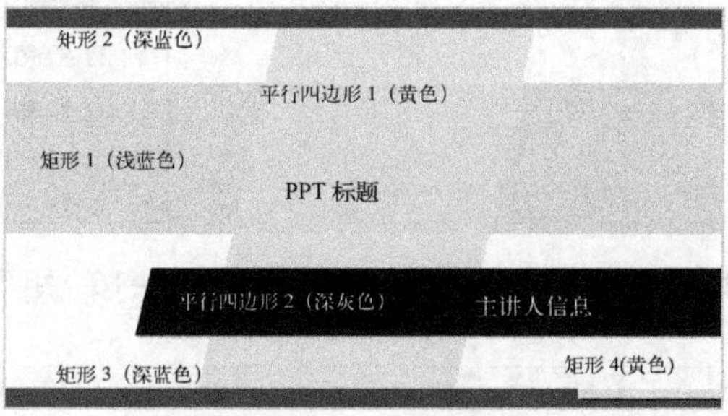

图 11-12　封面图形结构图

1. 打开并设置页面

启动 PowerPoint 2010 软件，单击“设计”选项卡，单击选项卡中“页面设置”，如图 11-13 所示，在“页面设置”弹出窗口中单击“幻灯片大小”下拉框，选择“全屏显示(16:9)”，如图 11-14 所示。

图 11-13　页面设置

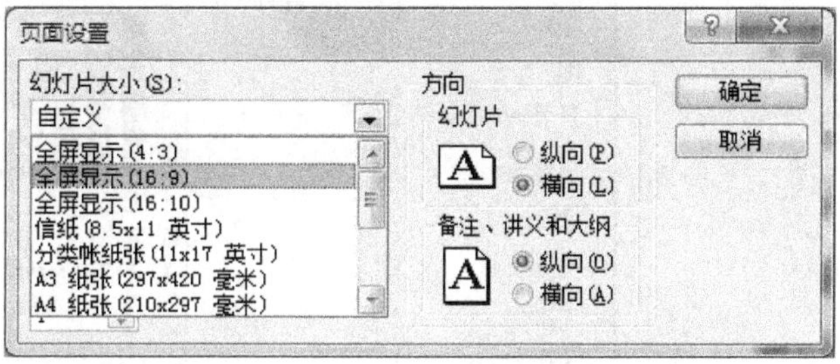

图 11-14　设置页面设计为 16:9

2. 插入形状并编辑

参照封面图形结构设计图 11-12，首先浅蓝色矩形框 1 的绘制，操作步骤如下。

1）单击“插入”选项卡，单击选项卡中“形状”选项，选择“矩形栏”中的“矩形”按钮，如图 11-15 所示，在封面页中拖动鼠标绘制矩形，并根据图 11-12 调整合适的位置。

2）选择刚绘制的矩形，单击鼠标右键，弹出下拉菜单，如图 11-16 所示，选择“设置形状格式”命令，在弹出的窗口的“填充”选项中单击“纯色填充”，选择“颜色”下拉菜单中选择第 3 行第 5 个淡蓝色，如图 11-17 所示。

图 11-15 插入矩形

图 11-16 矩形的右键菜单

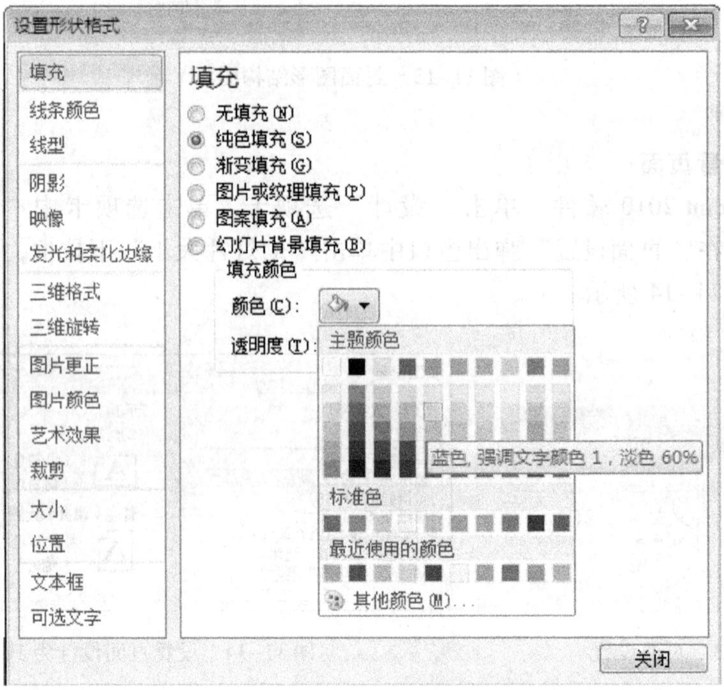

图 11-17 填充颜色

3）单击左侧“线条颜色”选项，选择“无线条”。对矩形 1 设置完毕后如图 11-18 所示。

绘制矩形 2、3、4 的过程思路：首先插入矩形 2，复制矩形 2 得到矩形 3，插入矩形 4。

4）绘制矩形 2，单击“插入”选项卡，单击选项卡中“形状”选项，选择“矩形栏”中的“矩形”按钮，在封面页中拖动鼠标绘制矩形，并根据图 11-12 调整合适的位置。单击插入的矩形 2，用鼠标右键单击“设置形状格式”，在弹出的窗口中选择“填充”选项卡

图 11-18　浅蓝色矩形框效果

的“纯色填充”，单击“填充颜色”区域的“颜色”按钮后部的倒三角，单击“其他颜色”命令，如图 11-19 所示。在弹出的“颜色”窗口中选择“自定义”选项卡，在 RGB 颜色模式下的红色、绿色、蓝色文本框中分别填入 0、66、142，如图 11-20 所示。单击“确定”按钮关闭“颜色”对话框。在“设置形状格式”对话框中选择“线条颜色”选项卡，选择“无线条”。

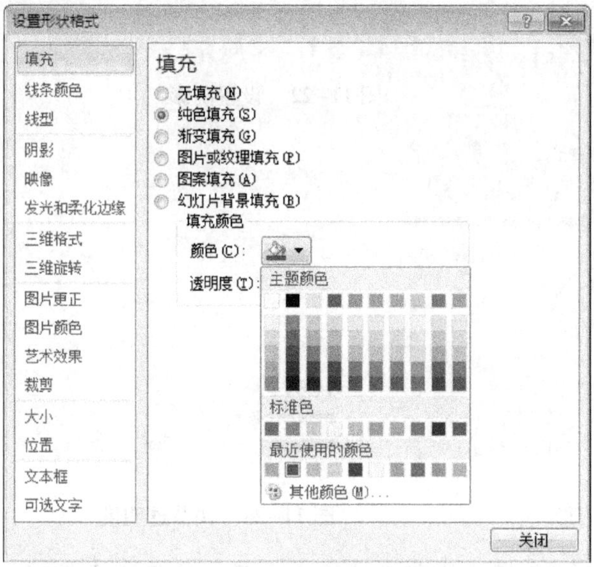

图 11-19　设置填充颜色

图 11-20　设置 RGB

5）绘制矩形 3，单击选择矩形 2，将鼠标移至矩形 2 内部，当鼠标出现十字光标后按住鼠标不放，同时按住〈Ctrl + Shift〉组合键，拖动矩形 2 到底部得到矩形 3。

6）绘制矩形 4，插入步骤同插入矩形 1、2 一致，不再赘述。插入矩形后依据图 11-12 调整大小和摆放位置，单击插入的矩形 4，右键鼠标“设置形状格式”，在弹出的窗口的“填充”选项卡的“纯色填充”中选择“颜色”标准色栏的“黄色”，如图 11-21 所示。单击左侧“阴影”按钮，在“阴影”选项卡中选择预设外部栏中的第一个效果“右下斜偏移”，如图 11-22 所示。

下面绘制黄色平行四边形 1 与深灰色平行四边形 2。

7）绘制黄色平行四边形 1，单击“插入”选项卡，单击选项卡中“形状”，选择矩形栏中的“平四边形”，如图 11-23 所示，依据图 11-12 拖动鼠标绘制平行四边形 1，单击插入的平行四边形，鼠标右键单击“设置形状格式”，在弹出窗口的“填充”选项卡的“纯色填充”中，选择“颜色”标准色栏的“黄色”，如图 11-21 所示，设置颜色完毕后拖动“透明度”条，数值为 30%，如图 11-24 所示，单击左侧“线条颜色”按钮，选择“无线条”选项，如图 11-18 所示。对平行四边形 1 设置完毕。

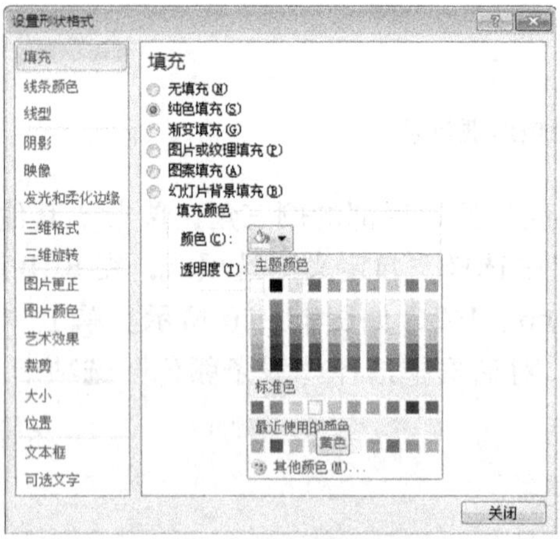

图 11-21　设置填充颜色

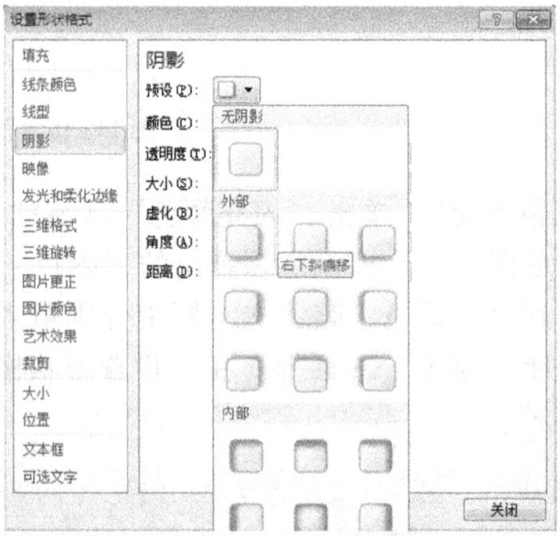

图 11-22　设置阴影

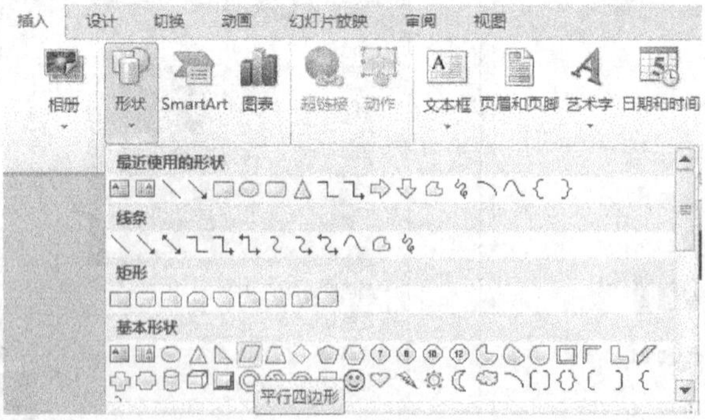

图 11-23　插入平行四边形

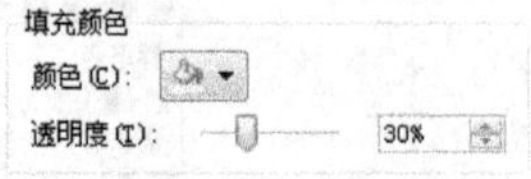

图 11-24　调节透明度

8）绘制深灰色平行四边形 2，插入方式与插入平行四边形 1 一致，这里不再赘述。调整大小与位置，单击插入好的平行四边形，鼠标右键单击“设置形状格式”，在弹出窗口的“填充”选项卡“纯色填充”选择“颜色”中的“其他颜色”，在弹出窗口中选择自定义，在 RGB 颜色模式下，红色，绿色，蓝色分别填入 50、50、50，如图 11-25 所示，单击左侧“线条颜色”按钮，选择“无线条”。对平行四边形 1 设置完毕，插入基本形状后的效果如图 11-26 所示。

3. 插入文字并编辑

1）单击“插入”选项卡，单击选项卡中“文本框”，选择“文本框”中的“横排文本框（H）”，如图 11-27 所示，拖动到合适的位置输入文字“微课”。

2）设置“微课”文字的具体操作。选中“微课”二字，单击“开始”选项卡，在字体栏中选择“微软雅黑”字体，选择“96 号”字，单击“**B**”按钮对字体加粗，单击“S”

按钮对字体加阴影，字体颜色选择“深蓝”，如图 11-28 所示。

图 11-25　设置平行四边形填充色

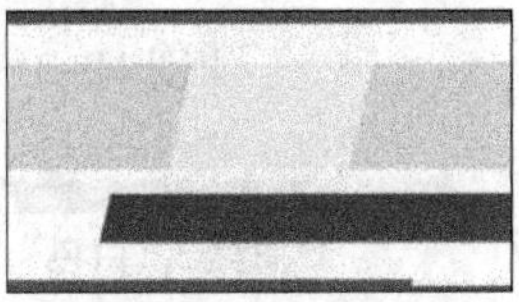

图 11-26　插入基本形状后的效果

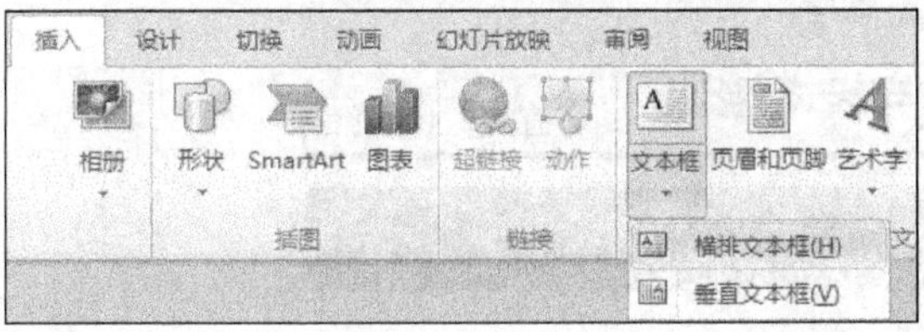

图 11-27　插入文本框

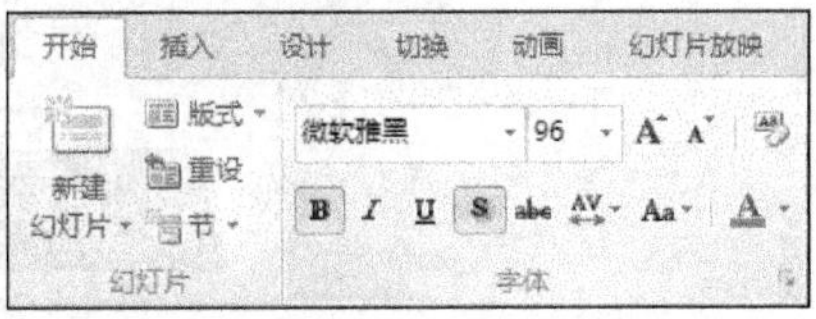

图 11-28　设置字体格式

3）重复步骤 1 输入文字“开发与技术培训”，选中“开发与技术培训”文字，单击“开始”选项卡，在字体栏中选择“微软雅黑”字体，选择“44 号”字，单击“**B**”按钮对字体加粗，单击“S”按钮对字体加阴影，字体颜色选择“深蓝”，如图 11-29 所示。

4）重复步骤 1 输入文字“计算机应用技术（网络方向）国家级师资培训”。选中“计算机应用技术（网络方向）国家级师资培训”文字，单击“开始”选项卡，在字体栏中选择“微软雅黑”字体，选择“16 号”字，字体颜色选择“白色”，如图 11-30 所示。

5）文字编辑完成后的效果如图 11-31 所示。

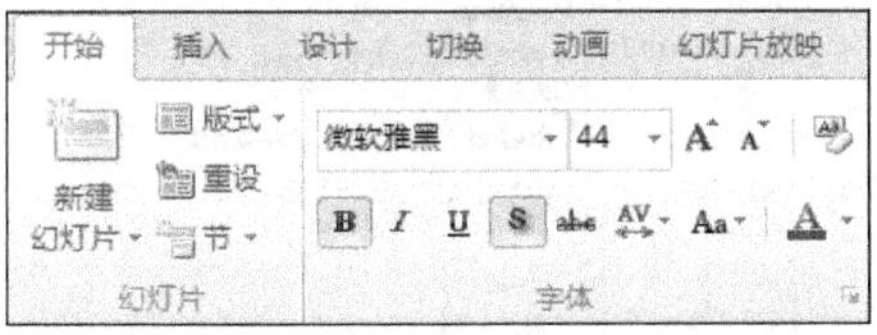

图 11-29　设置字体格式

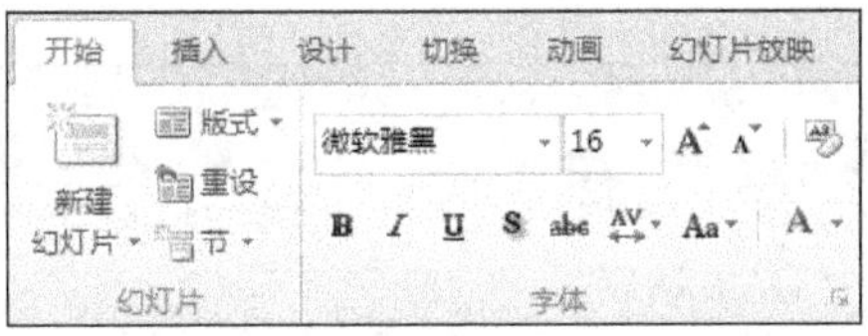

图 11-30　设置字体格式

4. 添加装饰线条

为了更突出主体内容，通常加入线条会有视觉引导的效果，更加突显主体文字。

装饰线条设计示意图如图 11-32 所示。

1）绘制深蓝色直线 1 与直线 2。单击“插入”选项卡，单击选项卡中“形状”，选择“线条”中的“直线”，如图 11-33 所示，拖动鼠标到合适的位置绘制直线，单击插入的直线，用鼠标右键单击“设置形状格式”，在弹出窗口的“线条颜色”中选项“实线”，设置

图 11-31　文字编辑完成后的效果图

图 11-32　装饰线条设计示意图

“颜色”为“深蓝色”，单击左侧“线型”选项，设置宽度为“6 磅”，如图 11-34 所示，单击左侧“阴影”选项，选择预设外部栏中的第一个效果“右下斜偏移”。

图 11-33　插入直线

图 11-34　设置线条线型

2）得到直线 1 后，单击选中直线 1，按住〈Ctrl + Shift〉组合键，同时拖动鼠标，移动到直线 2 位置，最后单击选中复制过来的直线，按住〈Shift〉键，拉伸端点到合适位置。

3）绘制白色直线3和直线4。插入方法与插入直线1一致，不再赘述。主要区别为设置形状格式，“颜色”为“白色”，“线型”宽度为“0.5磅”。再通过复制方法得到另一直线即可，最终效果如图11-35所示。

图11-35　添加线条后的效果

5. 插入icon图标

1）获取icon图标，从互联网中获取图标资源，下载图标文件。单击“插入”选项卡，单击选项卡中“图片”，如图11-36所示，在弹出的窗口选择需要插入的图片，如图11-37所示，单击“插入”按钮，完成图标的插入。

2）选择icon图标，调整icon图标的大小与位置。

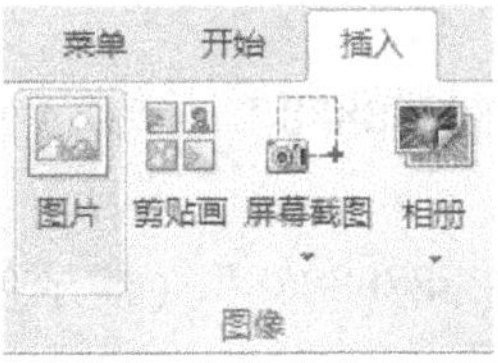

图11-36　插入图片

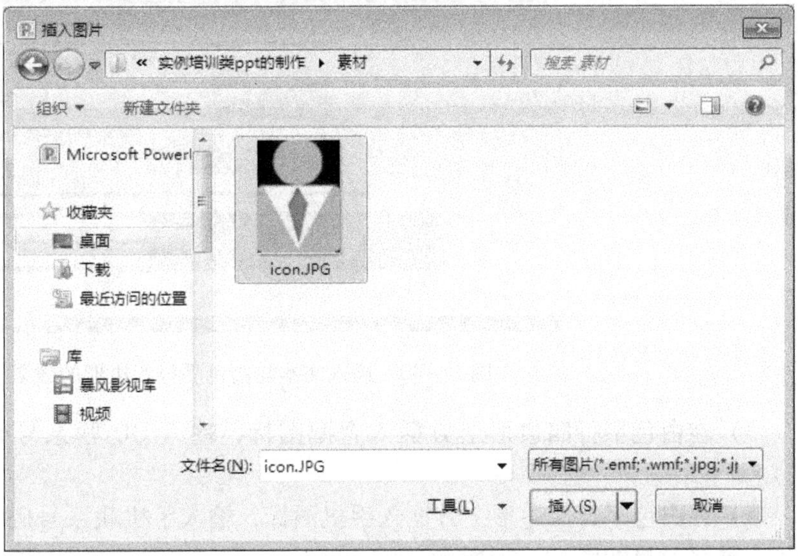

图11-37　选择图片

3）选择插入后的icon图片，单击菜单栏上“图片工具”下的“格式”，单击选项卡中“颜色”，如图11-38所示，在下拉菜单中单击“设置透明色”命令，如图11-39所示。用带有笔头样式的光标单击选中背景颜色即可去除背景色。

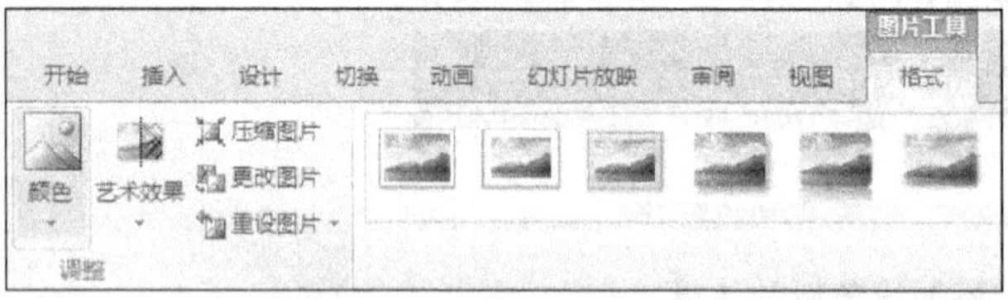

图 11-38 设置图片格式

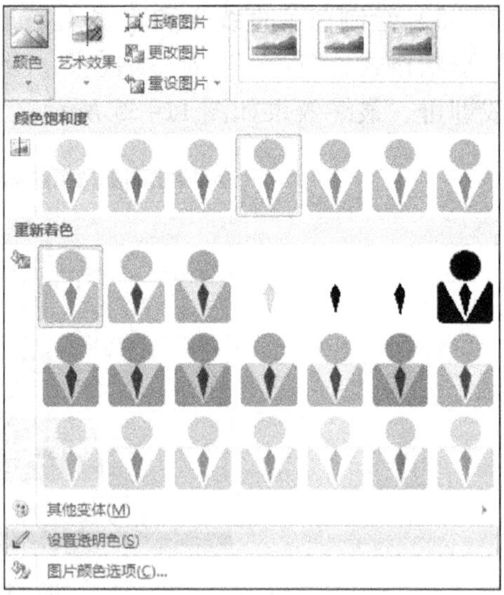

图 11-39 设置图片透明色

6. 插入图形与文本

1）在 icon 图标之后插入文本框，输入“主讲：刘老师”，设置文本格式（字体：微软雅黑，大小 24，阴影）。

2）在深灰色平行四边形上插入两个白色平行四边形，调整位置后，效果如图 11-40 所示。

图 11-40 插入文本与白色平行四边形的效果

3）在白色平行四边形上方插入企鹅图标，输入 QQ 联系号码“88888888”（演示使用）。

4）在白色平行四边形上方插入手机图标，输入手机联系号码“13888888888”（演示使用），最终效果如图 11-1a 所示。

11.2.4 过渡页制作

过渡页是指在一个 PPT 演示文稿中起到内容衔接、承上启下作用的页面。若一个 PPT 演示文稿中包含多个部分，则需添加过渡页，否则会让受众者觉得内容转换过于突兀，不利于受众者对演讲内容的理解。

本实例的过渡页为了达到承上启下的作用，设计风格与封面一致，为此设计了图 11-41 的草稿。最终效果如图 11-1b 所示，下面介绍过渡页的制作方法，重点强调色块和文字的运用。

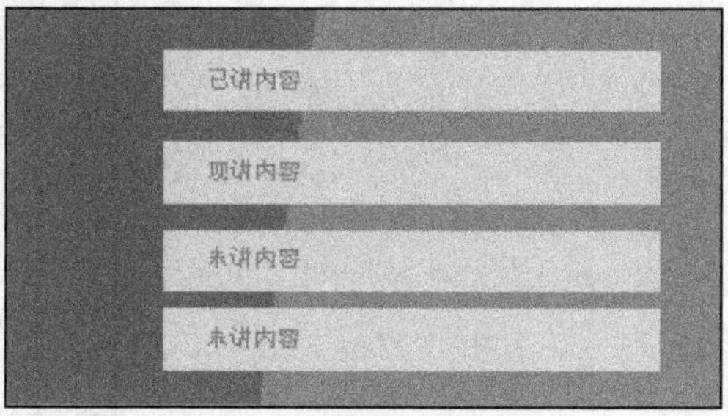

图 11-41　过渡页设计草图

制作思路：右边的直角梯形由一个矩形和三角形组成，其余四个横条均为矩形。

1. 绘制蓝色梯形

1）绘制图 11-41 中左侧的蓝色直角梯形。采用封面页中插入矩形的方法直接插入一个矩形，调整好大小及位置。

2）同样插入直角三角形，单击“插入”选项卡，单击选项卡中“形状”，选择“基本形状栏”中的“直角三角形”，如图 11-42 所示，拖动到与矩形相贴，单击选中已经调整好（颜色：深蓝，边框：无边框）的矩形，单击“开始”选项卡，单击选项卡中“格式刷”，如图 11-43 所示，单击选中直角三角形即可。

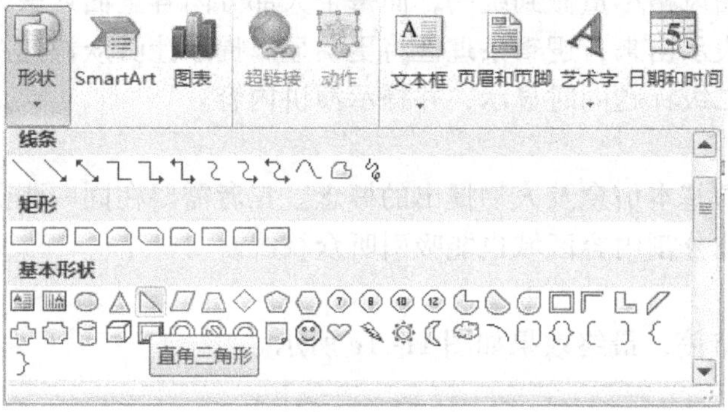

图 11-42　插入直角三角形

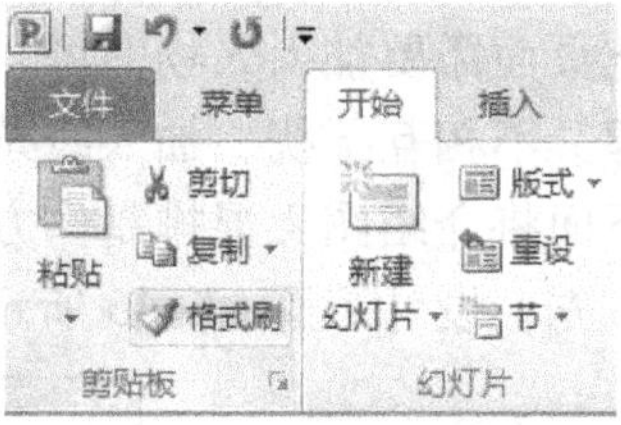

图 11-43　格式刷

2. 绘制提纲内容

制作思路：插入矩形，调整颜色及大小，复制矩形，输入文字，更改文字颜色，对齐矩形。

1）插入矩形，调整填充颜色为灰，边框为无边框，移动鼠标至矩形内部，按住〈Ctrl + Shift〉组合键同时拖动鼠标，重复复制步骤三次得到 4 个相同矩形。

2）在矩形内部输入文字，选中文字，单击“开始”选项卡，在字体栏中选择“微软雅黑”字体，选择“28 号”字，字体颜色选择“红色”，设置提纲页文本字体格式如图 11-44 所示。

3）按住〈Ctrl〉键以此选择 4 个矩形，单击菜单“绘图工具”选项卡中“格式”选项，单击选项卡中“对齐”选项，在下拉菜单中选择“纵向分布”，如图 11-45 所示，达到平均纵向间距效果。

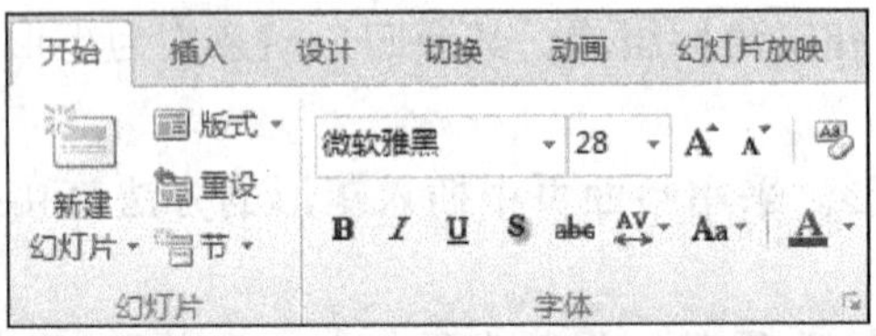

图 11-44　设置提纲页文本字体格式

图 11-45　设置对齐方式

11.2.5　内容页制作

本实例有多部分内容，内容界面风格尽量做到统一，而每个大部分内容里面还嵌入了很多小内容。若将大框架和小框架都表示出来，逻辑条理性将更明显。提示让听众快速跟上演讲者进度，因此需要将一级标题与二级标题同时显示，并提示演讲内容。

1. 制作内容页一

此页面需要加入人物图像、人物基本信息及人物提出的概念。三者需要在同一张页面显示，但又不相互干扰，加入线条既能分割内容区域也能吸引听众视线。

下面将介绍图文混排制作方式。

首先，设计了图 11-46 所示的草稿，最终效果如图 11-1c 所示。

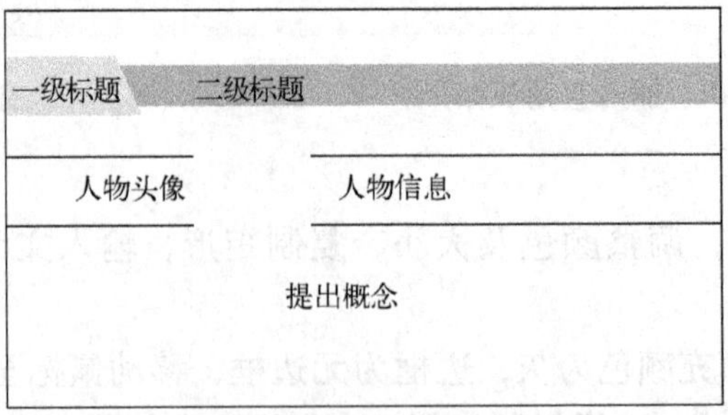

图 11-46　内容页一设计草图

制作思路：插入蓝色矩形，插入黄色平行四边形，插入分割线条，插入人物头像，裁剪人物头像，插入文字并调整。

1）插入形状并编辑，绘制一级、二级标题。插入“矩形”调整到合适位置和大小，设置填充颜色为“深蓝色”；线条颜色为“无线条”；插入“平行四边形”调整到合适位置和大小，设置填充颜色为“黄色”；线条颜色为“无线条”；插入“等腰三角形”调整到合适位置和大小，设置填充颜色为“白色”；线条颜色为“无线条”；插入文本框输入文字，设置文字为一级标题“微软雅黑”字体，“18 号”字，“深蓝色”填充；二级标题“微软雅黑”字体，“16 号”字，填充“黄色”，制作最终效果如图 11-47 所示。

图 11-47　一级标题、二级标题

2）绘制内容页中的内容分割线。插入直线，线条颜色“实线，深蓝色”，复制并调整长度及位置，得到 4 条直线，将封面底部大小深蓝色与黄色矩形复制到本页面，添加线条后的效果如图 11-48 所示。

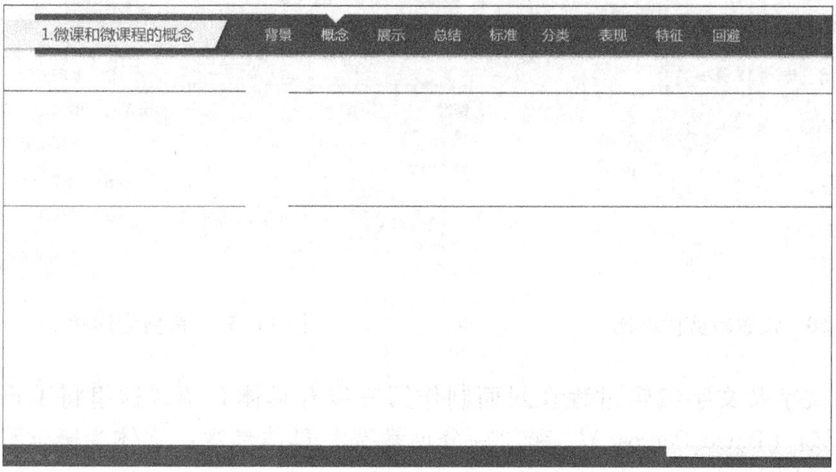

图 11-48　添加线条后的效果

3）插入图片并编辑，绘制圆形图片。单击“插入”选项卡，单击选项卡中“图片”，如图 11-49 所示，在弹出的“插入图片”窗口选择需要插入的图片，单击“插入”按钮。

4）选择刚插入图片，单击“图片工具”中“格式”选项卡，单击选项卡中“裁剪”选项，选择下拉菜单中“横纵比”为“1:1”，裁剪成正方形，如图 11-50 所示，再单击图片工具中的“裁剪”，选择下拉菜单中“裁剪为形状”命令，选择基本形状栏中的“椭圆”，如图 11-51 所示，即可得到一张圆形的图。

5）插入图 11-46 中的文字并编辑。由于文字信息有主次之分，进入观众视线的首先是较大、较醒目的字体。因此，需要将文字主次进行适当的处理。将人物姓名、人物特性、提出概念用较大号字体表现，余下的地理属性、概念解释等都可以用小号字表现，又因提出概念是演讲的重点，需要将其再加大、加粗显示。

图 11-49　选择图片

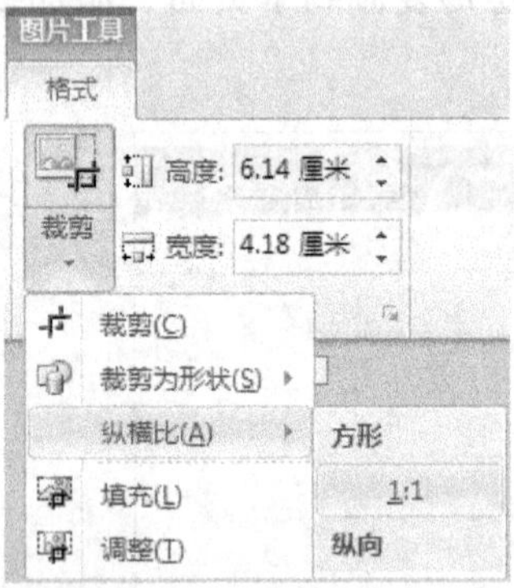

图 11-50　设置裁剪横纵比

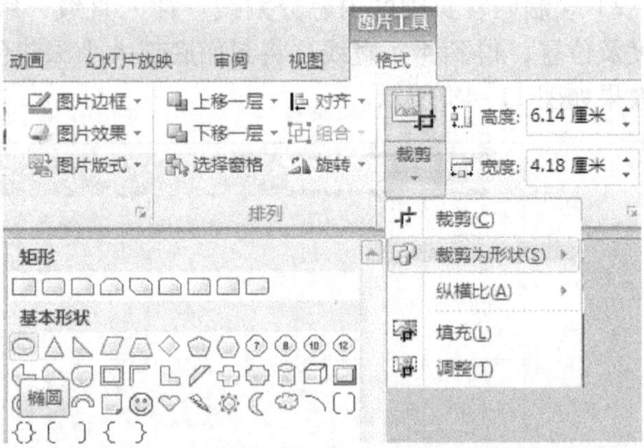

图 11-51　裁剪为形状

6）插入文字及文字编辑过程在封面制作第三步有具体介绍，这里将不再赘述。设置“戴维·彭罗斯（David Penrose）”和“一分钟教授”具体参数：字体为微软雅黑，字号为32，填充颜色为深蓝色。

7）设置“美国新墨西哥州圣胡安学院”与“微课程（Micro - lecture）”是“知识的脉冲（Knowledge Burst）”的具体参数：设置字体为微软雅黑，字号为18，填充颜色为深蓝。

8）设置“用建构主义方法制作、以在线学习或移动终端学习为目的的实际教学内容。”具体参数：字体为微软雅黑，字号为36，加粗，填充颜色为深蓝。

9）调整文字位置，框选所有插入的文字，单击“绘图工具”中“格式”选项卡，单击选项卡中“对齐”选项，选择下拉菜单中“左对齐选项”，所有文字都将左对齐。

2. 制作内容页二

此页面需要表现出演讲详细标题，以让观众明白所讲的内容归属于哪个部分，增强PPT逻辑性。因此，设置大号字体和添加竖线能吸引观众目光。因此设计的草稿如图11-52所示，将适用到所有正文内容页面，统一风格。

制作思路：复制一级、二级标题栏及底部矩形色块到新页面，更改二级标题栏状态

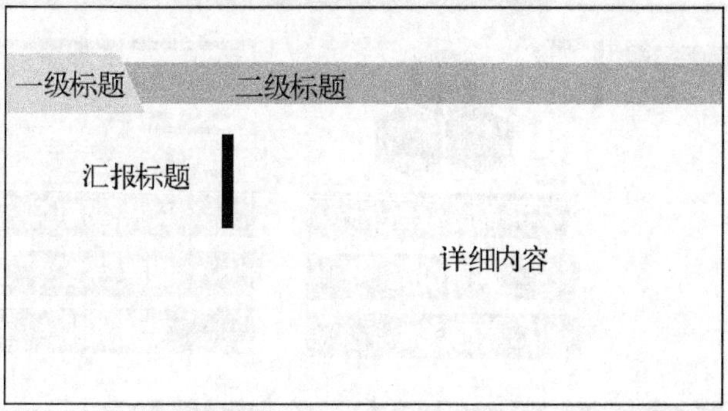

图 11-52　内容页二设计草图

（移动三角形，改变字体颜色），插入文字及粗竖线（即矩形），插入图片，插入矩形，对齐矩形及图片。

1）制作内容页二中的标题及粗竖线。在其他页中框选一级、二级标题栏并复制（快捷键〈Ctrl + C〉），在新建幻灯片页面粘贴（快捷键〈Ctrl + V〉），插入“优秀微课特征”字样，设置字体为微软雅黑；字号为 32；加粗；加阴影；插入形状“矩形”并调整到合适位置及大小，设置填充“纯色填充”颜色为深蓝；线条颜色为无线条；阴影为右下斜偏移，添加标题后的效果如图 11-53 所示。

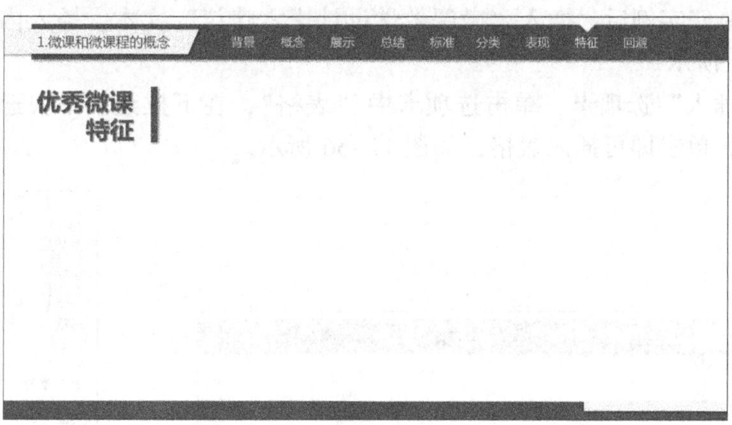

图 11-53　添加标题后的效果图

2）制作内容页二中的详细内容。插入两张图片，将图片缩放到相同尺寸，插入形状“矩形”（调整大小及位置），编辑矩形（填充颜色为淡蓝色，线条颜色为无线条）。按住〈Ctrl + Shift〉组合键复制 5 次得到 6 个相同矩形，单击选中矩形，输入文字，编辑文字（字体为微软雅黑；字号为 32；加粗；填充颜色为白色），框选一边一张图片及三个有文字的矩形，单击菜单栏“绘图工具”中的“格式”按钮，单击选项卡“对齐”命令选项，在下拉菜单中选择“纵向分布”和“左对齐”，添加详细内容后的效果图如图 11-54 所示。

3. 制作内容页三

此页面需要同时显示 16 条建议，在内容策划中，关键字提炼法已经介绍提炼该段文字，在 PPT 制作中做到工整对仗，简洁美观。

在 PPT 中插入文本通常有两种方法，一是插入文本框后直接输入文字，二是插入形状

图 11-54　添加详细内容后的效果

后在形状内输入文字。但这两种方法也有一定局限，在面对如本案例中需要 16 个矩形色块，若插入矩形形状，则需要对矩形进行排列对齐，实现步骤不仅复杂，而且控制精度不佳。这时，可以插入表格，免去了排列对齐步骤，省时易用。

制作思路：复制一级、二级标题栏、底部色块及详细标题到新页面，更改一级、二级标题栏及详细标题中的文字，插入 2 ×8 表格，调整大小，输入文字，更改表格填充颜色及线条颜色。

内容页三的具体制作过程如下。

1）复制更改好实例后，插入"微课教学设计十六建议"文本，插入内容页三的标题的效果如图 11-55 所示。

2）单击"插入"选项卡，单击选项卡中"表格"，在下拉菜单中快速插入表格，鼠标移动到 2 ×8 后，单击即可插入表格，如图 11-56 所示。

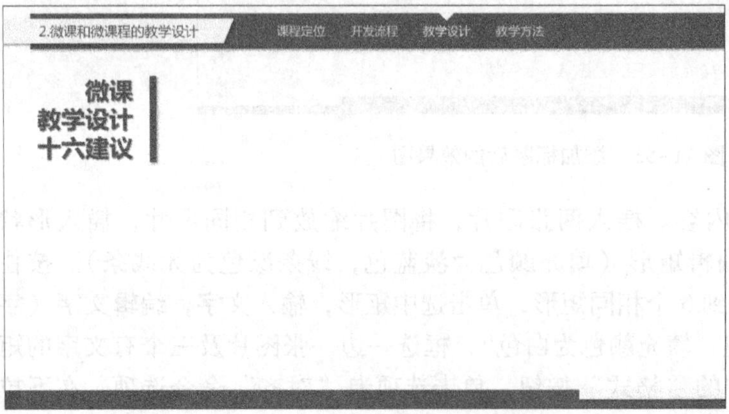

图 11-55　插入内容页三的标题的效果

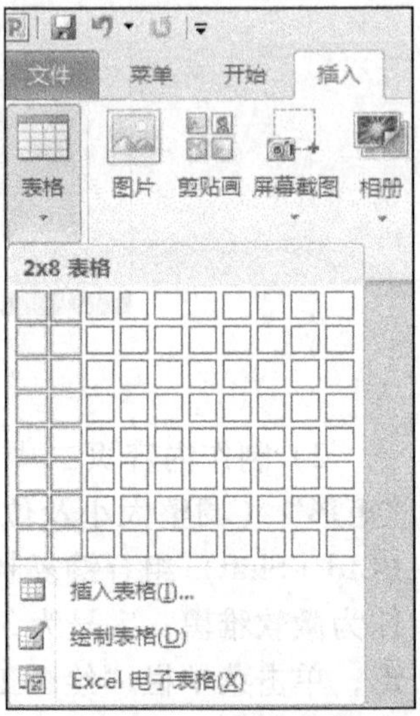

图 11-56　插图表格

3）调整表格的大小及位置，输入文字，如图 11-57 所示。框选中表格，单击"开始"选项卡，调整字体为微软雅黑；字号为 18；填充颜色为白色（取消第 1 行文字加粗），单击菜单栏“表格工具”中的“设计”按钮，单击油漆桶样式“底纹”选项，选择下拉菜单中的浅蓝色，设置表格底色，如图 11-58 所示。

图 11-57　插入表格与文本后的效果

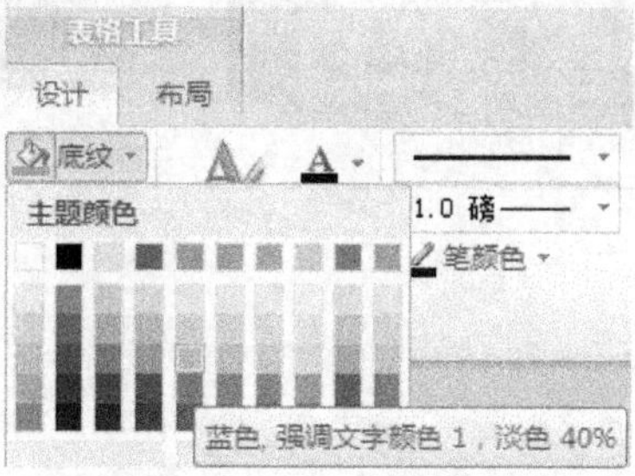

图 11-58　设置表格底色

4）在“设计”选项卡中，“绘图边框”区里，设置线条宽度为“6 磅”，如图 11-59 所示。单击笔颜色选项设置为“白色”，在“设计”选项卡中单击“边框”选项，选择下拉菜单中“所有框线”选项，如图 11-60 所示。

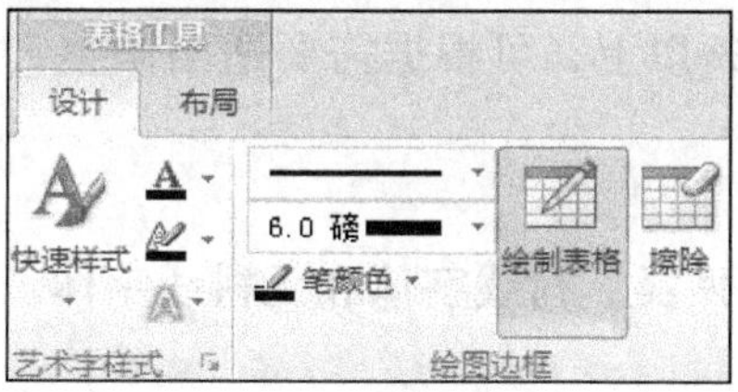

图 11-59　设置线宽

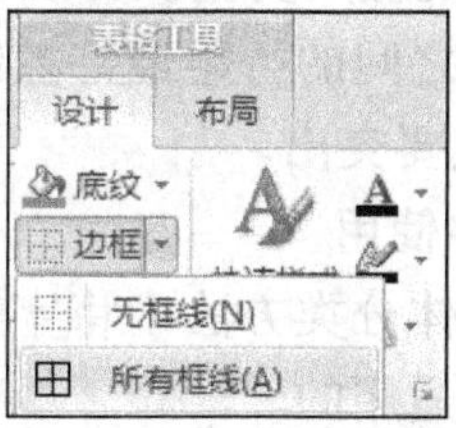

图 11-60　设置边框

11.2.6　结尾页制作

PPT 结尾页文字内容一般只有两部分，一是表示感谢和请求指正字样，二是主讲人信息，这与封面内容基本一致。

本方案所讲内容较为抽象，因此可以将封面进行修改即可。下面介绍本实例封底制作思路及制作过程。

制作思路：复制封面幻灯片，如图 11-12 所示，缩小矩形 1 高度及线段间距，扩大平行四边形 2 高度。

复制粘贴封面幻灯片，控制矩形 1 下方中心控制点，将矩形 1 高度减小，将下方直线按住〈Shift〉键向上平移，控制平行四边形 1 上方中心控制点，将平行四边形高度增加，输入文字“谢谢”（设置字体为微软雅黑；字号为 96；加粗；加阴影），输入主讲人其他信息及插入图片即可。最终效果图如 11-1f 所示。

当然本项目中的首尾页需要前后呼应，借助图 11-4 中的模板进行修改后的方案如图 11-61 所示，一般在封面的基础上进行修改，也可以重新设计 PPT 结尾页。

a) b)

图 11-61 PPT 首尾页设计

a）封面 b）封底

11.3 实例小结

本实例主要借助计算机应用技术国家级师资培训项目的“微课开发技术”的项目培训，制作了一个培训类演示文稿。操作中需要注意以下几点。

1. PPT 文字的排版要有层次感

PPT 中文字的应用要主次分明。在内容方面，呈现主要的关键词、观点即可。在文字的排版方面，文字之间的行距最好控制在 140% 以上，可根据需要适当调整，文字整体的字号不小于 20，重点要突出。

2. 字体巧妙使用

在西文的字体分类方法中将字体分为了两类：衬线字体和无衬线字体。实际上对于汉字的字体分类也是适用的。

（1）衬线字体

衬线字体在笔画开始和结束的地方有额外的装饰，而且笔画的粗细有所不同。文字细节较复杂，较注重文字与文字的搭配和区分，在纯文字的 PPT 中使用较好。

常用的衬线字体有宋体、楷体、隶书、舒体、方正粗倩体等，如图 11-62 所示。使用衬线字体作为页面标题时，有优雅、精致的感觉。

图 11-62 衬线字体

（2）无衬线字体

无衬线字体笔画没有装饰，笔画粗细接近，文字细节简洁，字与字的区分不是很明显。相对衬线字体的手写感，无衬线字体人工设计感比较强，时尚而有力量，稳重而又不失现代感。无衬线字体更注重段落与段落、文字与图片的配合区分，在图标类型 PPT 中表现较好。

常用的无衬线体有黑体、幼圆、微软雅黑和方正准圆体等，如图 11-63 所示。使用无衬线字体作为页面标题时，有简练、明快、爽朗的感觉。

图 11-63　无衬线字体

(3) 字体的经典搭配

经典搭配 1：方正综艺体（标题）+微软雅黑（正文）。此搭配适合进行课题汇报、咨询报告、学术报告等正式场合，如图 11-64 所示。

图 11-64　经典搭配 1

经典搭配 2：方正粗宋简体（标题）+微软雅黑（正文）。此搭配适合使用在会议之类的严肃场合，如图 11-65 所示。

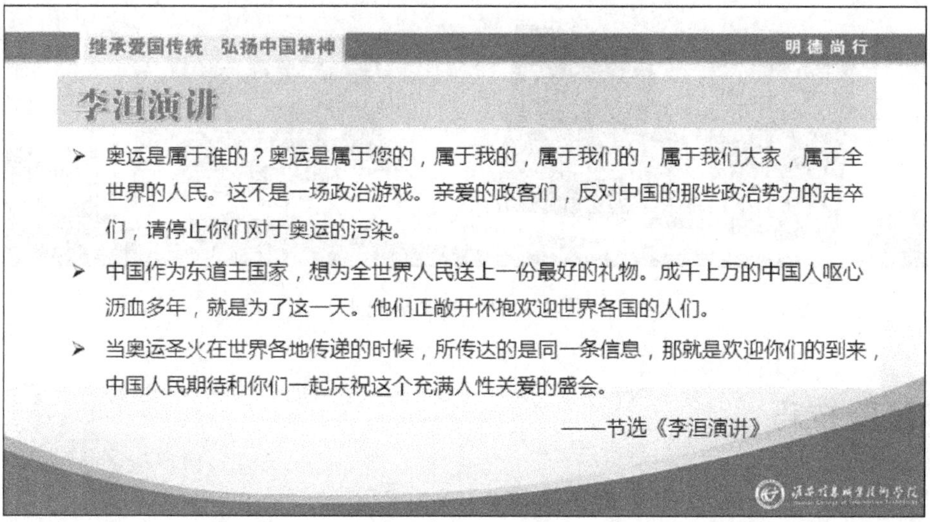

图 11-65　经典搭配 2

经典搭配 3：方正粗倩简体（标题）+微软雅黑（正文）。此搭配适合使用在企业宣传、产品展示之类场合，如图 11-66 所示。

图 11-66　经典搭配 3

经典搭配 4：方正卡通简体（标题）＋微软雅黑（正文）。此搭配适合于活泼一点的场合，如图 11-67 所示。

图 11-67　经典搭配 4

11.4　经验技巧

1. “后悔药”——增加 PPT 撤销次数

单击“文件”选项卡，在弹出选项卡中单击“选项”命令，在弹出的“PowerPoint 选项”窗口中单击“高级”选项，设置“最多可取消操作数”，例如修改为 30，如图 11-68 所示。

设置后可选择撤销次数，如图 11-69 所示。

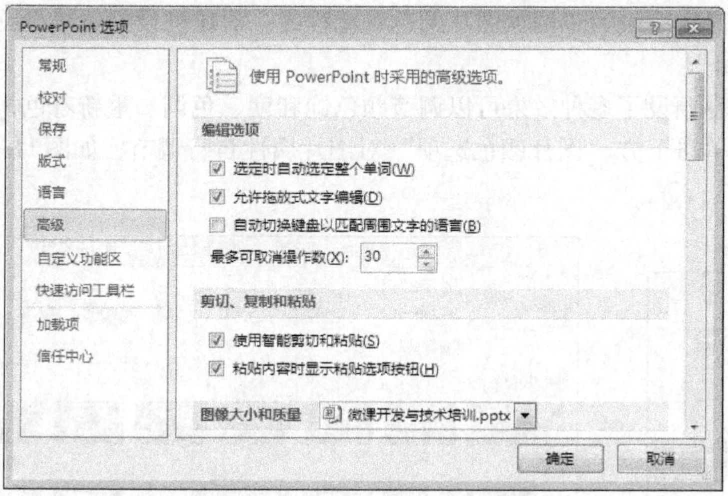

图 11-68 设置“最多可取消操作数”

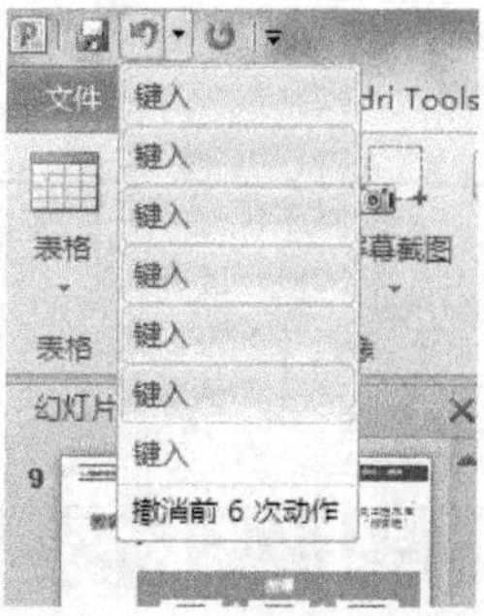

图11-69 选择撤销次数

2. “复活药”——设置自动保存时间及文件位置

单击“文件”选项卡，在弹出选项卡中单击“选项”命令，在弹出菜单中单击“保存”按钮，设置“保存自动恢复信息时间间隔”（例如 10 分钟），并勾选。“自动恢复文件位置”默认位置一般在“C：\Users\Administrator\AppData\Roaming\Microsoft\PowerPoint\”目录下，如图 11-70 所示。

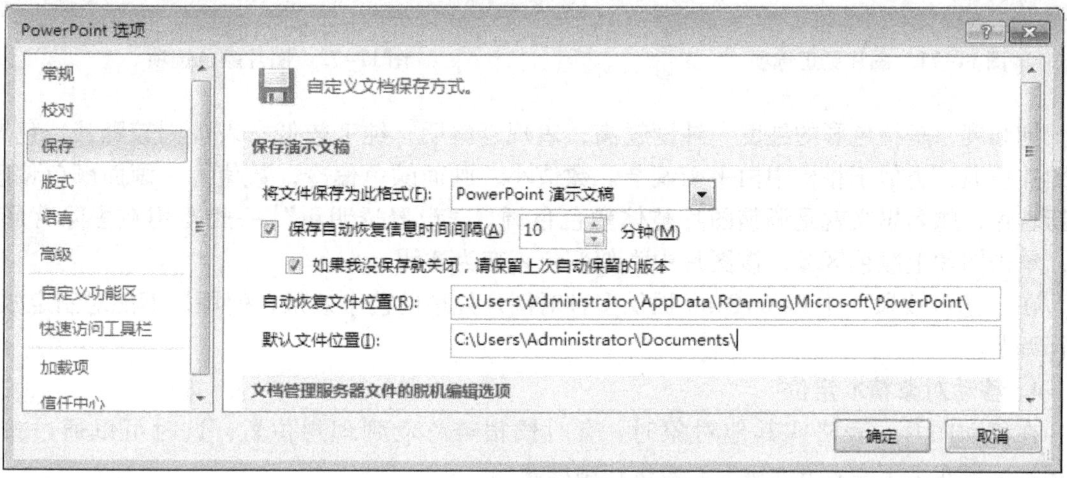

图 11-70 设置自动保存时间

3. “特效药”——快速更改插入图片样式

选择要插入的图片，在菜单栏中单击“图片工具”中的“格式”选项卡，在选项卡中可以对图片进行“更正”“颜色”及“艺术效果”选项调节。

在“更正”中 PowerPoint 预设多种效果组合可以调节柔化、锐化、亮度、对比度，若用户自行调节图片以上属性则单击下方“图片更正选项”对图片属性自行调节，如图 11-71 所示。柔化和锐化是一对相对的概念，柔化是将图片变模糊，锐化则是将图片变清晰。亮度是调节图片明亮程度，亮度为正是增加图片明亮程度，亮度为负是降低图片明亮程度。对比度是调节图片颜色对比程度，对比度设为正增加图片颜色对比程度，对比度设为负减少图片颜色对比程度。

在“颜色”中PowerPoint也预设了多种效果可以调节颜色饱和度、色调、重新着色，若用户自行调节图片以上属性则单击下方“图片颜色选项”对图片属性自行调节，如图11-72所示。

图11-71　图片更正选项

图11-72　图片颜色选项

饱和度，是指色彩的纯度，纯度越高，表现越鲜明，纯度较低，表现则较黯淡。色调，即图片色温，类似于相机中白平衡调节。数值小，画面颜色偏冷，数值大，画面颜色偏暖。重新着色，顾名思义就是调整图片整体颜色色调。“设置透明色”一般运用在去除背影颜色，单击图片上颜色区域，该图片中类似颜色将变为透明。

在“艺术效果”中PowerPoint提供多种对图片处理的艺术效果，但用户不能对制定效果进行调节。

4. 移动对象精准定位

在移动图片、表格或其他对象时，有时候很难移动到理想位置，这时可以通过按住〈Ctrl〉+键盘上下左右方向键对对象进行精准微移。

5. 快速定位幻灯片

在播放PowerPoint演示文稿时，如果要快进到或退回到第5张幻灯片，可以这样实现：按下数字〈5〉键，再按下〈Enter〉键。

11.5　拓展练习

王明同学要竞选学校学生会体育部部长一职，现在他需要制作一份演讲用的PPT演示文档，以下是他的演讲内容，请大家根据他的演讲内容帮他完成一份PPT演示文稿。

--文本内容 --

尊敬的各位老师、同学，你们好，我是来自交通 1122 的小明，现在担任交通 1122 班班长及校学生会体育部副部长的职务。我是一个开朗阳光、做事严谨、认真踏实的人，平时，喜欢打篮球，是院篮球队主力；喜欢弹弹吉他唱唱歌，善于与人交往。今天站在这个竞选的舞台上我所要竞选的职务就是体育部部长一职。

我本次演讲将从岗位认识、竞选优势、工作设想三步展开。

我的竞选优势是：我有足够的自信与能力来胜任这个职务。首先，我有足够的工作热情。在任体育部副部长期间，我积极参与部门组织的各项活动，认真仔细完成部长交代的任务，对部门的基本活动也有很多的了解。有丰富的工作经验，有昂扬的工作热情，能够不断进取，能够虚心改正不足。

我的工作设想将从纠作风、细分工、优训练、备校运展开……

--文本结束 --

参考 PPT 效果如图 11-73 所示。

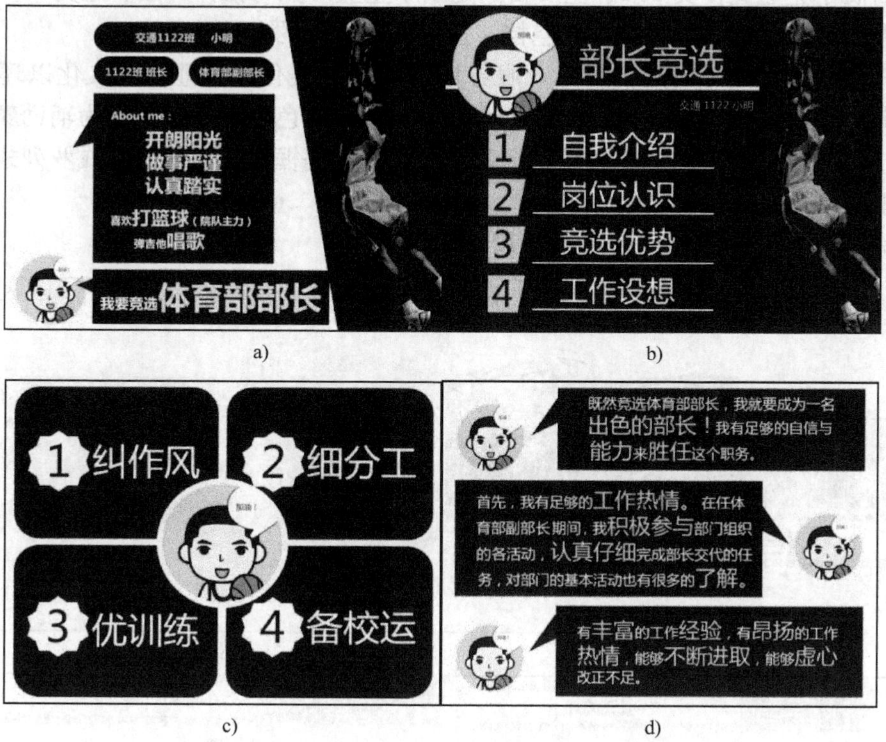

a) b) c) d)

图 11-73 参考 PPT 效果

a）封面 b）目录页 c）内容页 1 d）内容页 2

实例 12　产品介绍类演示文稿制作

12.1　实例简介

12.1.1　实例需求与展示

专用汽车制造有限公司李经理将在某汽车展览会上介绍公司的新产品联合吸污车，现在他需要做一份“联合吸污车产品介绍”的 PPT 演示文稿。

本项目属于企业宣传类 PPT，主要目的是展示企业形象与推介产品。此类 PPT 填补了静态宣传画册与动态企业宣传视频中的空档，达到动静结合的宣传效果。

专用汽车制造有限公司是一家专业服务城市管理与美化的企业，其文化以环保绿色为主，为了彰显企业文化特点，设计以绿色作为主色调，黄色等其他颜色作为辅助颜色，在质感上以简洁为主。针对本实例的特征，企业宣传演示文稿框架适用说明式或罗列式，对语言和文字需要准确无误，简短精炼。

最终完成的 PPT 演示文稿效果如图 12-1 所示。

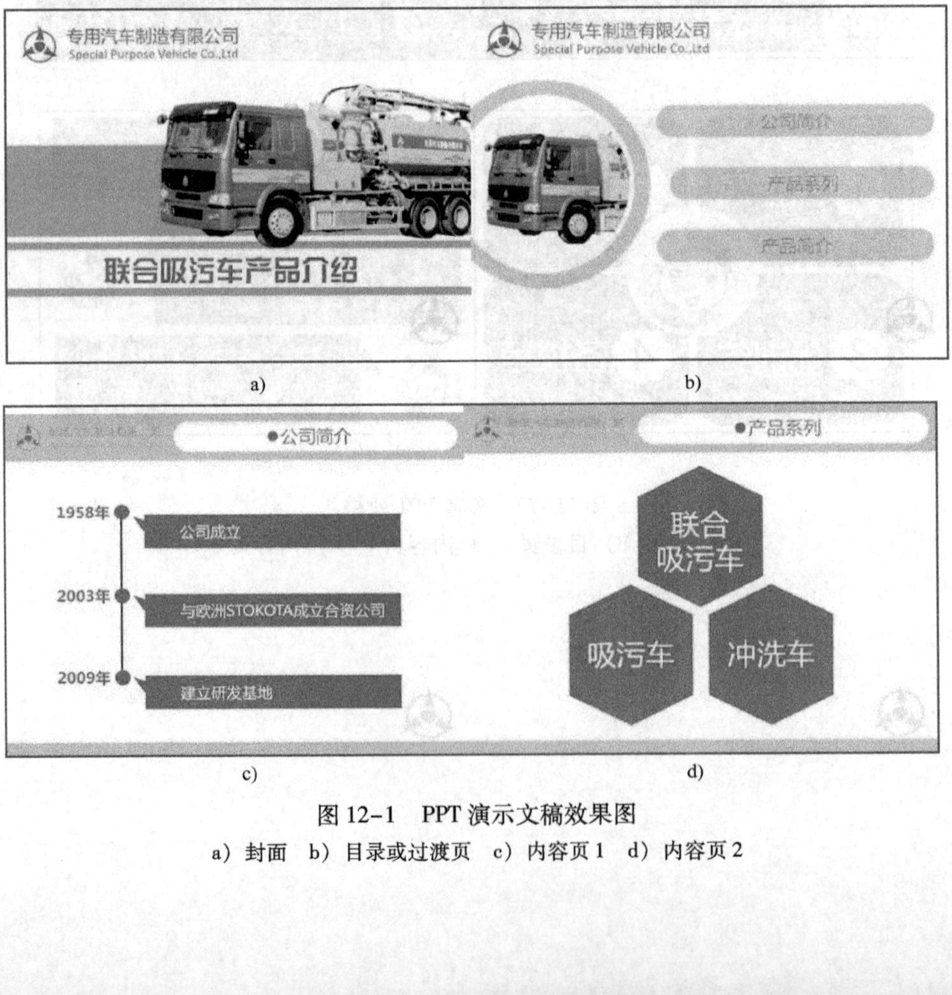

a)　b)　c)　d)

图 12-1　PPT 演示文稿效果图

a）封面　b）目录或过渡页　c）内容页 1　d）内容页 2

e) f)

图 12-1 PPT 演示文稿效果图（续）

e）内容页 3 f）内容页 4

12.1.2 知识技能目标

涉及的主要知识点：PPT 色彩运用技巧、PPT 母版的使用、插入动画以及插入视频等。

知识技能目标：

- 正确使用色彩搭配方法。
- 掌握插入动画的方法。
- 掌握插入视频的使用方法。
- 掌握创建与编辑母版的方法。
- 掌握幻灯片切换动画的方法。

12.2 实例实现

经过分析，本实例的实现过程中首先要学习 PPT 的色彩运用方法与技巧，主要介绍封面制作、过渡页目录制作、图形内容页制作、多媒体内容制作以及封底制作等几部分组成。

本实例采用 4:3（全屏显示）的页面设计，具体实现过程如下。

12.2.1 PPT 中的色彩运用

1. 色彩的基本理论

（1）RGB 颜色

PPT 的颜色主要由红（Red）、绿（Green）、蓝（Blue）3 种基本颜色组成，其他的颜色是由这 3 种颜色调和而成的。

（2）颜色的三要素

色相：即是颜色的相貌称谓，如红色、橙色、黄色和绿色等。

纯度：也称饱和度，或者称为彩度，是指颜色的鲜艳程度，即颜色的色素含量。如果纯度高，则色彩艳丽，否则颜色淡灰。正红色、正黄色和正蓝色等都是纯度极高的颜色，而灰色则是纯度最低的颜色。

明度：也称亮度，是颜色的明暗程度，是各色相中白色的含量。白色是明度最高的色调，白色的明度为100%，黑色的明度为0。

2. 色彩的含义

色彩在人们的生活中都是有丰富的感情和含义的。例如，红色让人联想起玫瑰，联想到喜庆，联想到兴奋等，不同的颜色含义也各不相同，见表12-1。

表12-1　颜色的含义一览表

颜色	含　义	具体表现	抽象表现
红色	一种对视觉器官产生强烈刺激的颜色，在视觉上容易引起注意，在心理上容易引起情绪高昂，能使人产生冲动、愤怒、热情、活力的感觉	火、血、心、苹果、夕阳、婚礼、春节等	热烈、喜庆、危险、革命等
橙色	一种对视觉器官产生强烈刺激的颜色，由红色、褐黄色组成，比红色多些明亮的感觉，容易引起注意	橙子、柿子、橘子、秋叶、砖头、面包等	快乐、温情、积极、活力、欢欣、热烈、温馨、时尚等
黄色	一种对视觉产生明显刺激的颜色，容易引起注意	香蕉、柠檬、黄金、蛋黄、帝王等	光明、快乐、豪华、注意、活力、希望、智慧等
绿色	对视觉器官的刺激较弱，介于冷暖两种色彩的中间，显示出和睦、宁静、健康、安全的感觉	草、植物、竹子、森林、公园、地球、安全信号	新鲜、春天、有生命力、和平、安全、年轻、清爽、环保等
蓝色	对视觉器官的刺激较弱，在光线不足的情况下不易辨认，具有缓和情绪的作用	水、海洋、天空、游泳池	稳重、理智、高科技、清爽、凉快、自由等
紫色	由蓝色和红色组成，对视觉器官的刺激正好综合强弱，形成中性色彩	葡萄、茄子、紫菜、紫罗兰、紫丁香等	神秘、优雅、女性化、浪漫、忧郁等
褐色	在橙色中加入了一定比例的蓝色或黑色所形成的暗色，对视觉器官刺激较弱	麻布、树干、木材、皮革、咖啡、茶叶等	原始、古老、古典、稳重、男性化等
白色	自然日光是由多种有色光组成的，白色是光明的颜色	光，白云、雪、兔子、棉花、护士、新娘等	纯洁、干净、善良、空白、光明、寒冷等
黑色	为无色相、无纯度之色，对视觉器官的刺激最弱	夜晚、头发、木炭、墨、煤等	罪恶、污点、黑暗、恐怖、神秘、稳重、科技、高贵、不安全、深沉、悲哀等
灰色	由白色与黑色组成，对视觉器官刺激微弱	金属、水泥、砂石、阴天、乌云、老鼠等	柔和、科技、年老、沉闷、暗淡、空虚、中性、中庸、平凡、温和、谦让、中立和高雅等

3. 选取PPT主色和PPT辅助色

PPT设计中都存在主色和辅助色之分。

PPT主色：视觉的冲击中心点，整个画面的重心点，它的明度、大小、饱和度都直接影响到辅助色的存在形式以及整体的视觉效果。

PPT辅助色：在整体的画面中则应该起到平衡主色的冲击效果和减轻其对观看者产生的视觉疲劳度，起到一定量的视觉分散的效果。

例如图12-2a和b中所示蓝色为整个PPT的主色，黄色是整个PPT辅助色（具体效果可见本书配套光盘）。

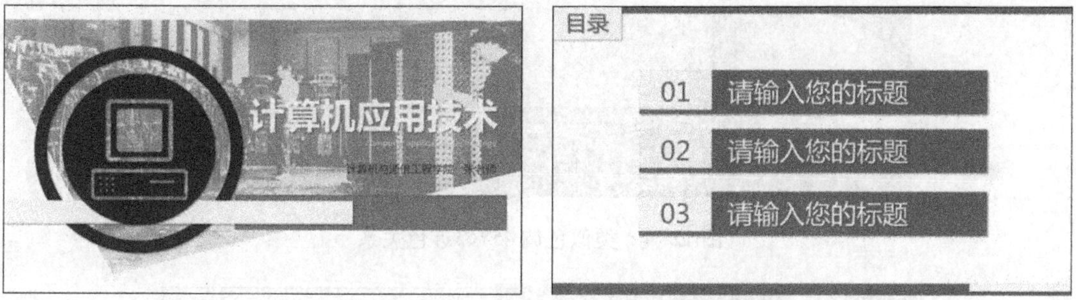

a)　　　　　　　　　　b)

图 12-2　PPT 主色与辅色演示

a）封面页中主辅色　b）过渡页中主辅色

需要强调的是，在 PPT 制作时选用两种或多种对比强烈的色彩为主色的同时，必须找到平衡它们之间关系的一种色彩，比如黑色、灰色和白色等，但需要注意它们之间的亮度、对比度和具体占据的空间比例的大小，在此基础上再选择 PPT 的辅助色。

4. 确定 PPT 页面的颜色基调

相同色相的颜色在变淡、变深和变灰时的面貌可能是你所想不到的，但总体有一种色调，是偏蓝或偏红，是偏暖或偏冷等。如果 PPT 设计过程没有一个统一的色调，就会显得杂乱无章。以色调为基础的搭配可以简单分为同一色调搭配、类似色调搭配和对比色调搭配。

（1）同一色调的 PPT 搭配

同一色调的 PPT 搭配：将相同的色调搭配在一起，形成统一的色调群。

如图 12-3 所示，左侧色环中的两种不同颜色为同一色调（具体效果可见本书配套光盘）。

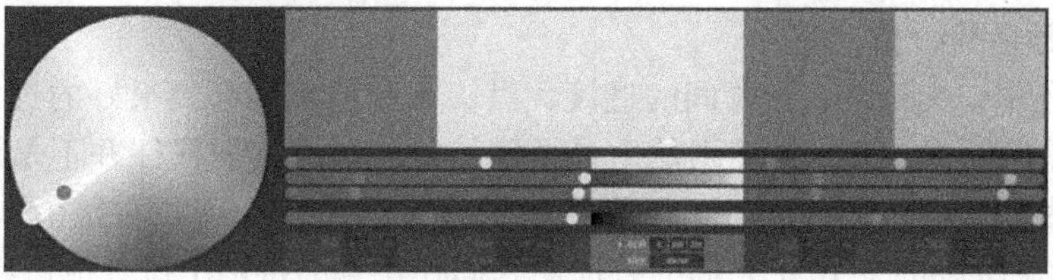

图 12-3　同一色调

（2）类似色调 PPT 搭配

类似色调 PPT 搭配：以色调配置中相邻或相近的两个或两个以上的色调搭配在一起的配色。类似色调的特征在于色调与色调之间微小的差异，较同一色调有变化，不易产生呆滞感。

如图 12-4 所示，左侧色环中的 5 种不同颜色为类似色调（45°邻近色关系）。

如图 12-5 所示，左侧色环中的 5 种不同颜色为类似色调（90°邻近色关系）。

图 12-4 和图 12-5 的具体效果可见本书配套光盘。

（3）对比色调 PPT 搭配

对比色调 PPT 搭配：相隔较远的两个或两个以上的色调搭配在一起的 PPT 配色。对比色调因色彩的特性差异，造成鲜明的视觉对比，有一种相映或相拒的力量使之平衡，因而产生对比调和感。

图 12-4　类似色调 45°邻近色关系

图 12-5　类似色调 90°邻近色关系

如图 12-6 所示，左侧色环中的两种不同颜色为对比色调（具体效果可见本书配套光盘）。

图 12-6　对比色调 90°对比色调

5. 添加辅助色黑、白、灰

在 PPT 配色中，无论什么色彩间的过渡，黑、灰和白都能起到很好的过渡作用。但黑、白起到的大都是间断式过渡，灰度则是比较平稳的过渡，但它们往往并不是最好的过渡色。在利用它们作为 PPT 辅助色的同时，不要忽略了它们的超强稳定性对整个画面所造成的影响。在运用黑、白的同时，由于它们的特性使它们在视觉的辨别中比其他色彩更容易成为视觉的中心。辅助色的运用如图 12-7 所示（具体效果可见本书配套光盘）。

辅助色（灰）

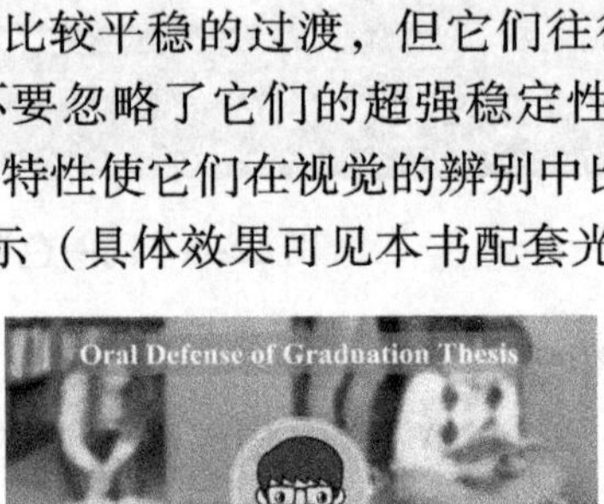

图 12-7　辅助色运用

其实简单来说，PPT 配色不外乎色彩的对比、色彩的辅助、色彩的平衡以及色彩的混合，但道理往往是很简单的，做起来就不是那么容易了，所以要多看、多实践、多交流，努力提高自己的综合运用能力。

12.2.2　母版制作

1. 母版的相关概念

母版（Slide Master）是指 PPT 中最底层样式，用于统一所有幻灯片的样式，可供用户插入设定标题文字、公司 logo、水印背景、页面和动作按钮等，只需更改一项内容就可更改所有幻灯片的设计。

版式是幻灯片母版中的子项目，受 PPT 母版的影响。在 PPT 版式设计中母版内容作为版式的底层，PPT 幻灯片受母版版式的直接影响。

幻灯片是直接显示在屏幕上的内容，受母版和版式的双重影响，在母版视图中，可以对母版和版式进行编辑，不能对幻灯片进行编辑，关闭母版视图后方可对幻灯片进行编辑，母版、版式和幻灯片三者之间的关系如 12-8 所示。

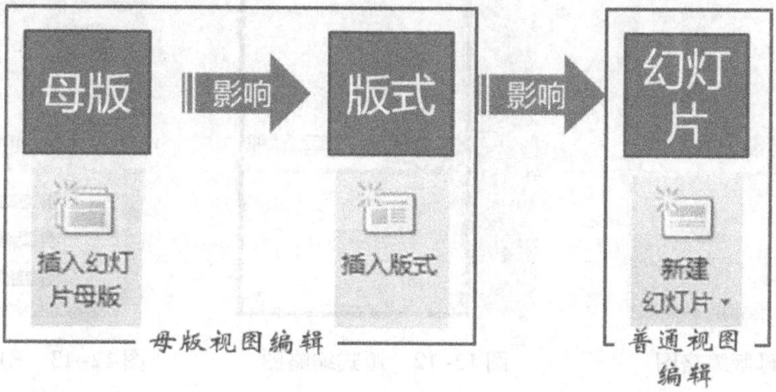

图 12-8　母版、版式和幻灯片之间的关系

2. 母版的编辑

单击“视图”选项卡，在选项卡中单击“幻灯片母版”按钮，进入母版视图如图 12-9 所示。

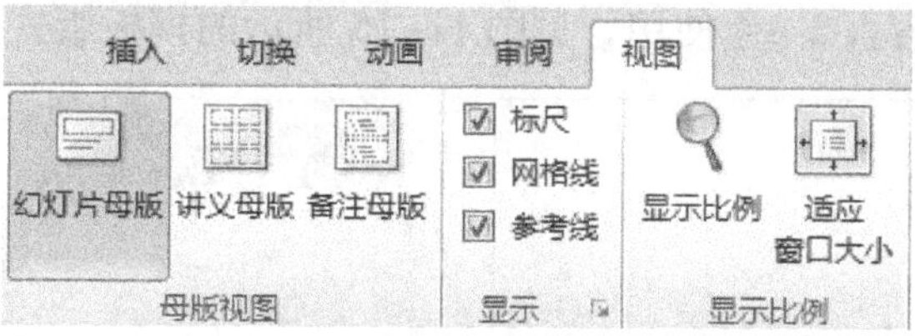

图 12-9　进入母版视图

单击“幻灯片母版”后进入“幻灯片母版视图”，菜单栏变成“幻灯片母版”，如图 12-10 所示。

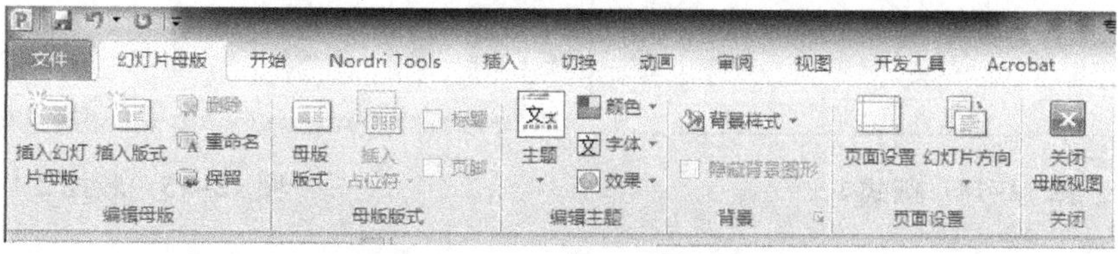

图 12-10　母版视图菜单栏

进入幻灯片母版界面，编辑后的母版样式将作为该母版下版式中的底图。母版视图下的母版缩略图如图 12-11 所示。

对版式样式进行编辑，版式样式将成为选择该版式的幻灯片底图。母版视图下的版式缩略图如图 12-12 所示。

普通视图下，幻灯片缩略图如图 12-13 所示。

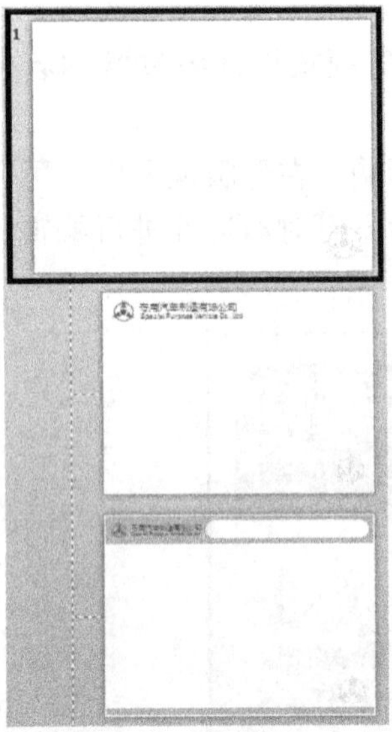

图 12-11　母版缩略图

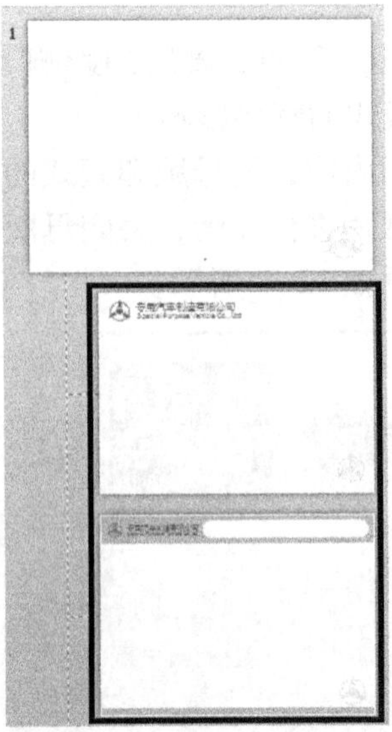

图 12-12　版式缩略图

图 12-13　幻灯片缩略图

3. 本项目应如何编辑母版及版式

针对本项目应如何编辑母版及版式？

制作思路：如最终效果图 12-1 所示，所有幻灯片在右下角都有一个公司 logo。这需要制作一个右下角有公司 logo 的母版和两个版式，一个版式由封面和过渡页使用，如图 12-14 所示，另一个版式由内容页 1 ~4 使用，见图 12-15 所示的模板版式。

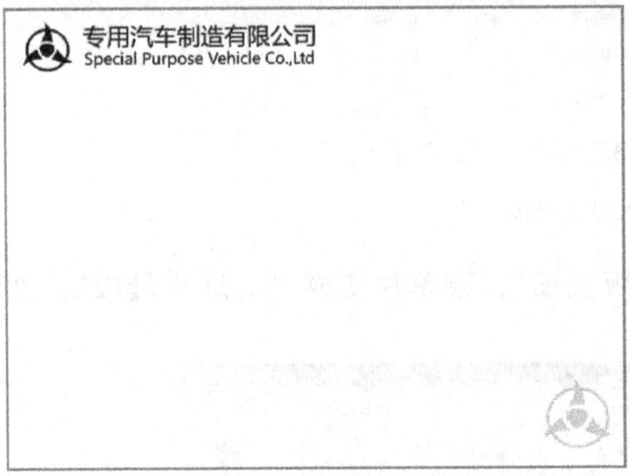

图 12-14　版式 1

图 12-15　版式 2

母版制作步骤：

1）单击“视图”选项卡，单击选项卡中“幻灯片母版”按钮，进入幻灯片母版视图，在选择母版的状态下，单击菜单栏中“插入”，单击选项卡中“图片”按钮，如图 12-16 所示，插入公司 logo 图片，调整大小并移到合适的位置。母版样式如图 12-17 所示。

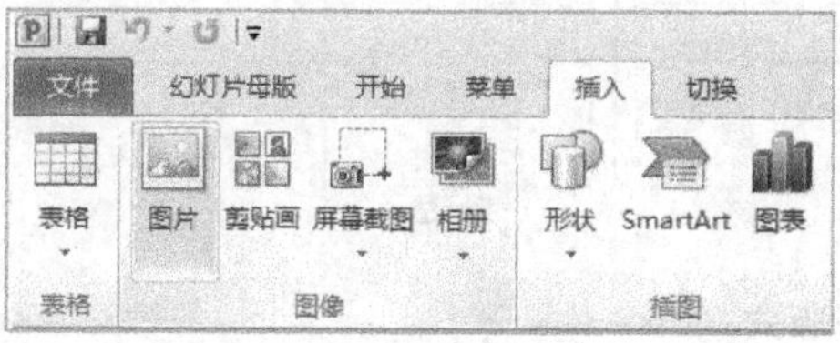

图 12-16　插入图片

图 12-17　母版样式

2）版式 1 制作。选中其中一个版式，插入公司 logo，调整位置及大小，插入文本框，输入文字“专用汽车制造有限公司”。设置字体：微软雅黑；颜色：深绿；字号：27。输入文字“Special Purpose Vehicle Co. , Ltd”，设置字体：微软雅黑；颜色：深绿；字号：18。最终效果如图 12-14 所示。

3）版式 2 制作。插入形状“矩形”，将矩形调整大小，拖动到顶部与底部，设置形状格式：填充：纯色填充“绿色”；线条：无线条，插入企业 logo 图片，调整大小和位置。插入“文本框”，输入文字“专用汽车制造有限公司”（设置字体：微软雅黑；颜色：深绿；字号：18）“Special Purpose Vehicle Co. , Ltd”（设置字体：微软雅黑；颜色：深绿；字号：12）。最终效果如图 12-15 所示。

4）关闭母版视图。单击“幻灯片母版”选项卡，如图 12-10 所示，单击“关闭母版视图”后，即转入“普通视图”，或者单击右下角的▣直接进入“普通视图”。

12.2.3　封面制作

制作思路： 应用版式 1 样式，插入深绿色矩形，插入汽车产品图片，插入文本框相关输入文字。

制作过程： 新建幻灯片▣，右键单击鼠标，单击“版式”按钮，选择版式 1 样式，如图 12-18 所示。插入形状“矩形”调整大小及位置，设置形状格式，填充为纯色填充“深绿”，线条颜色为“无线条”；插入“文本框”，输入文字“联合吸污车产品介绍”，设置字体为经典综艺体；颜色为深绿，字号为 44。插入汽车产品“图片”，调整大小及位置，如图 12-1a 所示。

12.2.4　目录制作

制作思路： 应用版式 1 样式，将汽车产品图片裁剪成圆形，插入形状，插入文字。

制作过程： 新建幻灯片▣，选择版式 1（步骤与封面制作一致），插入产品汽车图片，裁剪横纵比为“方形 1∶1”，按住〈Ctrl + Shift〉快捷键对裁剪区域中心放大或缩小，如

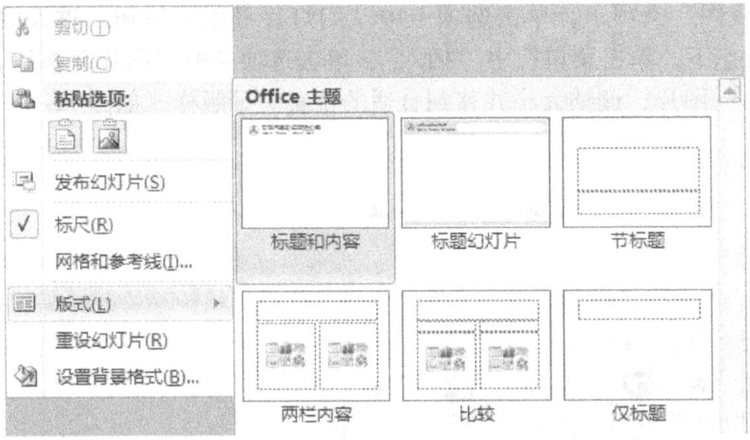

图 12-18　选择版式

图 12-19 所示，裁剪为形状“椭圆”；插入形状“同心圆◎”，调整大小和位置，设置形状格式，填充为纯色填充“绿色”，线条颜色为“无线条”；插入形状“圆角矩形▭”，拖动“控制点◇”改变形状，设置形状格式，填充为纯色填充“绿色”，线条颜色为“无线条”；输入文字，设置字体为微软雅黑；颜色为深绿；字号为 27。制作完毕后如图 12-20 所示。

图 12-19　裁剪区域中心放大

图 12-20　过度页面制作

12.2.5　内容页 1 和 2 的制作

内容页 1 制作思路： 应用版式 2 样式，插入形状，插入文字。

内容页 1 制作过程：

1）新建幻灯片▭，步骤与封面制作一致，在幻灯片空白处，单击鼠标右键，单击“版式”按钮，选择版式 2 样式“标题幻灯片”，如图 12-21 所示。

2）插入形状“矩形标注▭”，拖动“控制点◇”改变形状，设置形状格式，填充为纯色填充“深绿”，线条颜色为“无线条”；插入形状“椭圆⬭”，调整大小及位置，设置形状格式，填充为纯色填充“深绿”，线条颜色为“无线条”；插入形状“直线╲”，按住〈Shift〉键向下拖动，设置形状格式，线条颜色为实线“深绿”，线型宽度为 3 磅。

3）插入文字“公司简介”添加项目符号为圆形，如图 12-22 所示，设置字体为微软雅黑，颜色为深绿，字号为28；插入文字在标注框内，设置字体为微软雅黑，颜色为深绿，字号为24；插入年份文字，设置字体为微软雅黑，颜色为深绿，字号为24。

图 12-21　选择版式 2

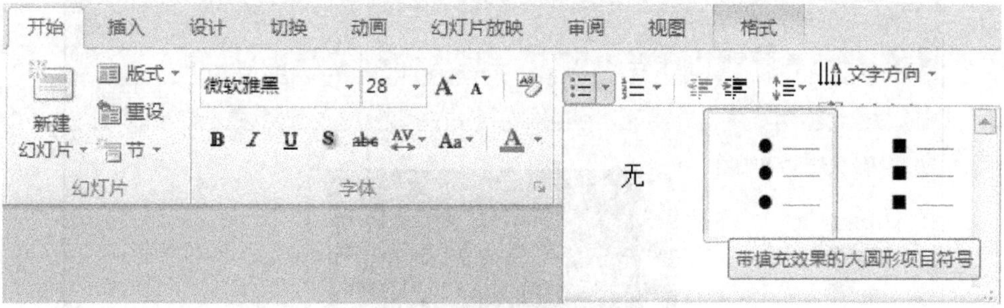

图 12-22　添加项目符号

最终效果图如 12-1c 所示。

内容页 2 制作思路：应用版式 2 样式，插入形状，插入文字。

内容页 2 制作过程：新建幻灯片，选择版式 2；插入形状“六边形”，拖动“旋转控制点”将六边形旋转 90 度或者在绘图工具中选择“旋转”→“旋转 90 度”，插入文字“联合吸污车、吸污车、冲洗车”，设置字体为微软雅黑，颜色为白色，字号为 44。最终效果图如 12-1d 所示。

12.2.6　插入视频

PowerPoint 软件对 WMV 格式视频支持最好，如需插入 MOV 或 MP4 格式视频，则需安装 Quicktime 播放器。所以最好使用“格式工厂”类似的格式转换软件将格式转换为 WMV 格式，然后再作为资源插入到 PPT 中。

内容页 3 制作思路：应用版式 2 样式，插入图片，插入形状，插入文字，插入视频。

内容页 3 制作过程：

1）新建幻灯片，选择版式 2，插入汽车产品图片，调整大小及位置。

2）插入形状“矩形”，调整大小及位置，设置形状格式，填充为纯色填充“深绿”，线条颜色为“无线条”。

3）插入文本框，输入文字“多功能联合吸污车”，设置字体为微软雅黑，颜色为深绿，字号为 28，加粗；输入产品型号，设置字体为微软雅黑，颜色为深绿，字号为 14。

4）单击“插入”选项卡，单击图 12-23 中的插入“视频”按钮，选择“文件中的视频…”命令，弹出“插入视频文件”对话框，如图12-24所示。选择插入的视频文件“汽车展示视频”，单击“插入”按钮后完成视频的插入。

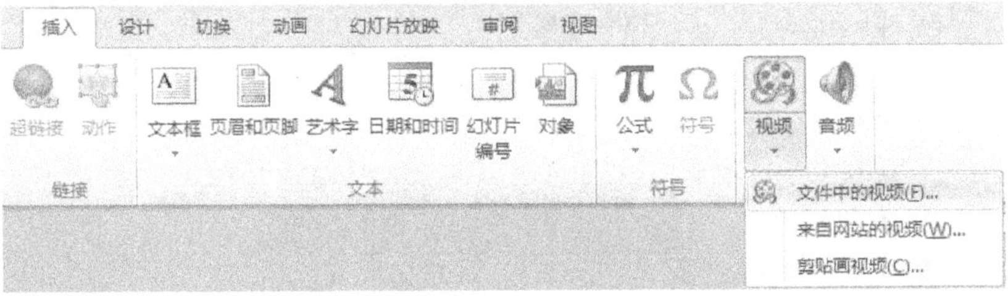

图12-23　插入视频

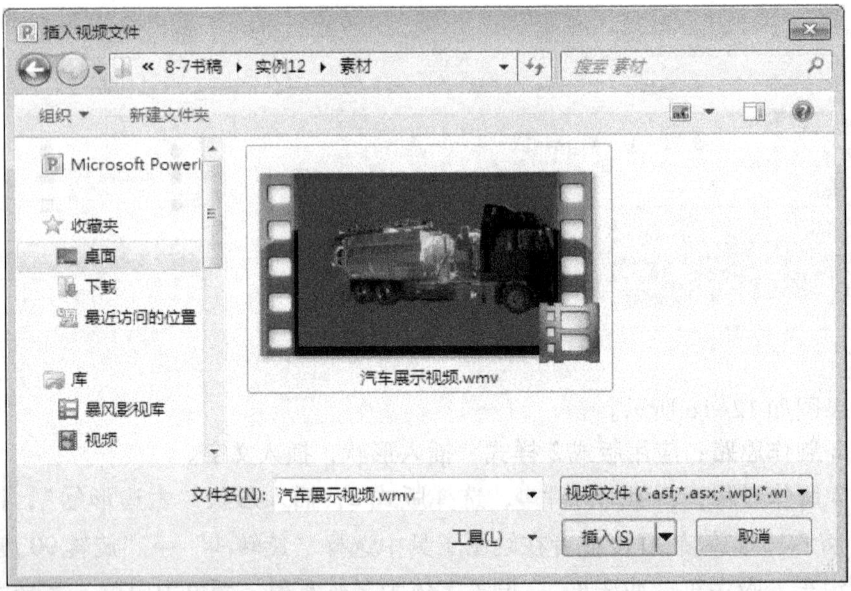

图12-24　“插入视频文件”对话框

注意：视频插入后，如果视频的画面过大或者比例不合适，可以单击菜单栏视频工具“格式”，裁剪视频多余的上下边。

最终效果图如图12-1e所示。

12.2.7　插入Flash

在PowerPoint中可以插入SWF格式的Flash。若让PowerPoint支持Flash，则需要安装Adobe Flash播放器。

内容页4制作思路：复制内容页3幻灯片，添加ActiveX控件，创建路径与Flash连接。

内容页4制作过程：

首先，完成“开发工具”选项卡的添加，具体步骤如下。

1）单击“文件”选项卡，选择选项卡中的“选项”，在弹出的“PowerPoint选项”对话框中，选择左侧“自定义功能区”选项，在右侧滚动栏中“开发工具”前打上钩，如图12-25所示，单击“确定”按钮关闭对话框。

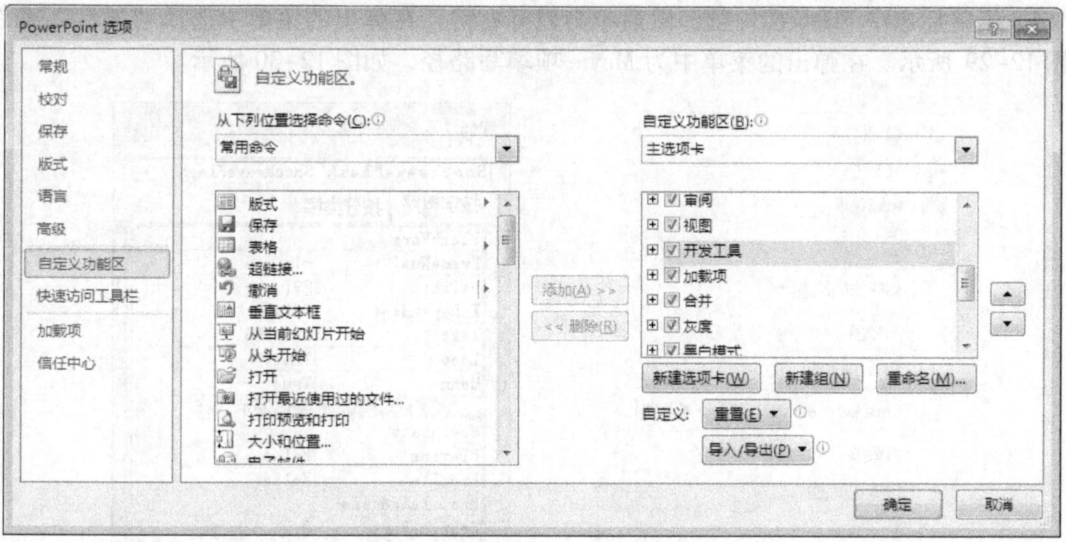

图 12-25　勾选“开发工具”选项

2）添加“开发工具”选项后，选项卡列表中就出现了“开发工具”选项卡，单击“开发工具”选项卡，如图 12-26 所示。

图 12-26　“开发工具”选项卡

3）单击“开发工具”选项卡，在选项卡中选择“其他控件”按钮，在弹出“其他控件”对话框，选择“Shockwave Flash Object”选项，如图 12-27 所示。单击“确定”按钮，用十字光标在幻灯片空白区域划出一个框。插入后的 Flash 控件框如图 12-28 所示。

图 12-27　Shockwave Flash Object 选项

图 12-28　插入后的 Flash 控件框

4）用鼠标选中 Flash 控件框，然后单击鼠标右键，在弹出的菜单中选择“属性”命令，如图 12-29 所示。在弹出的菜单中为 Movie 项填写路径，如图 12-30 所示。

图 12-29　选择属性

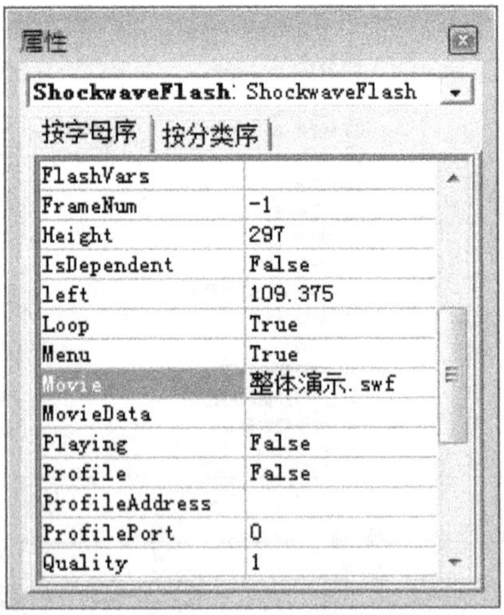

图 12-30　修改 Movie 路径

注意：如 SWF 文件与 PPT 文件放在同一个目录下，则填写文件名加扩展名即可。若不是同一个文件夹，则需要将文件的完整路径写出（例如路径修改为“素材\整体演示 . swf”）。

12.2.8　幻灯片切换动画

切换动画是 PPT 演示文稿中一张幻灯片切换到另一张幻灯片时发生的动画，与“动画”不同，其特点是为了解决幻灯片切换时的突兀感，创造连续性或分割性。

在菜单栏中“切换”选项卡中设置切换动画，具体设置如图 12-31 所示。

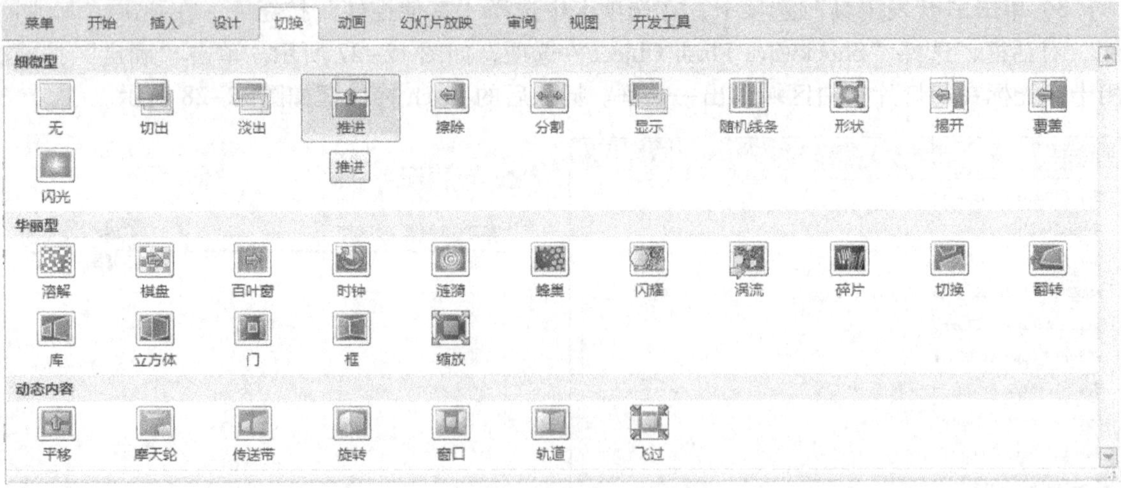

图 12-31　切换动画

细微型切换动画是最常使用的切换动画，华丽型切换动画看起来很炫，但是使用过多反而会喧宾夺主，动态内容是针对内容切换的，对 PPT 母版及背景不会有切换效果。

幻灯片切换动画要与演讲的逻辑保持一致，比如一个 PPT 演示文稿中有多个主题，每个主题下都有多个内容，则内容页与内容页之间切换最好只使用一种切换动画，主题与主题切换则需要另一种有别于内容页间的切换动画。统一切换动画，将使得 PPT 演示文稿更具逻辑性，观众思维将与演讲者同步。

制作思路：本项目幻灯片的框架结构可分为大框架部分（封面、过渡页、封底）和内容部分。大框架间切换使用细微型，以保证连贯性。内容页间切换使用动态内容型，以保证整体性。

制作过程：单击选中左侧缩略图中幻灯片，单击“切换”选项卡，对封面、过渡页和封底使用“推进”切换效果，其他内容页面使用“传送带”效果。

预览切换效果可单击左侧缩略图中“☆符号”，如图 12-32 所示。

图 12-32　预览切换动画

12.3　实例小结

本实例主要讲解了企业产品介绍类的演示文稿的制作方法。操作中需要注意以下几点：

1. 模板的设计要与主题相符合

通常大家制作 PPT 时都会订制或者下载一定的 PPT 模板。选择 PPT 模板要与演讲内容相适应，也要与企业文化形象相适应。

版式、颜色、字体和背景图案应与内容相适应，而且具有该行业特点。不要选择“无个性”模板，感觉放什么都行。这样不仅让人看不出行业特点和演讲主题，而且让观众看来摸不着头脑，PPT 演讲不出彩。也不要选择花里胡哨的模板，这样反而会弄巧成拙，与演讲主题背道而驰。如图 12-33 所示，这些都是模板选择的误区。

因此，选择模板有以下三个标准：

（1）与 PPT 内容相呼应

模板的色彩要搭配合理，选用的图片需要符合 PPT 的内容。

（2）视觉效果更加醒目

模板的色彩搭配、版式设计和选用的图片要有特色，才能吸引观众的注意力。

图 12-34 所示为图片与主题相适应的模板。

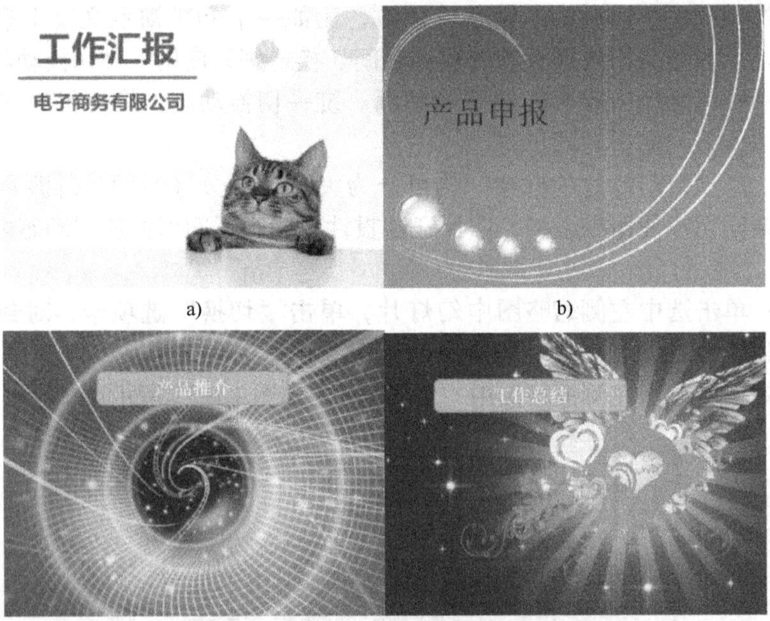

a) b) c) d)

图 12-33　PPT 模板选择误区

a）背景与内容不适应　b）无个性模板　c）花里胡哨模板　d）花里胡哨模板

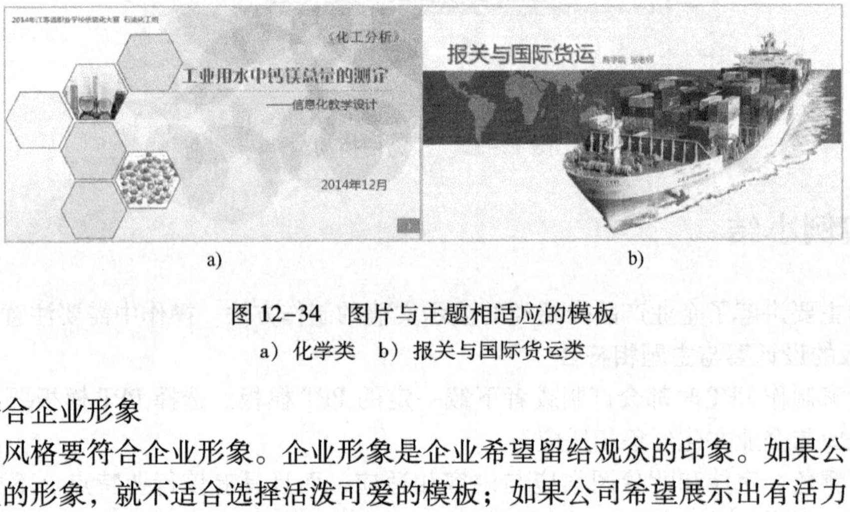

a) b)

图 12-34　图片与主题相适应的模板

a）化学类　b）报关与国际货运类

（3）符合企业形象

模板的风格要符合企业形象。企业形象是企业希望留给观众的印象。如果公司希望建立严肃、专业的形象，就不适合选择活泼可爱的模板；如果公司希望展示出有活力、有创意的形象，PPT 也应让人感受到无限的活力与不凡的创意。

通常情况下，纯净的颜色和清晰的图片会让模板看起来更可靠、开放、友好。

如图 12-35 所示为符合企业形象的模板。

2. 多媒体音视频的使用

本例中除了视频的运用外，有些时候背景音乐主要功能是渲染 PPT 气氛。

常用的音视频操作包括以下几种。

（1）音频的插入与自动播放

插入音频的方式：单击“插入”选项卡，在选项卡中选择“音频”按钮，如图 12-36 所示，单击“文件中的音频”选项，弹出“插入音频”对话框（选择 WAV 或者 MP3 等格

a) b)

图 12-35 符合企业形象的模板

a）图片与企业形象相对应 b）色彩与企业形象相对应

式)，选择所需要的音频即可完成音频的插入。

单击隐藏图标图标，单击菜单栏中音频工具“播放”，在选项卡中音频选项区单击“开始”，设置为“自动”，将“循环播放，直到停止”选项打钩，如图 12-37 所示。

图 12-36 插入音频

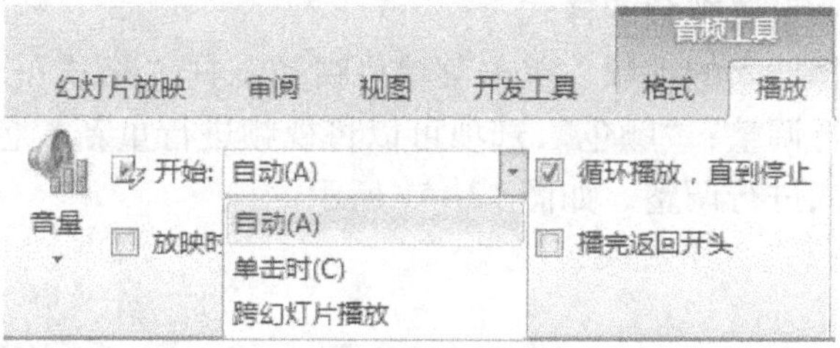

图 12-37 自动播放

跨幻灯片播放是指幻灯片切换时，音乐不停止，一直播放到幻灯片结束为止，如有此类需求可选择此项。

（2）设置音频作为背景音乐

作为背景音乐的音频处理方式有两种。

方式一：将隐藏图标移除幻灯片演示范围外，将音频设置为自动播放。

方式二：将放在幻灯片演示范围内，单击幻灯片内图标，单击菜单栏中音频工具“播放”，在选项卡音频选项区将“放映时隐藏”打钩即可，如图 12-38 所示。

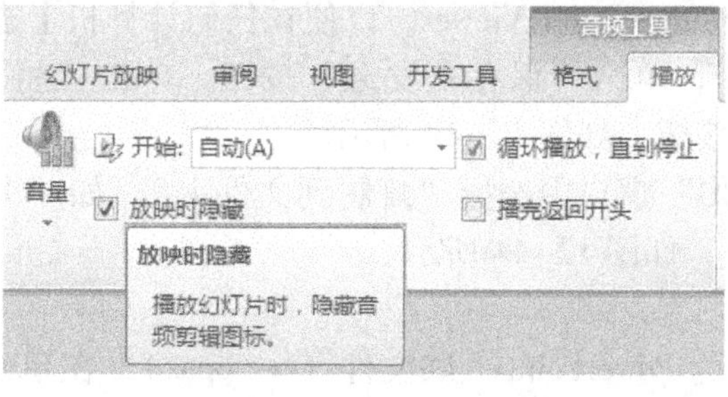

图 12-38 放映时隐藏图标

（3）调整视频大小

单击插入的视频，单击菜单栏视频工具“格式”，在选项卡单击“裁剪”，对插入的视频进行裁剪。拖动控制点或者输入准确长宽数值，如图 12-39 所示。

（4）设置视频全屏播放

单击插入的视频，单击菜单栏视频工具“播放”，在选项卡视频选项区将“全屏播放”打钩即可。全屏播放是指按 PPT 幻灯片大小比例全屏播放，而不是显示器全屏播放。

例如 16∶9 显示器播放 4∶3 的 PPT，4∶3 的 PPT 内有一个 16∶9 的视频，设置视频为全屏播放只会在 4∶3 的比例内进行全屏播放，如图 12-40 所示。

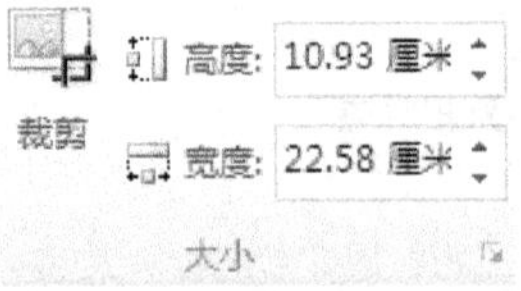

图 12-39　自动播放

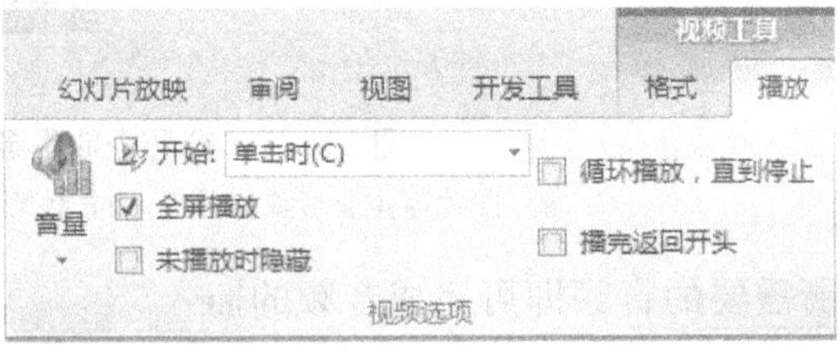

图 12-40　全屏播放

（5）设置视频的样式

选择插入的视频，单击菜单栏视频工具“格式”。“更正”选项可以对视频的亮度和对比度进行调整；“颜色”选项可以将视频进行重新着色；在预设的外框选项中，可以对视频外框样式进行调整，如图 12-41 所示。

图 12-41　视频外框样式调整

12.4　经验技巧

1. 打包 PPT 演示文稿

若需要在没有安装 PowerPoint 的计算机上使用 PPT 演示文稿，则需要 Microsoft Office PowerPoint Viewer 的支持。通常在安装 PowerPoint 时，会自动安装 PowerPoint Viewer，因此使用“将演示文稿打包成 CD”的功能，将演示文稿以特殊形式复制到刻录光盘、网络或 U 盘中，并在其中继承一个 PowerPoint Viewer，以便在任何计算机上进行演示。

单击“文件”选项卡，单击“保存并发送”按钮，单击“将演示文稿打包成 CD”按钮，单击“打包成 CD”按钮，如图 12-42 所示。

在弹出的“打包成 CD”窗口中选择“复制到文件夹”，如图 12-43 所示，选择保存路径，并为文件夹命名即可，如图 12-44 所示。

2. 输出为放映文件

在 PowerPoint 中保存为 PowerPoint 放映文件（＊. ppsx），在单击打开后不会进入 PowerPoint 编辑窗口，而是进入到幻灯片放映状态。

单击“文件”选项卡，单击“保存并发送”，单击“更改文件类型”，用鼠标双击“PowerPoint 放映文件（＊. ppsx）”即可保存为自动放映文件，如图 12-45 所示。

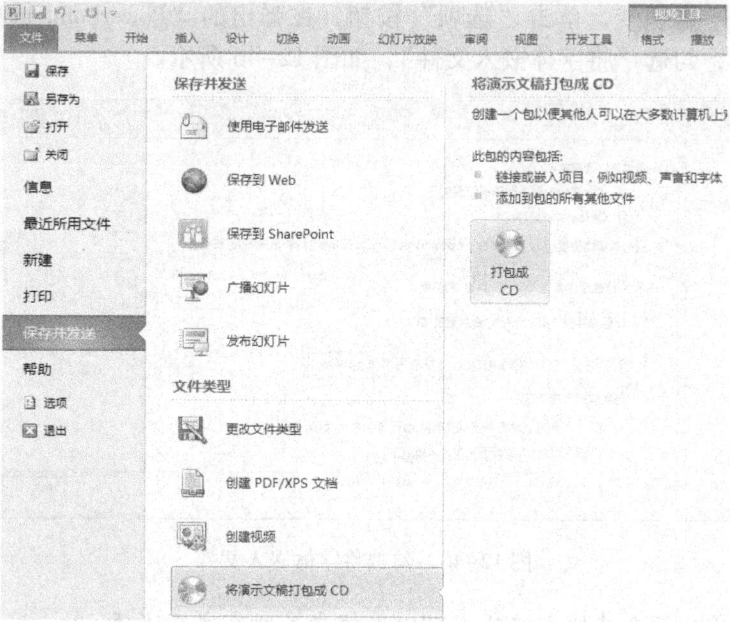

图 12-42　将演示文稿打包成 CD

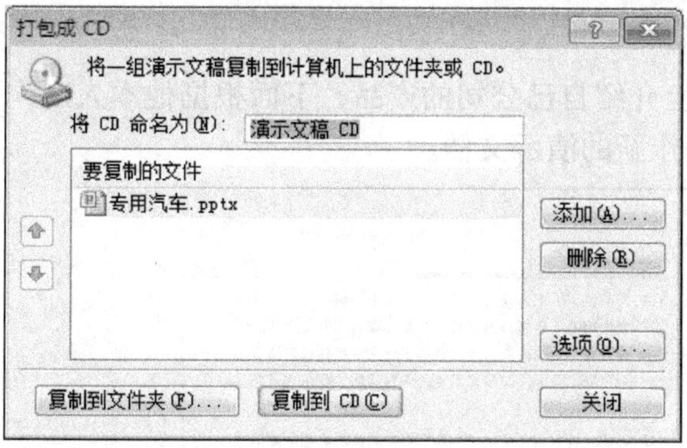

图 12-43　选择复制到文件夹

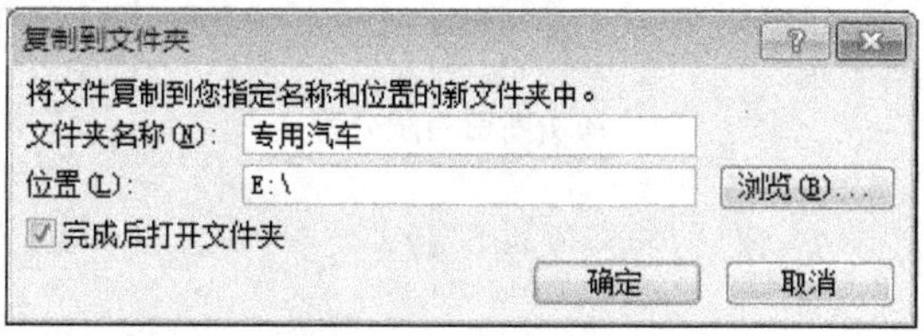

图 12-44　保存路径

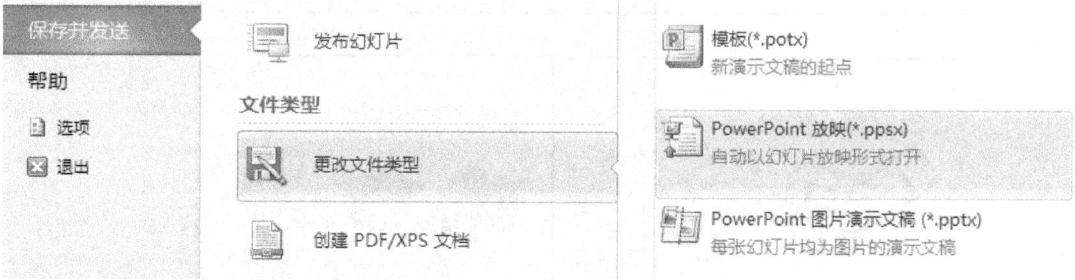

图 12-45　选择保存为 PowerPoint 放映文件（＊.ppsx）

3. 保存时嵌入字体

在制作 PPT 演示文稿时经常会使用到其他字体，但在其他计算机使用时没有该字体则会默认使用宋体代替。若在保存时选择嵌入字体，则在其他计算机上使用可正确显示使用的字体。

单击“文件”选项卡，单击“选项”按钮，在弹出的“PowerPoint 选项”对话框中选择“保存”选项，勾选“将字体嵌入文件”，如图 12-46 所示。

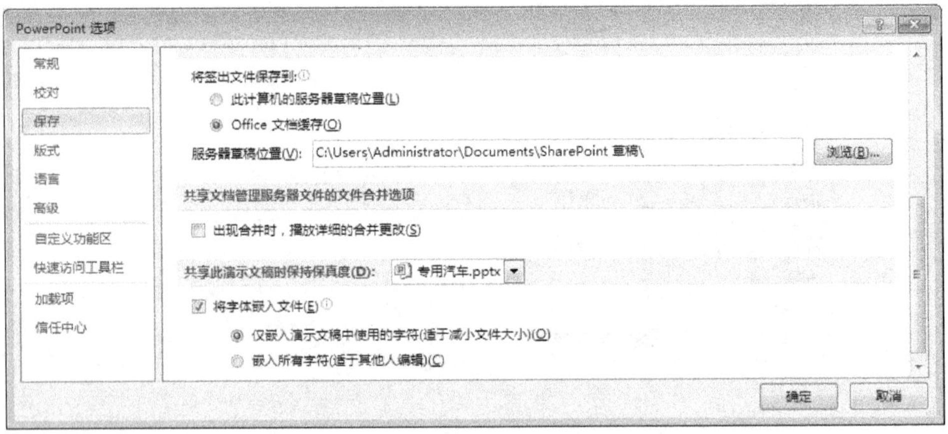

图 12-46　勾选将字体嵌入文件

注意：如果需要适合其他人编辑，可以选择嵌入所有字符选项。

12.5　拓展练习

祯瑜商贸有限公司梁经理要在产品推介会上介绍自己公司的产品，下面根据他本人制作的 PPT 演示文稿，按照图 12-47 所示的 PPT 制作新的演示文档。

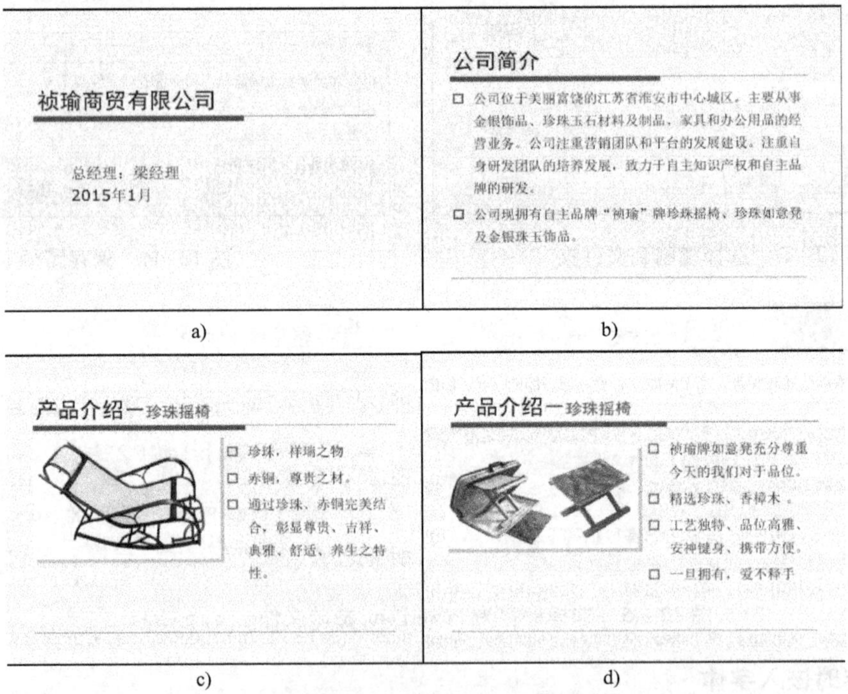

图 12-47　祯瑜商贸有限公司原始 PPT

a）封面　b）公司简介　c）产品介绍 1　d）产品介绍 2

参考方案如图 12-48 所示。

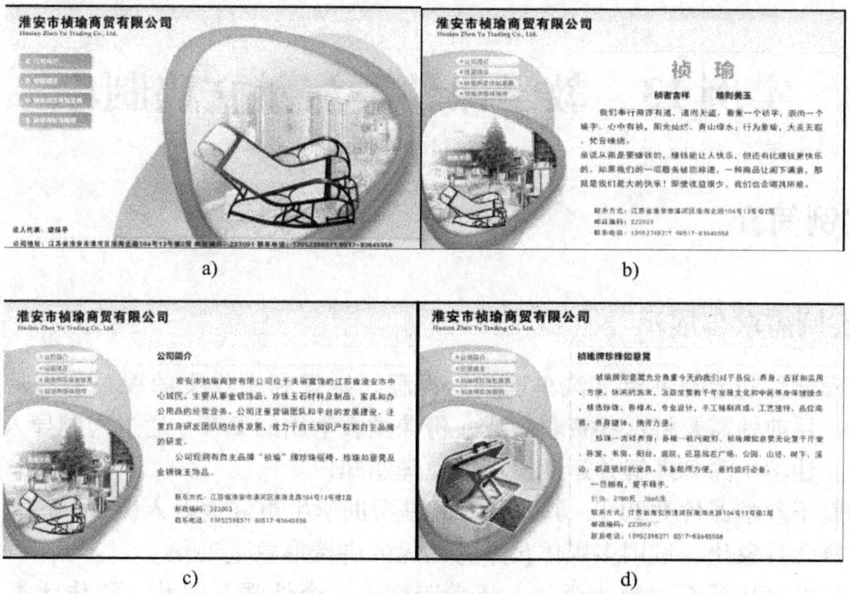

图 12-48 祯瑜商贸有限公司 PPT 的修改参考方案

a）封面 b）公司简介 c）产品介绍 1 d）产品介绍 2

实例13　教学课件类演示文稿制作

13.1　实例简介

13.1.1　实例需求与展示

汽车工程学院刘老师讲授《汽车理赔》课程，她想利用收集的视频和图片素材开发一个小的微课，目前她需要将这些资料做成一份课堂教学用的PPT，通过问题导入、知识讲授及案例分析，让学生深刻理解并运用汽车保险理赔知识。

本实例属于教学课件类PPT，其主要目的是帮助学生更好地融入课堂，运用PPT演示文稿将抽象的概念具象化，运用多媒体技术将枯燥的讲授形象生动化。

教学课件类PPT受众对象为学生，年龄跨度小，个性强。因此，制作此类PPT演示文稿时，设计风格要遵照学生个性及心理特点制作教学课件PPT演示文稿。依照这个设计主线，设计的PPT色彩应以清淡为主，质感以简洁扁平的图形为主，文字精炼，教学框架严谨，内容生动活跃。

本项目教学过程以问题导入、知识讲授、案例分析为主线，逐步展开教学内容。因此，罗列式框架较适合本项目。

最终完成的教程PPT演示文稿如图13-1所示。

a)　　b)

c)　　d)

图13-1　《汽车保险赔不赔?》课件效果

a）封面　b）内容页1　c）内容页2　d）内容页3

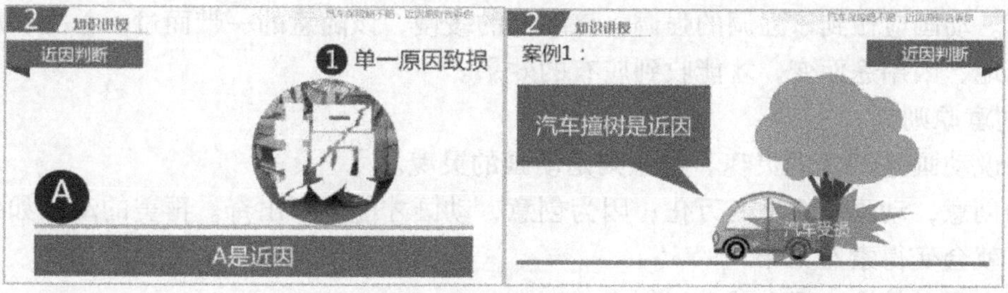

e)　　　　　　　　　　f)

图 13-1 《汽车保险赔不赔?》课件效果（续）

e）内容页 4　f）内容页 5

13.1.2 知识技能目标

涉及的主要知识点：PPT 动画制作原则、动画效果和 PPT 的放映方式等。

知识技能目标：

- 掌握 PPT 的动画制作原则。
- 掌握动画效果的制作方法。
- 掌握 PPT 的放映方式。

13.2 实例实现

13.2.1 PPT 动画的制作原则

在 PPT 中制作动画时，如果能够掌握一些基本的原则，则会给制作的过程带来很大的方便。下面介绍一些基本的动画制作原则。

1. 自然原则

自然原则指的是在制作动画时，遵照事物本来的发展或变化规律，使其符合人们对自我的认识。

在 PPT 动画中的表现：任何动作都是有原因的，任何动作与其前后的动作、周围的动作都是有关联的。在制作 PPT 动画时，对象本身、周围环境、前后关系、PPT 背景以及 PPT 演示环境的协调都是需要考虑的因素。

常见的自然原则如下：

- 球形物体运动时往往伴随着旋转或弹跳。
- 两个物体相撞时会发生抖动。
- 由远及近时，物体由小到大，反之亦然。
- 场景的更换最好是无接缝效果。
- 立体对象变化时，阴影往往也随之变化。
- 物体的运动一般是不匀速的，常常伴随着加速、减速、暂停以及特写等效果。

2. 适当原则

动画必须与 PPT 演示的环境相吻合。此外，过多的动画会冲淡主题，过少的动画则显得很单薄。动画应做到该强调的强调，该缓慢的缓慢，该随意的一带而过。总之，动画只有因人、因地、因用途而变，才能收到应有的效果。

3. 创意原则

如果说动画是 PPT 的灵魂，创意则是动画的灵魂。

因为创意，动画才能千变万化；因为创意，动画才能不断出奇。再美的动画如果已经司空见惯，就会变得索然无味。

动画之所以精彩，根本就在于创意。

13.2.2 本实例动画的分析

本实例主要训练内容：PPT 动画制作及 PPT 放映。

“动画”是指在幻灯片中对象的运动情况，为 PPT 演示文稿增强生动性。动画能够清楚表达事物规律，变化过程，对象之间关系等。在 PowerPoint 中提供了 4 种动画类型和 163 种动画效果。这些动画效果可以单独使用也可以同时组合使用，再加上时间控制可以获得极为丰富的动画效果。以下将通过本项目的制作展示动画的使用。

PPT 动画设计虽有很多好处，但是动画设计不当也会弄巧成拙。PPT 动画应该遵循：简洁、快速、适当。简洁即动画不拖泥带水，不要过多使用华丽型动画。快速即动画速度最好控制在 0.5 秒左右，过长的动画时间会让演示过程适得其反。适当即动画不是越多越好，遵循适当原则，若动画与静止可以达到同样效果就不用动画。

13.2.3 进入动画

1. 封面与内容页 1 的动画设计

进入动画是 PowerPoint 中最常用的动画效果，主要运用在幻灯片中对象出现的动画效果，是一个从无到有的过程。下面针对本项目图 13-1a 和 b 介绍进入动画。

封面动画设计：在介绍完课题后出现“赔不赔?”这三个字和一个标点符号，如图 13-2 所示。

内容页 1 动画设计：在播放完视频后出现“保险公司会不会赔偿?”这一句子，如图 13-3 所示。

图 13-2 封面动画设计

图 13-3 内容页动画设计

2. 封面的制作过程

1）新建 PowerPoint 文件，页面设置为 16∶9，插入主题相关图片。

2）插入形状“矩形□”和“直角三角形◺”，调整大小并移动到左侧，作为文字底层色块，设置形状格式。填充设置为纯色填充“深蓝”；线条颜色为“无线条”。

3）插入形状“矩形□”，调整大小并移动到上方，输入文字“《汽车理赔》”。设置形状格式：填充为纯色填充“白色”；线条颜色为“无线条”；字体为微软雅黑；字号为16；字体颜色为深蓝。

4）插入标题文字：“汽车保险赔不赔？近因原则告诉你！”设置字体为微软雅黑；字号为54；字体颜色为白色、黄色；加阴影。效果如图13-4所示。

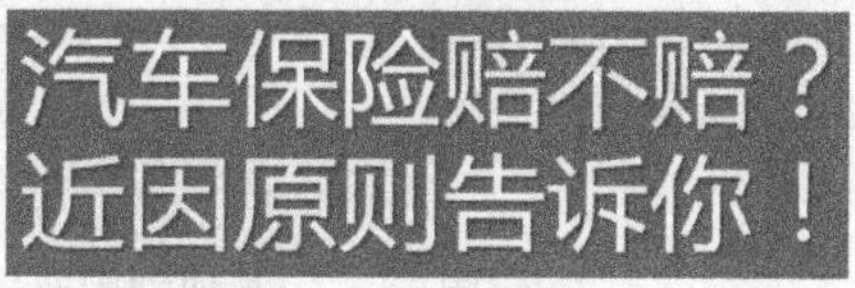

图13-4　添加并设置标题文本

5）插入形状“六边形⬡”，并旋转90度。设置形状格式：填充为无填充；线条颜色为实线“白色”；线型为宽度“3磅”。

6）插入文字“赔不赔”。设置字体为微软雅黑；字号为24；字体颜色为白色。

3. 封面页的动画制作

框选中六边形及内部文字，单击“动画”菜单，选择“淡出”动画，如图13-5所示，对象可在放映时单击鼠标后出现。

图13-5　设置动画效果

4. 内容页1的制作过程

1）插入形状“矩形□”“直角三角形◺”和“直线＼”，调整大小并移动到左上侧，输入文字。设置图形形状格式：填充为纯色填充“深蓝”；线条颜色为“无线条”。设置直线形状格式：线条颜色为实线“深蓝色”；线型为宽度“0.75磅”。

2）插入素材文件夹中的视频（《开车并不难》保险篇车陷“苦海”千万别打火.wmv）。

3）插入形状“矩形□”，在矩形内输入文字：“保险公司会不会赔?”设置图形形状格式：填充为纯色填充“深蓝”；线条颜色为“无线条”；字体为微软雅黑；字号为20、36；填充颜色为白色、黄色；加阴影。文字效果如图13-6所示。

图13-6　添加文字后的效果

5. 内容页1的动画制作

1）选中下方矩形框，单击“动画”选项卡，在动画选项框中单击右下侧下拉更多动画选项，如图13-7所示。单击下拉菜单下部“更多进入效果”，如图13-8所示。

2）在弹出窗口细微型部分中选择“缩放”动画，如图13-9所示。此时可以在编辑窗口预览动画效果。

图 13-7　其他动画效果

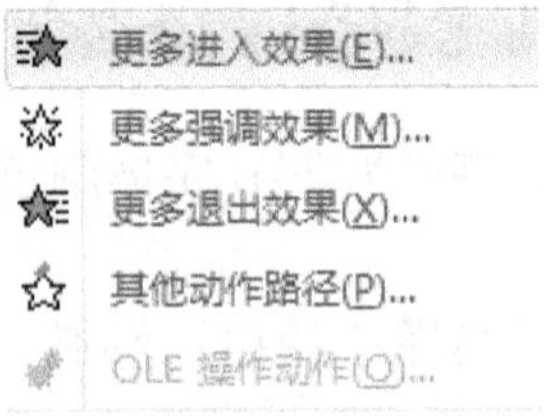

图 13-8　选择更多进入效果

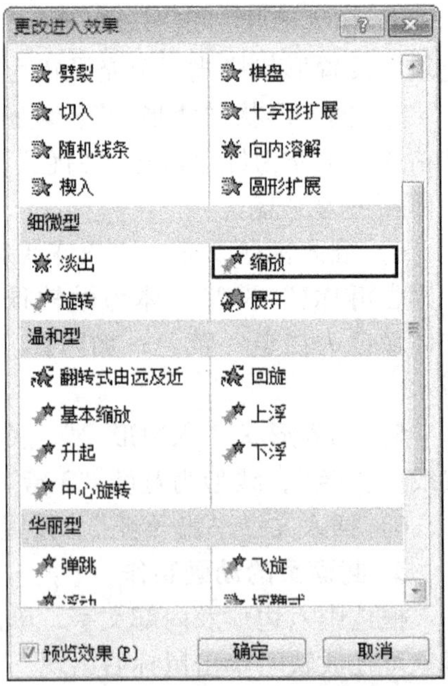

图 13-9　选择缩放动画

13.2.4　叠加动画及时间控制

1. 内容页 2 与内容页 3 的动画设计

内容页 2 的动画设计：在上一页播放视频后依次单击鼠标出现原因一～三并强调，如图 13-10 所示。

内容页 3 的动画设计：先出现名词，随后出现名词解释，如图 13-11 所示。

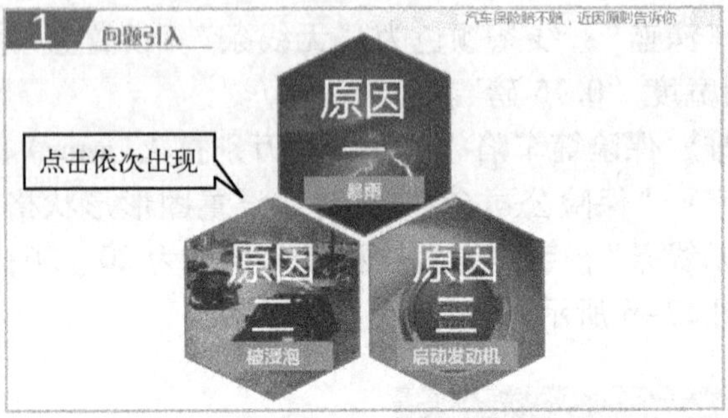

图 13-10　内容页 2 的动画设计

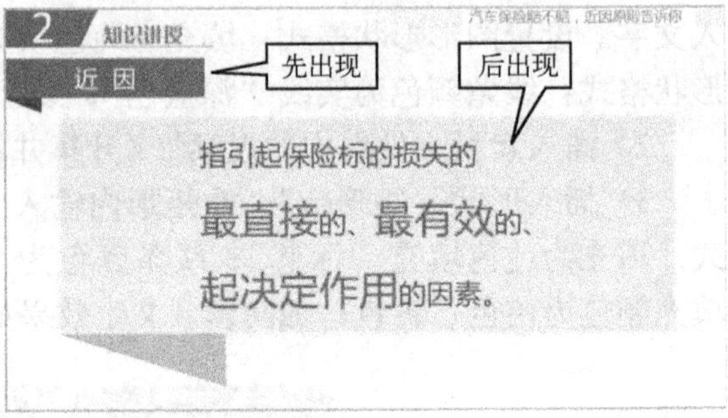

图 13-11　内容页 3 的动画设计

2. 内容页 2 的制作过程

1）插入形状“六边形⬡”，并旋转 90 度，设置形状格式：填充为“图片或纹理填充”，选择合适相应的图片填充进入；线条颜色为实线“深蓝”；线型为宽度“2 磅”或者将图片裁剪成形状，设置边框“深蓝”；线宽“2 磅”，调整大小及位置。

2）在六边形中分别插入文字“原因一：暴雨”“原因二：被浸泡”“原因三：启动发动机”。

3）将每个原因对应的图片选中，在选中对象内单击鼠标右键，在弹出菜单中选择“组合”，如图 13-12 所示，重复两次，将每个原因对应图片组合成三组。

3. 内容页 2 中的动画制作

1）选中原因一的组合，单击“动画”选项卡，在选项卡中选择进入动画“淡出”效果。

2）单击子菜单中“添加动画★”，选择强调动画“脉冲”，如图 13-13 所示。

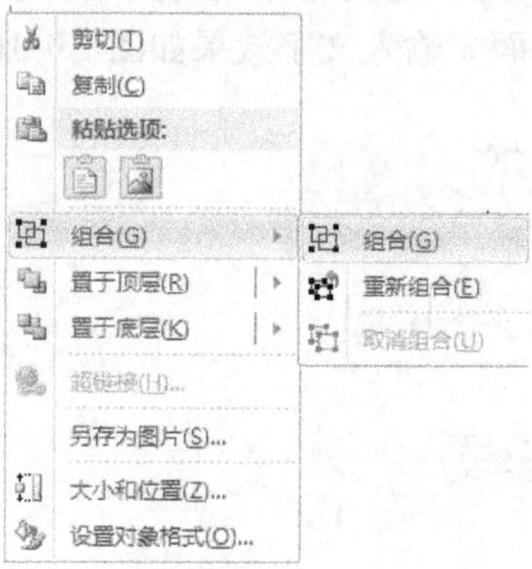

图 13-12　组合对象

图 13-13　添加脉冲动画

3）单击选项卡中“动画窗格”按钮，在屏幕右侧调出动画窗格，如图 13-14 所示。

4）选择动画窗格中第二个脉冲动画，单击鼠标右键，选择弹出窗口中“从上一项开始”，如图 13-15 所示。“单击开始”即单击鼠标后出现的动画；“从上一项开始”即本次动画和上一项动画开始时间一致，这就是叠加动画；“从上一项之后开始”即从上一项动画结束后开始本次动画。

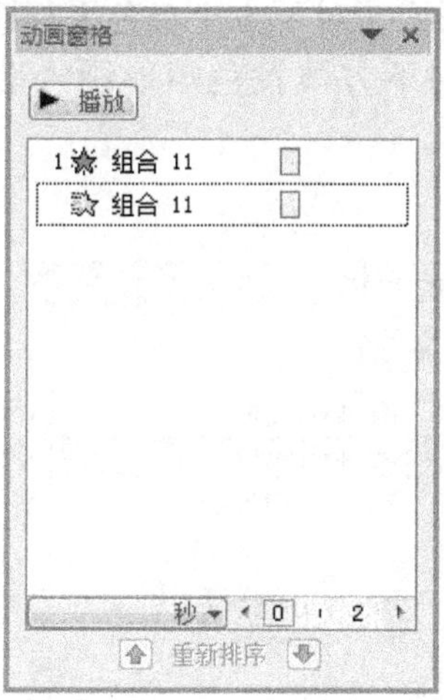

图 13-14　动画窗格

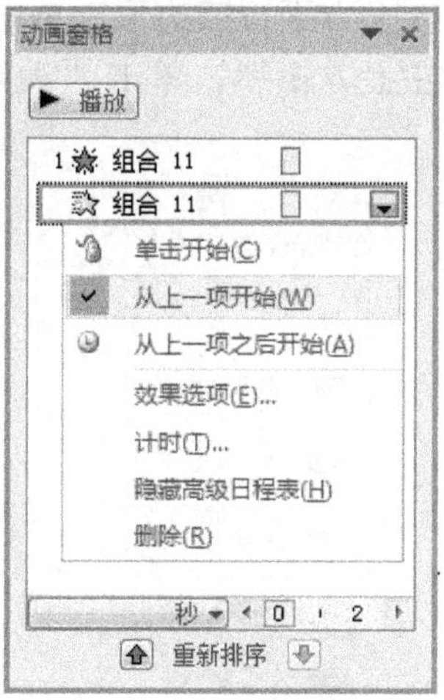

图 13-15　设置开始时间

5）设置完组合一的动画后，用鼠标双击“动画”选项卡中的“动画刷”按钮，鼠标将变成刷子样式，然后使用鼠标对组合二、三依次刷入动画，刷完后单击空白处即可。

动画刷类似于格式刷，就是将源对象的动画刷入其他对象。用鼠标单击“动画刷”可以实现一次刷入，用鼠标双击“动画刷”可以实现多次刷入。

4. 内容页 3 的制作过程

1）插入形状“平行四边形▱”和“矩形▭”，调整形状大小和位置。设置对象格式：填充为纯色填充（深蓝色 25%、深蓝色 50%、土黄色、浅黄色）；线条颜色为无线条。

2）输入页面 3 所需要输入文字“指引起保险标的损失的”。字体为微软雅黑；字号为 28；填充颜色为深蓝。

3）输入页面 3 所需要输入文字“最直接的、最有效的、起决定作用的因素。”。字体为微软雅黑；字号为 28、40；填充颜色为深蓝、红色。页面 3 输入文字效果如图 13-16 所示。

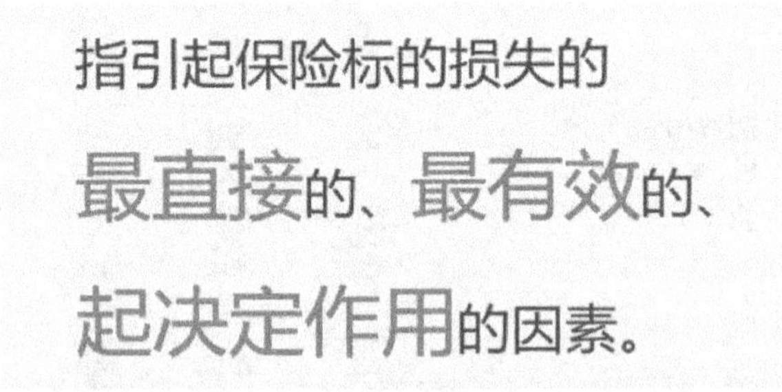

图 13-16　页面 3 输入文字效果

5. 内容页 3 的动画制作

1）选择左上方深蓝色平行四边形和矩形，设置进入动画为“擦除”。若下拉菜单中没有显示，则进入“更多进入效果”设置。

2）选中平行四边形，单击子菜单中“效果选项”，设置擦除方向为“自右侧”，如图 13-17 所示。单击选中矩形，单击子菜单中“效果选项”，设置擦除方向为“自左侧”。

3）设置左上方矩形动作开始时间为“从上一项之后开始”。

4）单击选中左上方平行四边形，单击“动画刷”，对下方土黄色平行四边形刷入动画。

5）单击选中左上方矩形，单击“动画刷”，对下方浅黄色矩形刷入动画，如图 13-18 所示。

图 13-17　选择动画方向

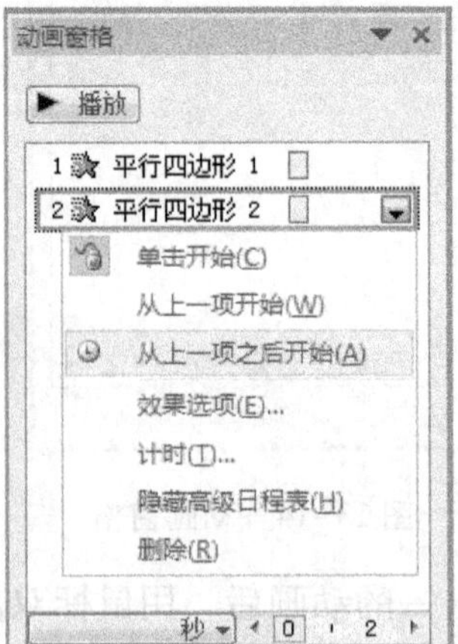

图 13-18　刷入动画

13.2.5 路径动画与时间控制

1. 内容页4与内容页5的动画设计

内容页4的动画设计：小圆向右滚动撞击有车辆图片的大圆，大圆中“损”样式出现表示受损，底部解释出现，如图13-19所示。

内容页5的动画设计：小汽车向右行进后撞到树，树倾斜，表示树倒，爆炸形状出现，表示汽车受损，标注框出现，解释答案，如图13-20所示。

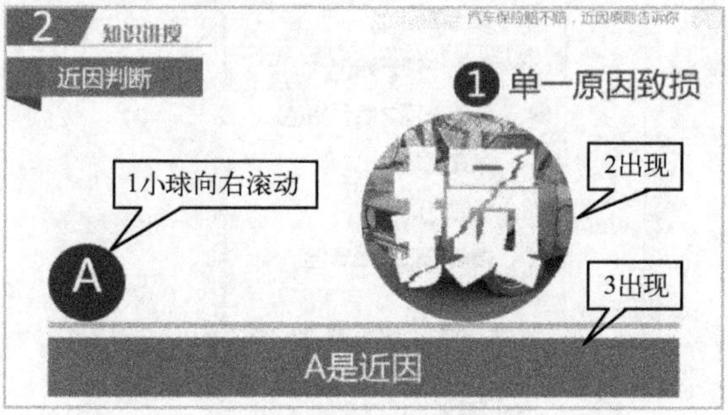

图13-19　内容页4的动画设计

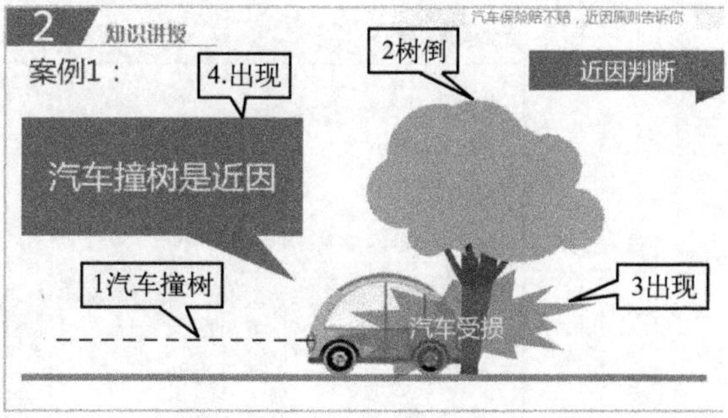

图13-20　内容页5的动画设计

2. 内容页4的制作过程

1）插入圆形形状，调整大小及位置，摆放位置参照图13-19所示。

2）插入图片，裁剪成圆形，图片（损字图片）填充。

3）插入相关文字“单一原因致损”，字体为微软雅黑。

3. 内容页4的动画制作

实现小球向左滚动动画：

1）选择小球，单击“动画”选项卡，在其他动画栏中选择动作路径为“直线”，如图13-21所示。

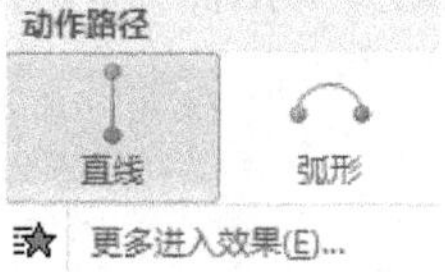

图13-21　选择动作路径为直线

2）单击子菜单“效果选项”，选择“向右”，如图13-22所示。拖动“控制点⇥”到合适位置，如图13-23所示。单击左侧动画窗格中“播放”按钮，进行路径预览后微调路径。

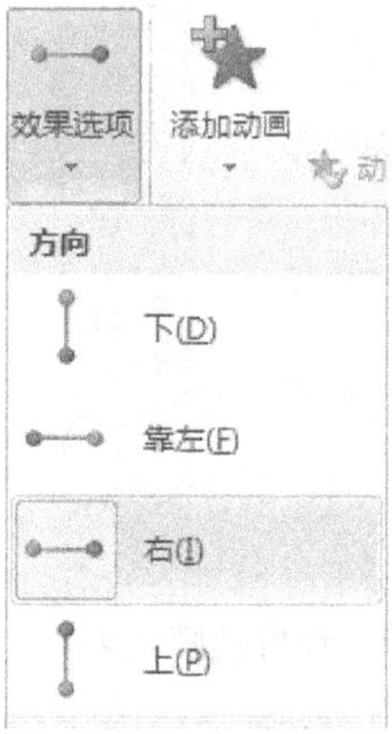

图13-22　选择向右

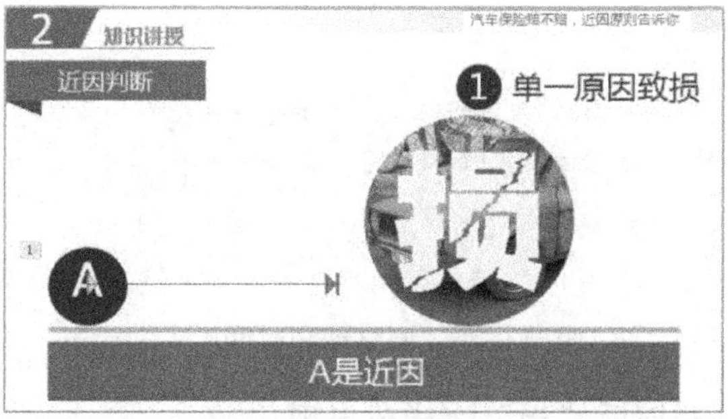

图13-23　选择向右

3）单击小球，单击选项卡中“添加动画”按钮，选择下拉菜单中“更多强调效果”，单击弹出菜单“陀螺旋”按钮，如图 13-24 所示。动画窗格中将“陀螺旋”动画开始时间设为“从上一项开始”，如图 13-25 所示。

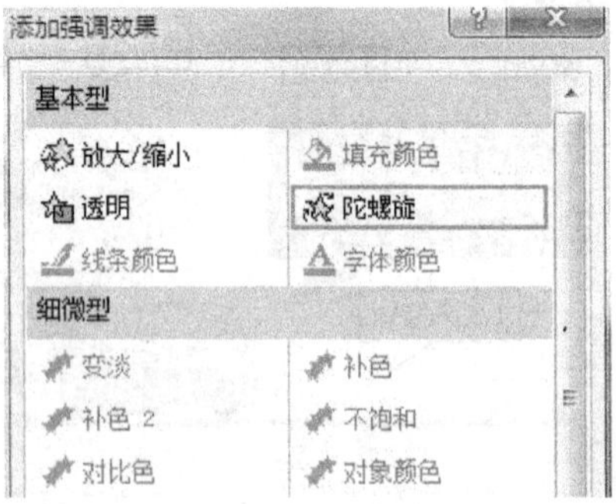

图 13-24　选择陀螺旋效果

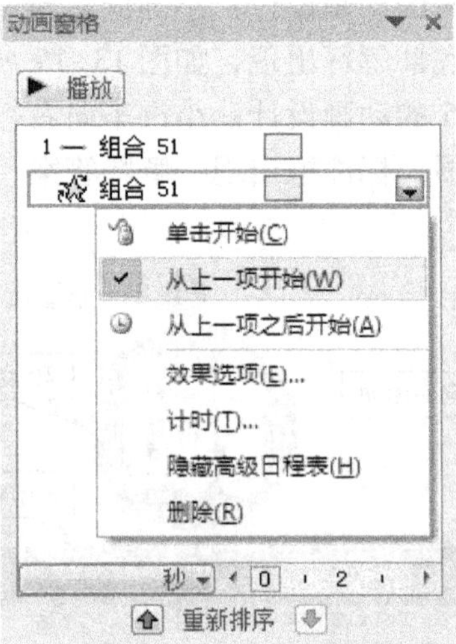

图 13-25　设置开始时间

4）按住〈Ctrl〉键在动画窗格中同时选择两个动画，在子计时区域调整“持续时间”为 1 秒，如图 13-26 所示。也可以用鼠标右键单击“计时”按钮，在动画窗格中单击选中“陀螺旋”动画，选项卡中单击“效果选项”→选择“旋转两周”，如图 13-27 所示。

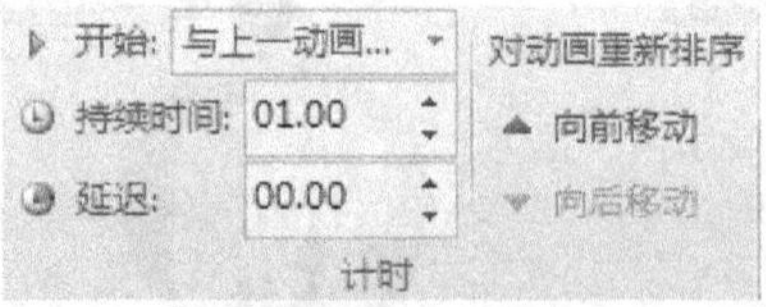

图 13-26　调整动画时间

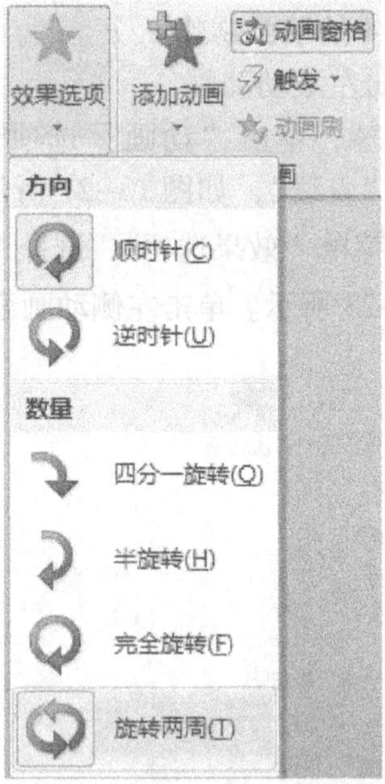

图 13-27　设置动画效果

实现碰撞后“损”字样式出现：

5）选择“损”字，在“动画”选项卡选择进入动画“淡出”。

6）动画窗格中选择“损”字进入动画“淡出”，开始时间设置为“从上一项之后开始”。

实现先强调小圆后出现底部解释：

7）单击选中小圆，单击选项卡中“添加动画”按钮，选择强调动画“脉冲”。

8）单击选中底部解释矩形，设置进入动画“淡出”，单击选项卡中“添加动画”按钮，选择强调动画“脉冲”。

9）动画窗格中将底部解释矩形强调动画“脉冲”的开始时间设置为“从上一项开始”，将底部解释矩形出现动画“淡出”的开始时间设置为“从上一项之后开始”。

4. 内容页5的制作过程

1）插入汽车图片一张、树图片两张（树1正常角度，另一张树2顺时针旋转10度），摆放位置如图13-1f所示。

2）插入形状“线条＼”“矩形标注”和“爆炸形”，并输入文字。摆放位置如图13-1f所示。

5. 内容页5的动画制作

实现汽车撞树后树倒下动画：

1）单击选中小汽车图片，设置进入动画“飞入”，单击子菜单效果选项“自左侧”。

2）单击选中正常角度树1，设置退出动画“消失”，如图13-28所示。

3）单击选中倾斜角度树2，设置进入动画“出现”，如图13-29所示。

4）动画窗格中设置树2出现动画开始时间为“从上一项开始”，设置树1消失动画开始时间为“从上一项之后开始”，如图13-30所示。

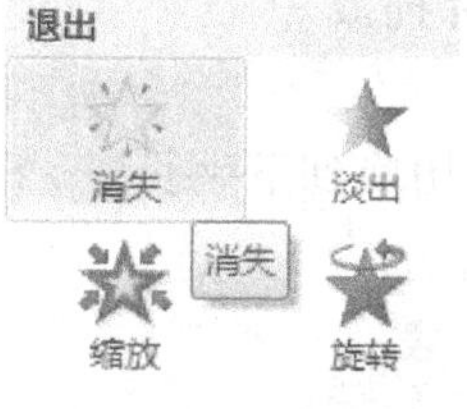

图13-28　选择消失动画

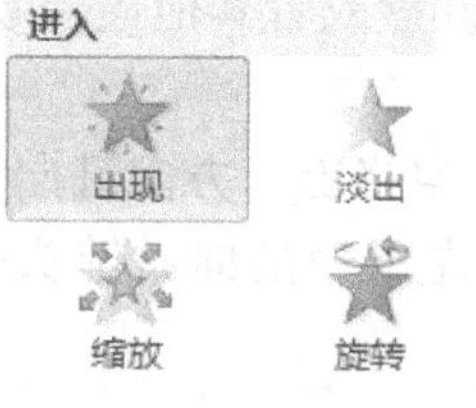

图13-29　选择出现动画

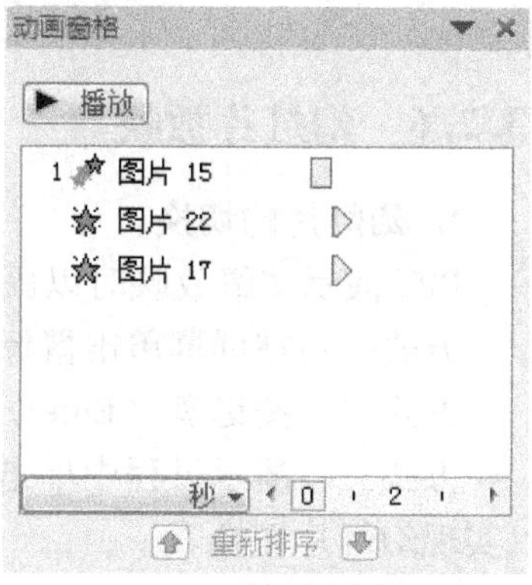

图13-30　设置开始时间

实现提示信息动画：

5）单击选中爆炸形状，设置进入动画“缩放”，如图13-31所示。

6）单击选中矩形标注形状，设置进入动画“飞入”。

7）选中动画窗格中爆炸形进入动画“缩放”，单击鼠标右键选择“效果选项”，如图13-32所示。在弹出窗口中声音选项选择“爆炸”，如图13-33所示。计时选项卡中将开始设置为“上一动画之后”，设置开始时间如图13-34所示。

图 13-31　选择缩放、飞入动画

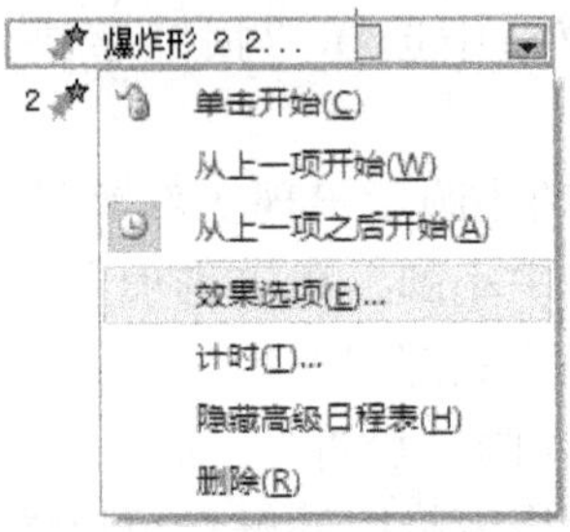

图 13-32　设置效果选项

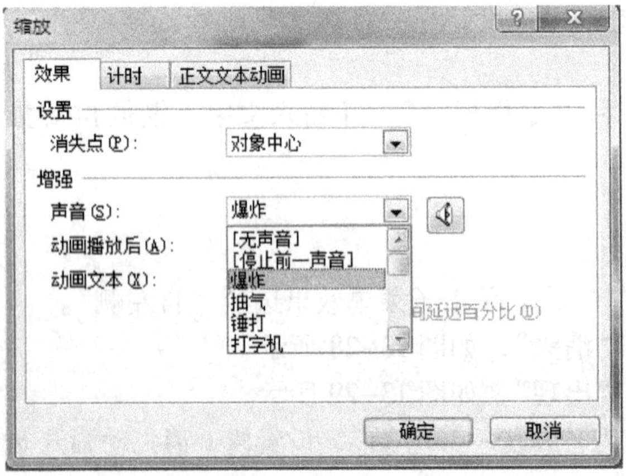

图 13-33　设置动画声音

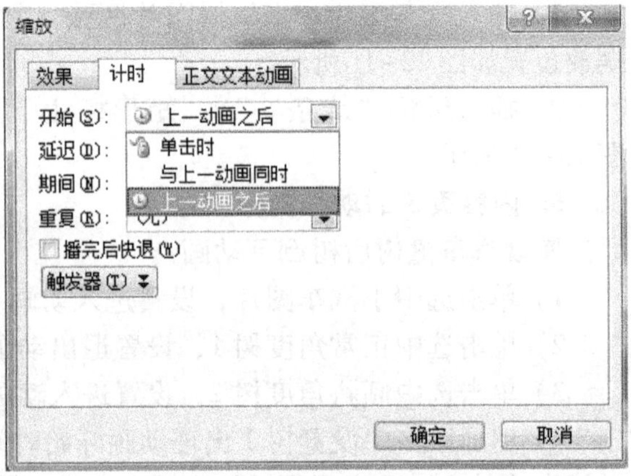

图 13-34　设置开始时间

13.2.6　幻灯片放映

1. 幻灯片的切换

PPT 演示文稿放映时以鼠标、键盘或者其他遥控装置控制幻灯片播放。

方式一：在屏幕单击鼠标。

方式二：按键盘〈Enter〉键、空格键、方向键向下或向右，可切换到下一页。

方式三：演示过程中单击屏幕左下角的向右箭头也可以实现幻灯片切换。

2. 幻灯片的定位

在幻灯片播放时，单击鼠标右键，在弹出菜单中选择“定位至幻灯片”可快速切换到指定幻灯片，如图 13-35 所示。

3. 幻灯片的批注

放映幻灯片时单击屏幕左下方“笔”按钮或者单击鼠标右键选择指针选项“笔”，如图 13-36 所示，即可对 PPT 进行批注。若出现批注错误，则选择“橡皮擦”可擦除，如图 13-37 所示。

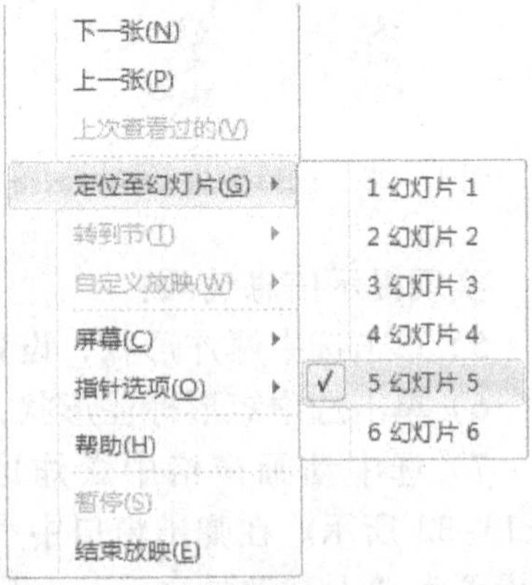

图 13-35　快速定位至幻灯片

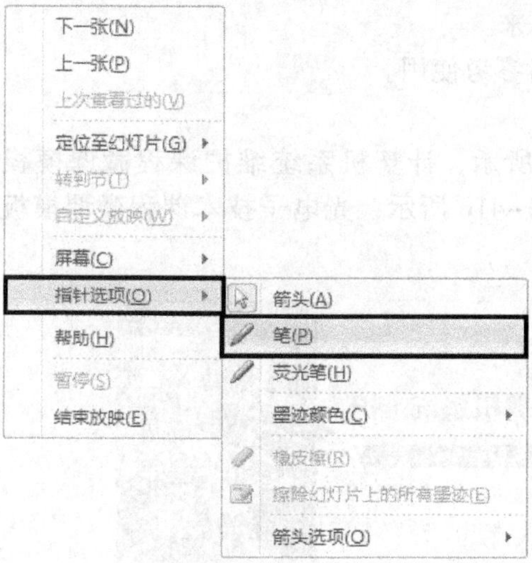

图 13-36　切换指针为“笔”

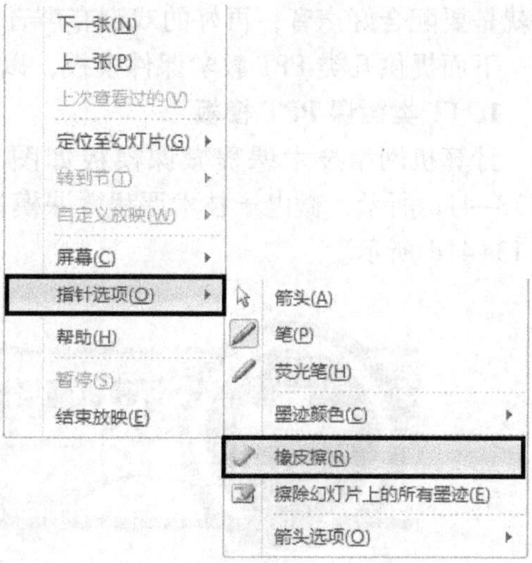

图 13-37　切换指针为“橡皮擦”

4. 幻灯片的双屏显示

将投影设备以“拓展”方式连接到计算机或笔记本电脑，如图 13-38 所示。在计算机桌面上用鼠标右键单击，选择“屏幕分辨率”，在更改显示器外观看到两块屏幕方可实现双屏显示，如图 13-39 所示。

在 PowerPoint 中单击“幻灯片”选项卡放映，在选项卡中勾选“使用演示者视图”，如图 13-40 所示。

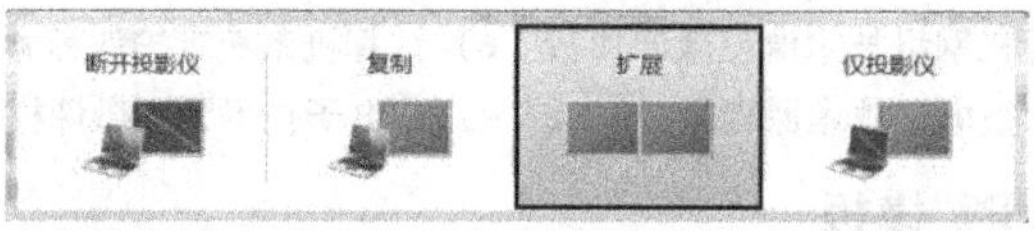

图 13-38　以拓展方式连接到投影

图 13-39　以拓展方式连接到投影

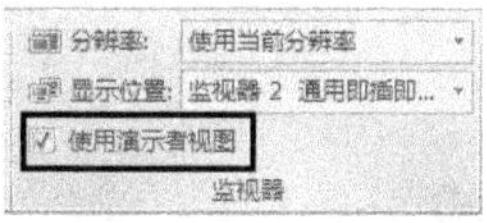

图 13-40　设置选项

13.3　实例小结

通过教学课件类 PPT 的制作，体验了 PPT 动画制作原则、动画效果和 PPT 的放映方式等。实际操作中需要注意以下问题：

1）动画使用要符合动画自然原则、适当原则与创意原则。

2）方向和路径的使用，在 PPT 中一定要把路径理解成“运动轨迹”，物体沿着什么轨迹运行就是 PPT 中路径的概念，有了路径后物体就可以按想要的轨迹运行。

3）PPT 中自带的效果有很多，可以直接使用。在复杂动画中，很多时候并不是一个简单的效果，而是同一个物体有几种效果叠加起来，这也是制作出漂亮动画的关键。消失和强调其实只不过是一种特殊的效果而已，想要动画精彩，必须是很多个效果一起使用。还有一个就是要配合好声音，再好的戏没有声音它也出不来。

下面提供几类 PPT 教学课件模板，以方便读者参考使用。

1. IT 类微课 PPT 模板

计算机网络技术课程微课模板如图 13－41a 所示，计算机系统维护课程微课模板如图 13-41b 所示，微电子技术课程微课模板如图 13-41c 所示，光电子技术课程微课模板如图 13-41d 所示。

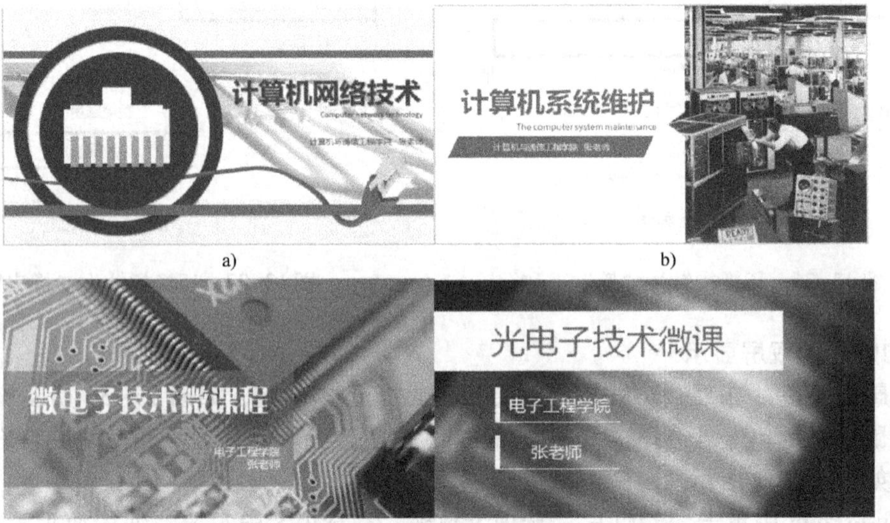

a)　b)　c)　d)

图 13-41　IT 类课件模板展示

a）计算机网络技术课程微课模板　b）计算机系统维护课程微课模板
c）微电子技术课程微课模板　d）光电子技术课程微课模板

2. 机械制造类微课 PPT 模板

机械制造与自动化课程微课模板如图 13-42a 所示，数控技术课程微课模板如图 13-42b 所示。

a)　b)

图 13-42　机械制造类微课模板展示

a）机械制造与自动化课程微课模板　b）数控技术课程微课模板

3. 声像传媒类微课 PPT 模板

产品造型设计课程微课模板如图 13－43a 所示，包装技术与设计课程微课模板如图 13-43b 所示。

a)　　　　b)

图 13-43　声像传媒类微课模板展示

a）产品造型设计课程微课模板　b）包装技术与设计课程微课模板

4. 物流与电子商务类微课 PPT 模板

报关与国际货运微课模板如图 13-44a 所示，市场营销微课模板如图 13-44b 所示，电子商务课程微课模板如图 13-44c 所示，物流管理课程微课模板如图 13-44d 所示。

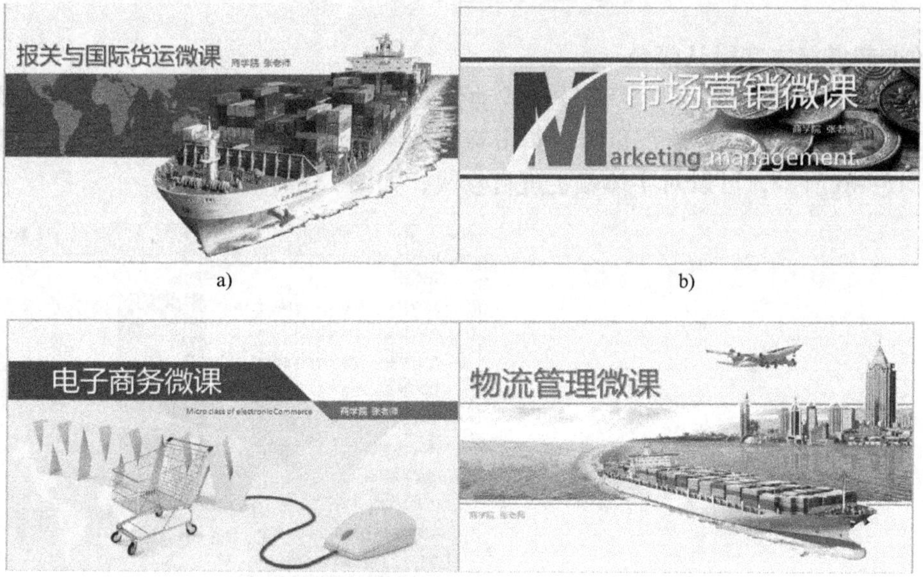

a)　　　　b)

c)　　　　d)

图 13-44　物流与电子商务类微课模板展示

a）报关与国际货运课程微课模板　b）市场营销课程微课模板

c）电子商务课程微课模板　d）物流管理课程微课模板

13.4　经验技巧

1. 演示文稿中的图片随时更新

在 PPT 制作演示文稿中，有时需要对图片进行更新。若是大批量更新图片，则工作量特别烦琐。如果需要插入的图片与源文件同步，则需要在单击“插入”时将选项选择“插入和链接”即可，如图 13-45 所示。这样一来，往后只要在系统中对插入图片进行了修改，那么在演示文稿中的图片也会自动更新，免除了重复修改的麻烦。

图 13-45 设置自动更新图片选项

2. 改变超链接文字默认颜色

PowerPoint 中如果对文字做了超链接或动作设置，那么 PowerPoint 会给它一个默认的文字颜色和单击后的文字颜色。那么可以单击菜单命令“设计”，在子菜单中单击“颜色”选项，如图 13-46 所示，可以对字体颜色进行修改，如图 13-47 所示。

图 13-46 设计主题颜色

图 13-47 设置超链接颜色

13.5 拓展练习

某村大学生村官在一次创业大赛上展示自己创业成果，现在将他的 PPT 原稿制作成一份美观大方的 PPT。

原始创业成果展示 PPT 如图 13-48 所示。

参考方案如图 13-49 所示。

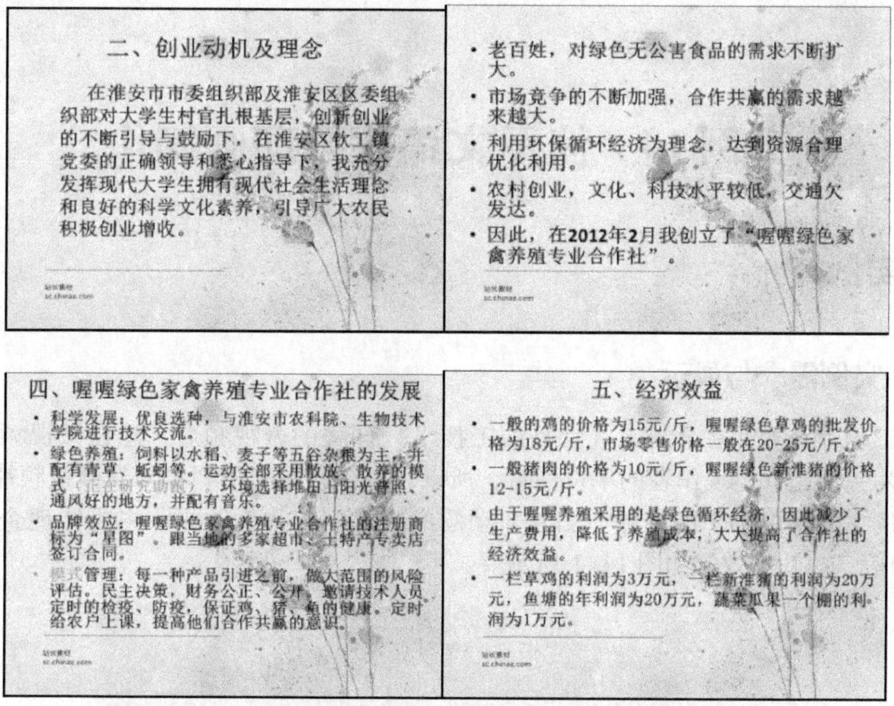

图 13-48　原始创业成果展示 PPT

图 13-49　参考方案

实例14　演示文稿片头动画制作

14.1　实例简介

14.1.1　实例需求与展示

信息工程系李老师在录制完《食品加工技术》课程的微视频后，想在微视频封面前面加上一个片头动画，体现作者的单位信息，所以，本例就是利用PPT开发微视频片头。

本实例主要采用PPT的音频、图片、动画的方式制作片头动画，主要体现企事业单位的Logo和信息，片头效果如图14-1所示。

图14-1　片头效果展示

14.1.2　知识技能目标

涉及的主要知识点：PPT片头动画的设计原则、动画效果、PPT片头的输出等。

知识技能目标：

- 掌握片头动画的设计思路。
- 掌握动画效果的制作方法。
- 掌握PPT片头的视频输出方式。

14.2　实例实现

14.2.1　片头设计概述

1. 关于片头

片头原意是指电影、电视栏目或电视剧开头用于营造气氛、烘托气势、呈现作品名称、开发单位和作品信息的一段影音材料。随着计算机的普及特别是多媒体技术的发展，目前片头的概念已经延伸到社会生活的各个领域。如多媒体展示系统、网站、教学课件、DV 资料和微课视频等都离不开片头的制作。由于片头给观众留下的是第一印象，它从总体上展现了作品的风格和气势，展现了作品制作水平和质量，因此片头对整个系统具有非常重要的影响。

2. 片头的设计策略

片头的设计策略是片头的思想内涵与灵魂，是具有感染力与说服力的要素，是决定片头成功与否的核心所在。片头的展示没有固定的规律可循，要依片头的种类、客观文化背景及科学技术发展等多重因素而定。

（1）直接展示法

本方法充分运用摄影或绘画等技巧的写实表现能力，在音乐和相关图片的衬托下，将片子的主题直接如实地展示在观众面前。这种手法由于直接将主题推向观众面前，所以要十分注意画面上字体的选用和展示角度，这样才能增强画面的视觉冲击力。恰如其分地运用音乐和色光进行烘托，也能使片头具有一定的感染力。该法常用于早期电影片头、各类展示及多媒体课件等领域的片头制作。

（2）经典节录法

本方法以节录出片子中最惊心动魄的重点镜头，进行有序的组合后再把它鲜明地表现出来，使观众在接触言辞画面的瞬间即很快感受到片子中的震撼力，对其产生注意和发生视觉兴趣，达到刺激观众欲知详情的目的。这些节录出的内容都具有突出和渲染的特征，电脑合成、声光特技等高科技手段常被运用其中，从而赋予了片头不可忽略的表现价值及与众不同的特殊能力。目前深受观众喜爱的各类大片、经典电视剧大多采用了该技法。

（3）交代背景法

本方法以文字或一段影像资料平铺直叙作品发生的社会背景或起因，为观众后续的欣赏理解打下基础。通过背景片头的展示，能迅速引导观众进入创作者设计好的意境，从而拉近观众与作品的距离，容易与作品产生共鸣。该法常见于老电影的片头中。

（4）富于幽默法

本方法是指片头作品中巧妙地再现喜剧性特征，抓住生活现象中局部性的东西，通过人们的性格、外貌和举止的某些可笑的特征表现出来。

3. 片头的制作技术

片头的发展历程从制作技术角度来说，大致经历了 4 个发展阶段。

原始手工制作是美工人员在画纸上手工设计出美术字幕、图案、图标后，运用专业电视摄像机拍摄下来，再于编辑机上对编。这种技术比较陈旧。

三维动画制作是计算机高新技术与艺术相结合的产物。它利用计算机图形图像学、计算机辅助设计原理融入绘画、摄影等艺术门类的专业表现技巧，在计算机中营造具有三维空间感的虚拟物体和场景，然后设计运动路径，使虚拟物体自由运动，再设置虚拟摄像机位、虚拟灯光等，搭建成虚拟的摄影棚。片头无论在表现形式上、观众认同度上都得到了根本性的提高。

三维及非线编合成吸收字幕机及三维动画的优势，精化系统硬件，简化操作界面，从而大大降低了系统的造价和操作难度。它的表现形式类似三维动画，观众认知习惯自然，是目前使用范围较广的一种电视片头制作手段。

三维及胶片制作是近几年新出现的创作方式。虽然三维动画制作、非线编合成为主流，但其情感诉求能力较弱，画面尚显生硬。采用电影胶片与三维动画结合制作生成的片头，画面形象丰富，色彩亮丽自然，亲切感人。但这种形式花费较大，不宜普及。

总之，片头的发展史是不断更新、逐步完善的过程。

4. 微课中片头的设计要求与技术实现

片头的风格往往奠定了整个微课的基调，因此，片头设计的优劣对于微课来说也有一定的影响。时间过长、信息量过大、画面杂乱的片头无疑对于一个微课来说是有负面作用的。

微课中片头的制作时长 5 秒钟左右即可，最好不要超出 10 秒钟。制作方法上采用直接展示法，直接展示微课的制作单位，或者微课的课程名称等。以音乐与背景图片的衬托将主题直接展示在观众面前，重点是字体的选择与展示的角度的选取，尽量使画面产生视觉的冲击力，恰如其分地运用音乐与色光增强感染力。

14.2.2 片头策划与设计

片头以环保绿色为背景，PPT 尺寸大小为 1280＊720 像素，片长与音乐长度为 4～5 秒，背景音乐要有冲击力。

片头设计思路如图 14-2 所示。

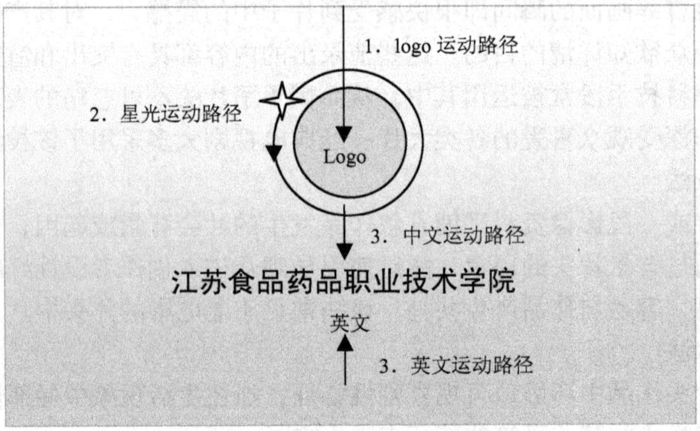

图 14-2 片头设计思路示意图

动画的设计思路描述：

1）单位 LOGO 从屏幕上方落入背景中。

2）白色星光围绕 LOGO 旋转一圈，闭合后，星光闪烁放大，然后消失。

3）蓝色单位名称文本从屏幕中央向下进入预期位置。

4）蓝色英文名称文本从下方向上进入预期位置。

5）整个过程加载背景音乐文件。

14.2.3 PPT 背景与图像元素的入场

由于在前面的章节大家已经学习了 PPT 的相关知识，所以，在此就简单介绍一下操作步骤。

1）启动 PowerPoint 2010 软件，单击“设计”选项卡，单击选项卡中“页面设置”，在“页面设置”弹出窗口中单击“幻灯片大小”下拉框，选择“全屏显示（16:9）”。

2）执行“文件”→“另存为”命令，选择保存目录，文件名为“江苏食品药品职业技术学院片头 . pptx”。

3）执行“插入”→“图片”命令，插入素材文件夹中的“绿色背景 1. jpg”图片，调整大小与位置，如图 14-3 所示。

4）同样的方法插入素材文件夹中的“logo. png”“单位名称 . png”“单位英文名 . png”“星光 . png”图片，调整大小与位置，如图 14-4 所示。

图 14-3　插入背景图片效果展示

图 14-4　插入其他图片效果展示

14. 2. 4　图像元素的动画制作

下面介绍图像动画制作的操作步骤。

1）选择图片“logo. png”，执行“动画”→“飞入”命令，设置“效果选项”下的“自顶部”，这样实现 LOGO 动画的顶部飞入，设置速度为“非常快”，将默认的触发方式“单击时”修改为“与上一动画同时”，如图 14-5 所示。

2）选择图片“星光 . png”，执行“动画”→“淡出”命令，将默认的触发方式“单击时”修改为“与上一动画同时”。

3）选择图片“星光 . png”，执行“动画”→“动作路径”→“圆形”命令，调整圆形路径的大小，将默认的触发方式“单击时”修改为“与上一动画同时”。调整后如图 14-6 所示。

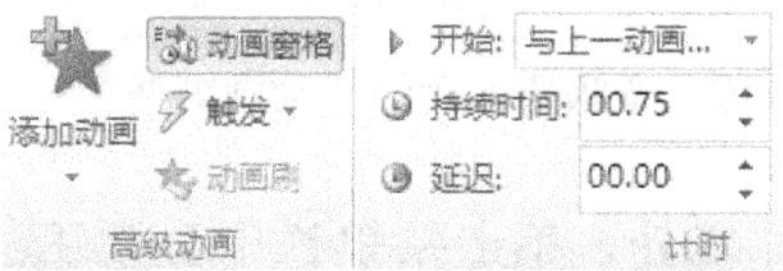

图 14-5　设置动画的计时效果

图 14-6　设置星光的路径动画

4）选择图片“星光 . png”，执行“动画”→“放大/缩小”命令，设置“效果选项”

下的“巨大”效果，设置延迟时间为2秒，如图14-7所示。

5）选择图片“星光.png”，执行“动画”→“退出”→“淡出”命令，实现星光的消失，设置触发方式为“与上一动画同时”，设置延迟时间为2.25秒，如图14-8所示。

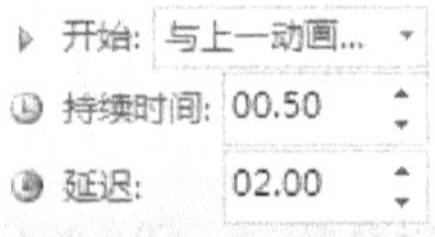

图14-7 设置缩放的延迟时间

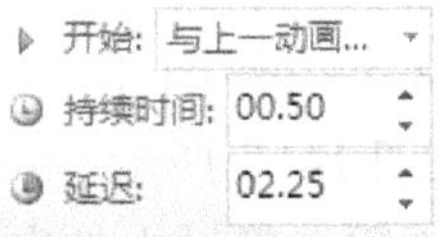

图14-8 设置淡出的延迟时间

6）选择图片“单位名称.png”，执行“动画”→“进入”→“切入”命令，设置“效果选项”下的“自顶部”，将默认的触发方式“单击时”修改为“与上一动画同时”，设置延迟时间为3.25秒。

7）选择图片“单位英文名.png”，执行“动画”→“进入”→“切入”命令，设置“效果选项”下的“自底部”，将默认的触发方式“单击时”修改为“与上一动画同时”，设置延迟时间为3.25秒。

14.2.5 背景音乐的插入与设置

下面介绍背景音乐的插入与播放设置方法。

1）执行“插入”→“音频”→“文件中的音频”命令，选择素材文件夹中的“music.wav”，单击“打开”按钮，音频插入完成，如图14-9所示，此时的“动画窗格”如图14-10所示。

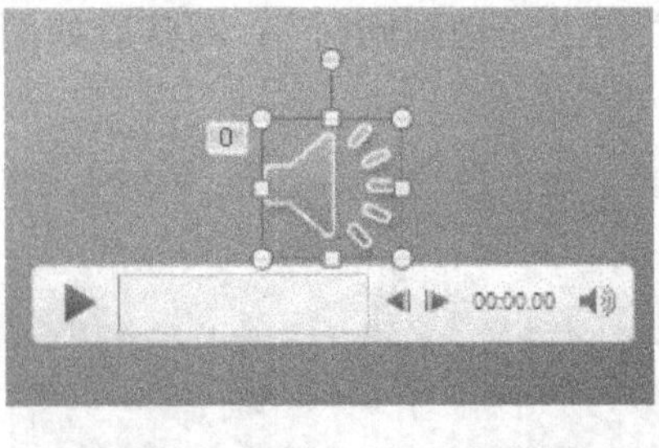

图14-9 插入音频后的效果

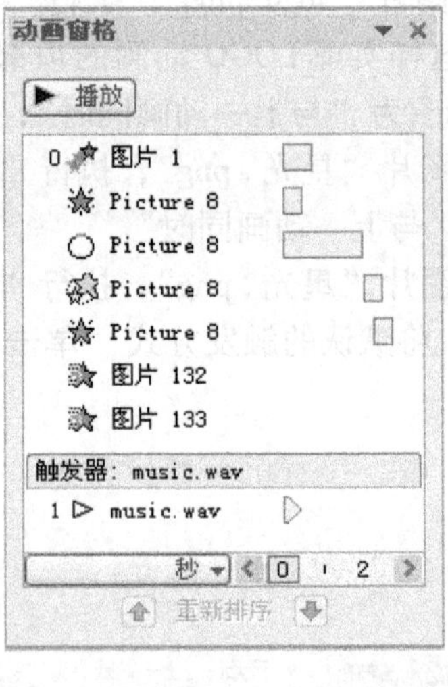

图14-10 音频插入后的“动画窗格”

2）单击隐藏图标🔊，调整其位置到绿色背景图片之外，单击菜单栏中音频工具“播放”，如图14-11所示。

3）在选项卡中音频选项区单击“开始”，设置为“自动”。在“动画窗格”中调整“music.wav”的位置到顶端，如图14-12所示。

图 14-11　调整音频的位置

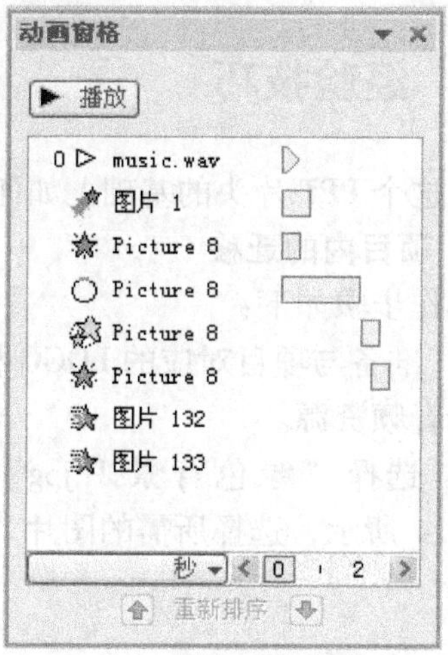

图 14-12　“动画窗格”中音频的位置

14.2.6　PPT 片头视频的输出

预览 PPT 后动画效果还是比较理想的，那么如何将 PPT 片头转换为视频在微课中使用呢？现在提供两种方法。

方法一：播放 PPT，然后使用录屏软件将其录制。

方法二：使用 PPT 自身的输出视频功能，输出为 WMV 格式的视频。

完成视频后，根据需要可以使用视频转换工具将其转换为所需格式。

方法一主要是使用 KK 录像机、屏幕录像专家、Camtasia Studio 等屏幕录制软件进行录制，大家可以自行下载软件进行学习。

方法二实现的步骤如下。

执行“文件”→“另存为”命令，弹出“另存为”窗口，设置“保存类型”下拉框为“Windows Media 视频（*.wmv）”，如图 14-13 所示，即可输出所需视频。

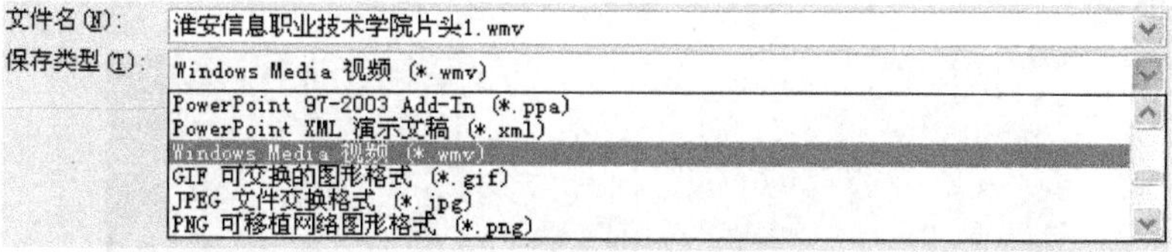

图 14-13　设置输出“wmv”格式

14.3　实例小结

通过教学课件类 PPT 的制作，体验了 PPT 片头动画的设计原则、动画效果、PPT 片头的输出等。实际操作中需要注意以下问题：

1）恰当地选取片头动画的制作策略。

2）片头动画中素材质量要高，高分辨率，格式恰当。

3）片头的制作要能举一反三，不断创新。

14.4 经验技巧

在这个 PPT 片头的基础上如何更换图片，完成新项目的知识迁移与应用。

1. 项目内的迁移

操作步骤如下：

1）准备与项目对应的 LOGO 标识图片、背景图片、单位名称图片、英文名称图片，准备背景音频资源。

2）选择“绿色背景 1. jpg”图片，单击鼠标右键，执行“更改图片”命令，如图 14-14 所示，选择所需的图片“绿色背景 2. jpg”，更换图片后的效果，如图 14-15 所示。

图 14-14 执行“更改图片”命令

图 14-15 更改图片“绿色背景 2. jpg”后的效果

3）同样的方法，更换“logo. jpg”“单位名称 . png”“单位名英文 . png”图片后的效果，如图 14-16 所示。

图 14-16 更改图片后的 PPT 动画片头效果

2. 项目外的迁移

采用同样的方法，大家使用拓展文件夹中的素材制作新的单位片头。

执行“文件”→“另存为”命令，弹出“另存为”窗口，设置“保存类型”下拉框为“Windows Media 视频（*.wmv）”，即可输出所需视频。

修改不同的图标、文字与背景图片，可以制作出不同风格的动画效果，如图 14-17 所示。

图 14-17　更换风格后的 PPT 动画片头效果
a）效果 1　b）效果 2

14.5　拓展练习

采用本例制作的方式，制作实例 12 中“专用汽车有限公司”的演示文稿片头。初步修改的参考效果如图 14-18 所示，拓展思路，重新设计片头效果。

图 14-18　参考动画效果

参考文献

[1] 赵建明. 大学计算机应用基础 [M]. 北京：中国科学技术出版社，2006.

[2] 杨振山，龚培增，等. 计算机文化基础 [M]. 3 版. 北京：高等教育出版社，2004.

[3] 卢湘鸿，等. 计算机应用教程 [M]. 北京：清华大学出版社，2002.

[4] 卢湘鸿，等. 计算机基础教程习题解答与实验指导 [M]. 北京：清华大学出版社，2002.

[5] 刘升贵，黄敏，庄强兵. 计算机应用基础 [M]. 北京：机械工业出版社，2010.

[6] 新思路教育科技研究中心. 全国计算机等级考试二级 MS Office 高级应用 [M]. 成都：电子科技大学出版社，2014.

[7] 赖利君，等. Office 2010 办公软件案例教程 [M]. 3 版. 北京：人民邮电出版社，2014.

[8] 谢宇，任华，等. 办公软件高级应用立体化教程 [M]. 北京：人民邮电出版社，2014.

[9] 何集体，姚树香，等. Excel 项目教程 [M]. 北京：人民邮电出版社，2013.

[10] 谢海燕，吴红梅，等. Office 2010 办公自动化高级应用实例教程 [M]. 北京：中国水利水电出版社，2013.

[11] 王强，牟艳霞，等. Office 2013 办公应用入门与提高 [M]. 北京：清华大学出版社，2014.

[12] 王德永，郗大海，等. Office 办公软件高级应用 [M]. 北京：人民邮电出版社，2013.

[13] 靳广斌. 现代办公自动化教程 [M]. 北京：中国人民大学出版社，2012.

[14] 刘升贵，钱兆楼. 计算机应用基础 [M]. 大连：东软电子出版社，2013.